职业教育人工智能领域系列教材

计算机视觉与应用

北京博海迪信息科技有限公司（泰克教育） 组编

主　编　方水平　宋玉娥
副主编　刘业辉　朱贺新
参　编　郭　蕊　赵元苏　杨洪涛　王笑洋

机 械 工 业 出 版 社

本书系统地介绍了计算机视觉主要任务及实现原理，包括图像滤波、图像变换、图像特征提取与匹配、目标检测、目标跟踪、目标识别、目标三维重构、图像分类、神经网络等。

本书可作为“计算机视觉与应用”课程的培训教材，或人工智能技术应用专业的计算机视觉应用开发课程的教材，也可以作为人工智能应用领域相关技术人员的自学参考书。

为方便教学，本书配备电子课件等教学资源。凡选用本书作为教材的教师均可登录机械工业出版社教育服务网 www. cmpedu. com 注册后免费下载。

图书在版编目（CIP）数据

计算机视觉与应用 / 方水平，宋玉娥主编. —北京：机械工业出版社，2023. 8
职业教育人工智能领域系列教材
ISBN 978 - 7 - 111 - 73583 - 0

Ⅰ. ①计… Ⅱ. ①方… ②宋… Ⅲ. ①计算机视觉-高等职业教育-教材 Ⅳ. ①TP302. 7

中国国家版本馆 CIP 数据核字（2023）第 137096 号

机械工业出版社（北京市百万庄大街 22 号 邮政编码 100037）
策划编辑：赵志鹏　　责任编辑：赵志鹏　侯　颖
责任校对：张亚楠　李　婷　　封面设计：马精明
责任印制：常天培
固安县铭成印刷有限公司印刷
2023 年 11 月第 1 版第 1 次印刷
184mm × 260mm · 13 印张 · 318 千字
标准书号：ISBN 978 - 7 - 111 - 73583 - 0
定价：45. 00 元

电话服务　　网络服务
客服电话：010 - 88361066　　机　工　官　网：www. cmpbook. com
010 - 88379833　　机　工　官　博：weibo. com/cmp1952
010 - 68326294　　金　书　网：www. golden-book. com
封底无防伪标均为盗版　　机工教育服务网：www. cmpedu. com

职业教育人工智能领域系列教材编委会

前 言
Preface

人工智能（Artificial Intelligence，AI）技术不断发展，其应用场景日益增加，正在深刻影响着诸多领域，如交通、零售、能源、化工、制造、金融、医疗、天文地理、智慧城市等，引起经济结构、社会生活和工作方式的深刻变革，并重塑世界经济发展的新格局。

人工智能技术在全球发展中的重要作用已引起国际范围内的广泛关注和高度重视，多个国家已将人工智能提升至关乎国家竞争力、国家安全的重大战略，并出台了相关政策和规划，从国家机构、战略部署、资本投入、政策导向、技术研发、人才培养、构建产业链和生态圈等方面集中发力，力求在全球竞争中抢占技术的制高点。

以习近平同志为核心的党中央高度重视人工智能发展，强调要把新一代人工智能作为推动科技跨越发展、产业优化升级、生产力整体跃升的驱动力量，努力实现高质量发展。我国人工智能发展被提升到国家战略高度，开启了我国人工智能变革与创新的新时代。

人工智能技术及产业的蓬勃发展必然带来对人工智能人才的迫切需求，尤其是对实用型、创新型、复合型人才的需求。但现在，我国人工智能领域的高端人才稀缺，培养德才兼备的高素质人工智能人才成为新时代的重要任务。

北京博海迪信息科技有限公司深耕 ICT（Information Communications Technology）教育行业至今 20 年，在人才培养、教材研发、实训云平台开发等诸多方面都取得了非常好的成绩。2019 年 3 月，北京博海迪信息科技有限公司推出了“泰克人工智能创新实践平台”，在广泛的实践过程中取得了良好的应用效果。基于在 ICT 行业的经验积累和在人工智能方面教学成果的沉淀，北京博海迪信息科技有限公司组织多所院校老师，编写了职业教育人工智能领域系列教材，通过完备的人工智能技术知识阐述与分析，让读者更好地了解人工智能。

计算机视觉萌生于 20 世纪五六十年代，至 20 世纪末，相关理论、软/硬件技术等得到初步发展，并开始在工业环境中应用。21 世纪以来，以人工智能深度学习算法为依托，高效求解复杂全局优化问题的算法得到极大发展，计算机视觉技术进入高速发展阶段。

计算机视觉主要应用于视频监控、机器/车辆的物体检测/识别/避让、医学图像分析、增强现实（AR）/虚拟现实（VR）、定位和制图、将文书转换为数据、人类情感分析、广告插入图像和视频、脸部识别、房地产开发优化等方面。在自动驾驶、教育、政务等更多的场景中开始应用计算机视觉技术，未来计算机视觉技术将在更多的领域得到广泛应用。

北京博海迪信息科技有限公司的“计算机视觉与应用”课程旨在讲解人工智能领域的重要分支——视觉智能的基本原理、概念、方法及其典型应用等，使学生能从图像预处理、几何变换与特征提取、目标检测与识别、立体视觉、图像分类与神经网络等五个方面了解并掌握计算机视觉的基本任务及其应用，拓展学生对视觉智能及人工智能的认识，提升学生在计算机视觉领域的工程能力，为学生从事相关技术的研究及应用奠定良好的基础。

本书由北京博海迪信息科技有限公司组织编写，教材内容结合“计算机视觉与应用”课程体系，包括图像滤波、图像变换、图像特征提取与匹配、目标检测、目标跟踪、目标识别、目标三维重构、图像分类、神经网络等内容。主要让学生了解计算机视觉的发展历史、相关知识、应用领域和研究方向，掌握图像预处理和特征提取的原理和方法，掌握卷积神经网络的相关知识，掌握图像分类、目标检测、语义分割、场景理解和图像生成等的原理和经典算法等。

本书由方水平、宋玉娥任主编，刘业辉、朱贺新任副主编，郭蕊、赵元苏、杨洪涛、王笑洋参与编写。在这里要感谢北京博海迪信息科技有限公司的倾力支持。

由于计算机视觉应用技术的发展日新月异，加之编者水平有限，书中不妥之处在所难免，恳请广大读者批评指正。

编　者

二维码索引

目　录

Contents

第1章 计算机视觉与应用导论

1.1 计算机视觉概述

第1章导学

1. 计算机视觉的概念

大部分人对图片、图形或者形象都印象深刻，记忆保存良好，相对于文字来说，记住图片、图形和画面要更加容易。所以当记忆知识的时候，可以尽量通过图形和图像来记忆。俗话说得好，一图值千言，例如，读取图1-1-1，人们很容易知道这张图像中包含的信息，每一张图像都在讲述一个故事。人能读懂图像中包含的信息，计算机和设备能读懂图像的信息吗?

图1-1-1 一图值千言

计算机视觉是一门研究如何使机器“看”的科学，更进一步地说，计算机视觉是指用摄像头和计算机代替人眼对目标进行识别、跟踪和测量，并处理成更适合人眼观察或传送给仪器检测的图像的过程。计算机视觉是以图像处理技术、信号处理技术、概率统计分析、计算几何、神经网络、机器学习理论和计算机信息处理技术等为基础，通过计算分析与处理视觉信息，最终使计算机能像人一样通过视觉观察和理解世界，并具有自主适应环境的能力。

与计算机视觉概念相关的另一专业术语是机器视觉。机器视觉是计算机视觉在工业场景中的应用，目的是替代传统的人工，提高生产效率，降低生产成本。计算机视觉与机器视觉的侧重点有所不同。计算机视觉侧重于质的分析，如物品分类识别；机器视觉则侧重于对量的分析，如测量或定位等。此外，计算机视觉的应用场景相对复杂，识别物体类型多，形状不规则，规律性不强；机器视觉则刚好相反，场景相对简单固定，识别类型少，形状规则且有规律，但对准确度和处理速度的要求较高。

计算机视觉是一门综合性学科，包括计算机科学和工程、信号处理、物理学、应用数学和统计学、神经生理学和认知科学等，同时与图像处理、模式识别、投影几何、统计推断、统计学习等学科密切相关。近年来，与计算机图形学、三维表现等学科也有很强的联系。计算机视觉相关学科如图 1－1－2 所示。

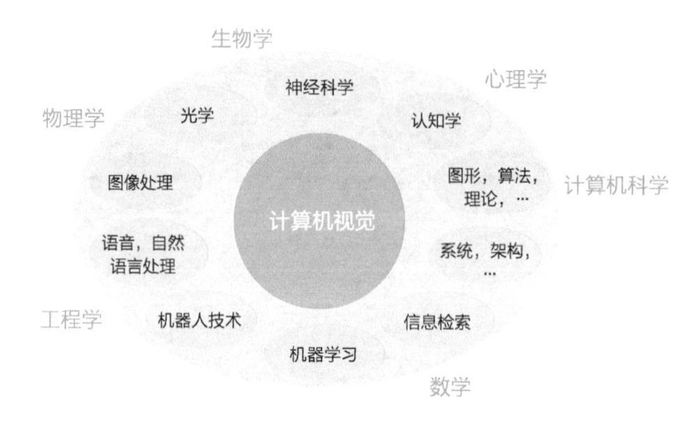

图 1－1－2 计算机视觉相关学科

2. 人工智能与计算机视觉

计算机视觉与人工智能有着密切联系，但也有本质的不同。人工智能的目的是让计算机去看、去听和去读，实现对图像、语音和文字的理解，这三大部分基本构成了现在的人工智能，而人工智能的这些领域中，计算机视觉又是核心。

计算机视觉目前还主要停留在图像信息的表达和物体识别阶段。物体识别和场景理解也涉及图像特征的推理与决策，但与人工智能的推理和决策有着本质的区别。

计算机视觉和人工智能有如下关系：

- 计算机视觉是人工智能需要解决的一个重要问题。
- 计算机视觉是人工智能的一个很强驱动力。因为它的许多应用和技术是从计算机视觉中诞生出来，再反向运用到 AI 领域中去的。
- 计算机视觉拥有大量的量子 AI 应用基础。

3. 计算机视觉原理

计算机视觉是使用计算机及相关设备对生物视觉的一种模拟。形象地说，就是给计算机安装上眼睛（摄像机）和大脑（算法），让计算机能够感知环境。计算机视觉是让计算机具有模拟人的视觉机理获取和处理信息的能力，它的主要任务就是通过对采集的图像和视频进行处理以获得相应场景的三维信息。计算机视觉的基本原理如图 1－1－3 所示。

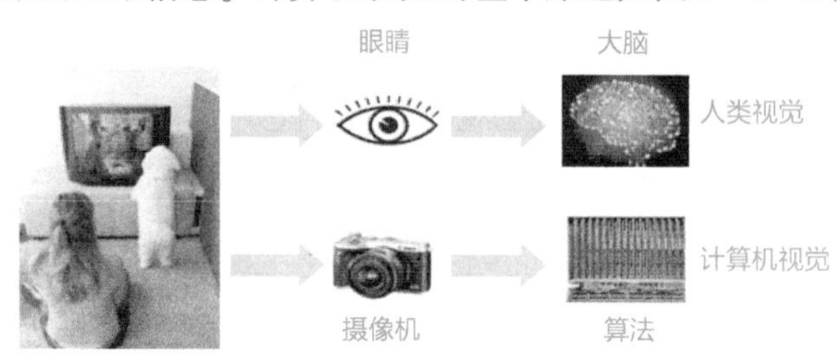

图 1－1－3 计算机视觉的基本原理

计算机视觉就是用各种成像系统代替视觉器官作为输入敏感手段，由计算机来代替大脑完成处理和解释。计算机视觉的最终研究目标就是使计算机能像人那样通过视觉观察和理解世界，具有自主适应环境的能力，当然这是一个需要经过长期的努力才能实现的目标。因此，在实现最终目标以前，人们努力的中期目标是建立一种视觉系统，这个系统能依据视觉敏感和反馈，智能地完成一定的任务。

4. 计算机视觉的发展历程

计算机视觉的发展历史可以追溯到 1966 年，著名的人工智能学家马文 · 明斯基给他的学生布置了一道非常有趣的暑假作业，就是让学生在计算机前面连接一个摄像头，然后想办法编写一个程序，让计算机告诉人们摄像头看到了什么。这道题其实就代表了计算机视觉的全部，即通过一个摄像头让机器告诉人们它到底看到了什么。

20 世纪七八十年代，随着现代电子计算机的出现，人们开始尝试让计算机回答出它看到了什么东西，首先想到的是从人类看东西的方法中获得借鉴。从 20 世纪 70 年代开始，人们开始不断探索计算机视觉技术。计算视觉的发展历程如图 1 - 1 - 4 所示。

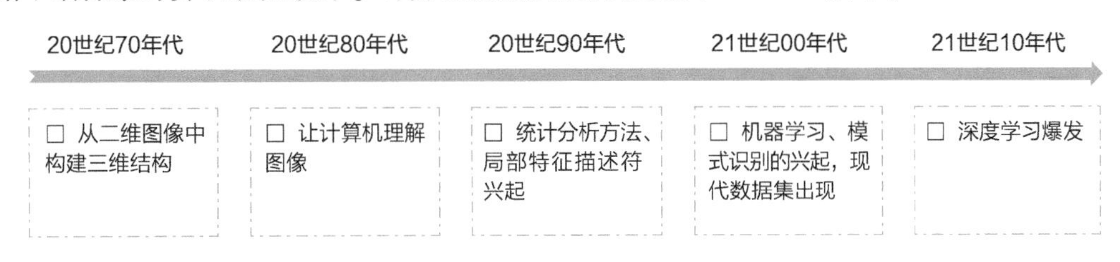

图 1 - 1 - 4　计算机视觉的发展历程

（1）20 世纪 70 年代：从二维图像中构建三维结构的阶段　20 世纪 70 年代，研究者开始试图解决这样一个问题，就是让计算机告知它到底看到了什么东西。人们普遍认为人之所以能理解这个世界，是因为人有两只眼睛，能看到的世界是立体的，并能够从这个立体的形状里面理解这个世界。因此，要想让计算机理解它所看到的图像，研究者希望先把三维结构恢复出来，在此基础上再去理解和判断。

（2）20 世纪 80 年代：让计算机理解图像的阶段　20 世纪 80 年代是人工智能发展的一个非常重要的阶段。这个阶段，逻辑学和知识库推理在人工智能界大行其道，计算机视觉的方法论也开始在这个阶段产生了一些改变。人们发现要让计算机理解图像，不一定要先恢复物体的三维结构。人们认为人之所以能识别出一个苹果，是因为人们已经知道了苹果的先验知识，比如苹果是红色的、圆的、表面光滑的，如果给机器也建立一个这样的知识库，让机器将看到的图像与库里的储备知识进行匹配，是否可以让机器识别乃至理解它所看到的东西？这就是所谓的先验知识库方法。在这一阶段，计算机视觉的主要应用是在一些光学字符识别、工件识别、显微图片和航空图片的识别等方面。

（3）20 世纪 90 年代：统计分析方法、局部特征描述符兴起的阶段　20 世纪 90 年代，人工智能界出现了一次比较大的变革，计算机视觉技术取得了更大的发展，开始广泛应用于工业领域。一方面原因是 CPU（Central Processing Unit）、DSP（Digital Signal Processing）等图像处理硬件技术有了飞速进步；另一方面是人们开始尝试不同的算法，包括统计方法和局部特征描述符的引入等。

（4）21 世纪 00 年代：机器学习、模式识别的兴起及现代数据集出现的阶段　进入 21 世纪，得益于互联网的兴起和数码相机的出现带来的海量数据，加之机器学习方法的广泛应用，计算机视觉发展迅速。以往许多基于规则的处理方式都被机器学习所替代，机器自动从海量数据中总结归纳物体的特征，然后进行识别和判断。这一阶段涌现出了非常多的应用，包括典型的相机人脸检测、安防人脸识别、车牌识别等。

（5）21 世纪 10 年代：深度学习爆发阶段　21 世纪 10 年代是一个激动人心的年代，它是深度学习的年代。借助于深度学习的力量，计算机视觉技术迎来爆发性增长，并实现产业化。通过深度神经网络，各类视觉相关任务的识别精度都得到了大幅提升。

5. 计算机视觉的应用

近年来，随处可以听到一个词——人工智能。机器的智能化成了现今的一大研究热点。而机器要变得更加智能，必然少不了对外界环境的感知。有研究表明，人对外界环境的感知有 70% 以上来自于人类的视觉系统，机器也是如此，大多数的信息都包含在图像中，人工智能的实现少不了计算机视觉。那么计算机视觉具体有哪些应用呢？计算机视觉应用领域如图 1－1－5所示。

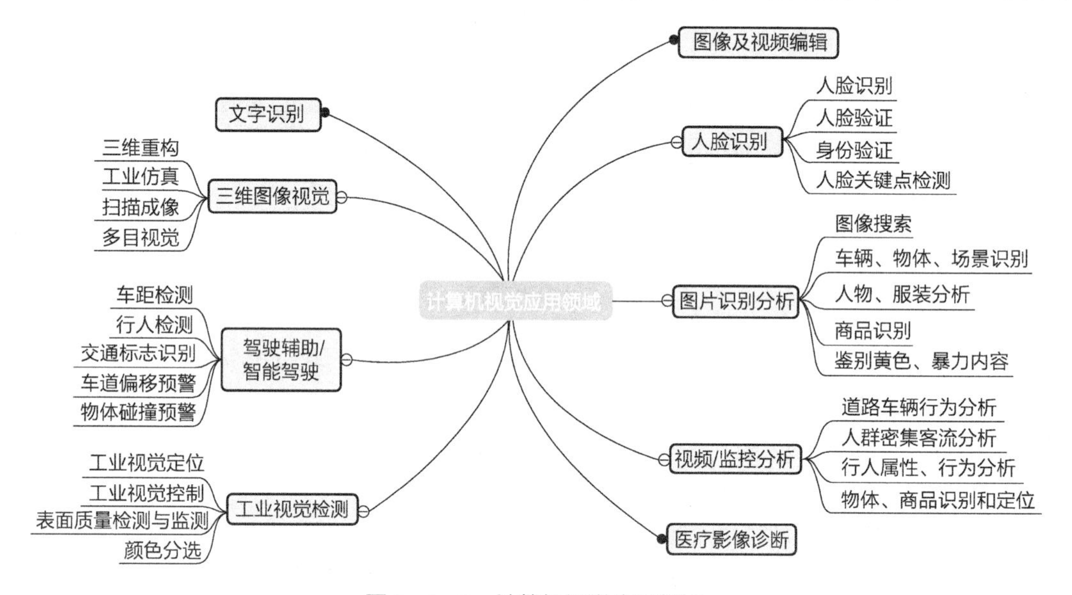

图 1－1－5　计算机视觉应用领域

（1）人脸识别　人脸识别是计算机视觉领域中最热门的应用。人脸识别技术目前已经广泛应用于金融、政府管理、制造、教育、医疗等领域。例如，人脸识别技术已经在火车站/机场、门禁等场景应用，如图 1－1－6 所示。再如，直接“刷脸”就可以进行支付，如图 1－1－7 所示。

图 1－1－6　机场安检

图 1－1－7　“刷脸”支付

（2）视频/监控分析　随着计算机视觉的发展，计算机视觉技术已经能够很好地应用到安防领域。目前，很多智能摄像头已经能够自动识别出可疑人物及异常行为，及时提醒相关安防人员或者报警，这样就加强了安全防范。视频/监控分析应用实例如图 1－1－8 所示。

图1－1－8　视频/监控分析应用实例

（3）图片识别分析　智能识图是人们生活中比较常见的计算机视觉应用。看到一件衣服或一个物品，想在网上找到其相关信息，直接输入图片，以图搜图，很快就能找到很多该商品的信息及类似的商品。甚至还可能直接输出图片中物体的名称，或者大概判断出图片中人像的年龄等。图片识别分析应用实例如图 1－1－9 所示。

图1－1－9　图片识别分析应用实例

（4）驾驶辅助/智能驾驶　无人驾驶又称自动驾驶，是目前人工智能领域里一个重要的研究方向。人工智能让汽车可以进行自主驾驶，或者辅助驾驶员驾驶，提升驾驶操作的安全性。计算机视觉在无人驾驶中起到了非常关键的作用。例如，可以进行道路识别、路标识别、红绿灯识别、行人识别等，还可以实现三维重建及自主导航，即通过激光雷达或者视觉传感器可以重建三维模型，辅助汽车进行自主定位及导航，进行合理的路径规划和相关决策。驾驶辅助/智能驾驶应用实例如图 1－1－10 所示。

图1－1－10　驾驶辅助/智能驾驶应用实例

（5）三维图像视觉　三维图像视觉主要是用于对三维物体的识别，应用于三维视觉建模、三维测绘等领域。三维重构在工业领域中的应用比较多，可以用于对物体进行三维建模，方便测量出物体的各种参数或者对物体进行简单复制。近年来，三维图像视觉开始应用于民用领域，例如，部分手机已经可以对玩偶进行三维建模，并能够设置一些特定的动作，让玩偶“活”起来，甚至可以与人进行一些交流互动。当然，这里的与人互动还用到 AR（Augmented Reality，增强现实）技术，让人能够有一种身临其境的感觉。AR 产品和项目主要应用于教育、娱乐、传媒、服装、金融、旅游、展览等行业。三维图像视觉应用实例如图 1－1－11所示。

图 1－1－11　三维图像视觉应用实例

（6）工业视觉检测　利用机器视觉可以快速获取大量信息，并进行自动化处理。在自动化生产过程中，人们将机器视觉系统广泛地用于工况监视、成品检验和质量控制等方面。

（7）医疗影像诊断　医疗数据中有超过 90% 的数据来自医疗影像，常见的医学成像有 B 超、核磁共振、X 光片等。医疗影像领域拥有孕育深度学习的海量数据，随着 AI 技术的发展，AI 可以根据图像特征对相关疾病的可能性进行分析，医疗影像诊断可以辅助医生提升诊断效率。

（8）文字识别　计算机文字识别俗称光学字符识别，它是利用光学技术和计算机技术把印在或写在纸上的文字读取出来，并转换成一种计算机能够接收、人类可以理解的格式。

（9）图像及视频编辑　目前市场上出现了很多应用，可以运用机器学习算法对图像进行处理，从而实现对图片的自动修复、美化、变换效果等操作，越来越受到用户青睐。

1.2　计算机视觉编程工具及环境配置

1.2.1　计算机视觉编程工具

Python 中有许多可用的计算机视觉库和框架，是开发人员喜爱的编程语言之一。OpenCV（Open Source Computer Vision）是一个开源的计算机视觉和机器学习软件库，包括目标检测、视频分析和图像识别的算法等。下面介绍 Python 和 OpenCV 的安装和使用方法。

1. Python

（1）Python 简介　Python 是一种使用广泛的高级编程语言，属于通用型编程语言，第一版发布于 1991 年。作为一种解释型语言，Python 的设计哲学强调代码的可读性和语法的简洁性。Python 是一种解释型语言，开发过程中没有编译这个环节，类似于 PHP 和 Perl 语言。

Python 是交互式语言，用户可以在提示符 > > > 后直接输入代码。Python 是面向对象的语言，支持面向对象的风格或将代码封装成对象的编程技术。

（2）Python 的发展历程　1989 年吉多・范罗苏姆（Guido van Rossum）想为当时正在构思的一个新的脚本语言编写一个解释器。他以 Python 命名该项目，使用 C 语言进行开发。从 1991 年发布 Python 的第一个版本开始，到 2020 年已经更新到 Python 3.9 版本。Python 的发展历程如图 1-2-1 所示。

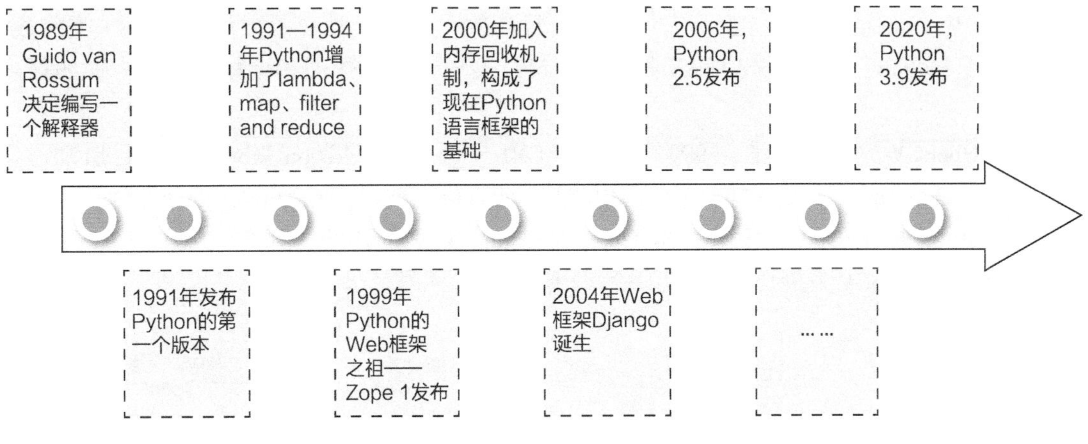

图 1-2-1　Python 的发展历程

（3）Python 的优点

- 易于学习：Python 有相对较少的关键字，结构简单，具有一个明确定义的语法，学习起来更加简单。
- 易于阅读：Python 代码定义更清晰。
- 易于维护：Python 的源代码相当容易维护。
- 一个广泛的标准库：Python 最大的优势之一是具有丰富的库，能跨平台，实现在 UNIX、Windows 和 Macintosh 等之间的兼容。
- 互动模式：用户可以从终端输入执行代码并获得结果、互动测试和调试代码片段。
- 可移植：基于开放源代码的特性，Python 已经被移植（也就是使其工作）到许多平台。
- 可扩展：如果用户需要一段运行很快的关键代码，或者是想要编写一些不愿意开放的算法，用户可以使用 C 或C++完成该部分程序，然后从 Python 程序中调用。
- 数据库：Python 提供了主要的商业数据库的接口。
- GUI 编程：Python 支持 GUI，可以创建和移植到其他系统中。
- 可嵌入：可以将 Python 嵌入到 C/C++程序，让程序获得“脚本化”的能力。

（4）Python 的缺点

- Python 的执行速度不够快。相比于 Java、C、C++等程序，Python 的运行效率要稍微慢些，但可以通过分离一部分需要优化速度的应用，将其转换为编译好的扩展，并在整个系统中使用 Python 脚本将这部分应用连接起来，以提高程序的整体效率。
- GIL 是 Python 全局解释器锁（Global Interpreter Lock），当 Python 的默认解释器要执行字节码时，都需要先申请这个锁。这意味着，如果试图通过多线程扩展应用程序，将总是被这个全局解释器锁限制。

- 不像编译型语言的源程序会被编译成目标程序，Python 直接运行源程序，因此对源代码加密比较困难。

2. OpenCV

（1）OpenCV 简介　OpenCV 是一个基于 BSD 许可协议（Berkeley Software Distribution License）开源发行的跨平台计算机视觉和机器学习软件库，可以运行在 Linux、Windows、Android 和 Macintosh 操作系统上。它体量轻而且高效，由一系列 C 函数和少量C++类构成，同时提供了 Python、Ruby、MATLAB 等语言接口，实现了图像处理和计算机视觉方面的很多通用算法。

（2）OpenCV 的发展历程　1999 年 1 月，CVL（Computer Vision Library）项目启动，项目建设目标是使 OpenCV 成为能被 UI 调用的实时计算机视觉库，并为 Intel 处理器做了特定优化。从 2000 年 6 月第一个开源版本 OpenCV Alpha 3 发布开始，到 2020 年 12 月发布了 OpenCV 4.5。OpenCV 发展历程如图 1-2-2 所示。

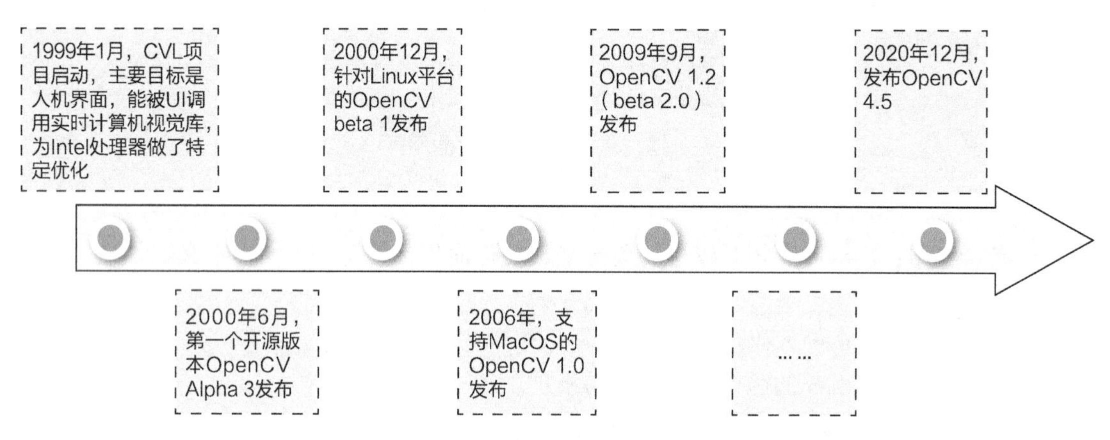

图1-2-2　OpenCV 发展历程

（3）OpenCV 的优势　OpenCV 致力于真实世界的实时应用，通过优化 C 语言代码的编写对其执行速度进行了提升，并且通过购买 Intel 的 IPP（Integrated Performance Primitives）高性能多媒体函数库得到更快的处理速度。

（4）OpenCV 的应用领域　OpenCV 的应用领域非常广泛，包括人机互动、物体识别、图像分割、人脸识别、动作识别、运动跟踪、机器人、运动分析、机器视觉、结构分析和汽车安全驾驶等。

1.2.2　计算机视觉开发环境搭建

为了进行计算机视觉开发，需要进行环境的搭建。下面主要介绍 Python、PyCharm、OpenCV、TensorFlow、PyTorch 软件的安装方法。

1. 安装 Python

下面以在 Windows 64 位操作系统上安装 Python 为例来说明其安装步骤。

（1）下载 Python 安装文件　打开 Python 官网（https://www.python.org/），在 Downloads 标

签中可以看到不同系统对应的 Python 版本，如图 1－2－3 所示，根据计算机系统的情况下载相应的版本文件。

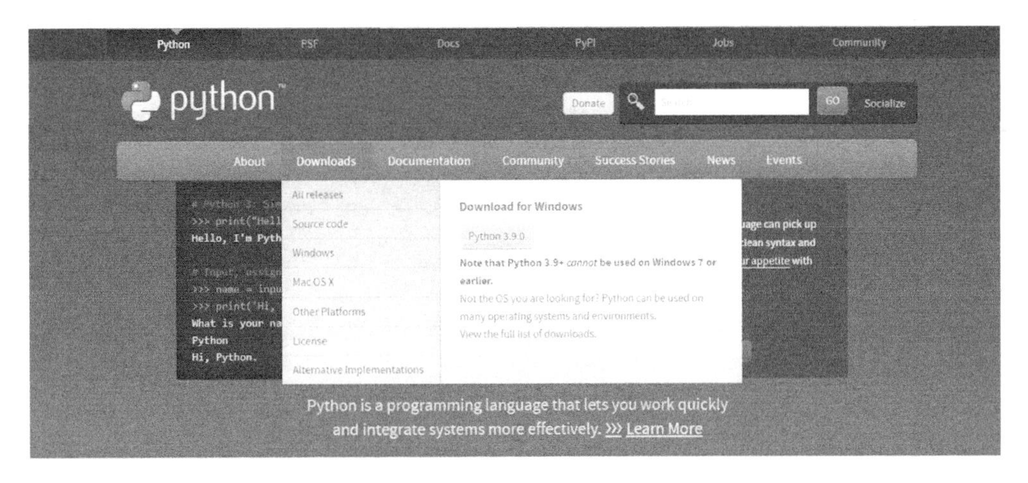

图 1－2－3　Python 下载页面

选择 Windows 系统。可以看到页面上有左右两列，分别是 Stable Releases 和 Pre-releases 版本，如图 1－2－4 所示。其中，Stable Releases 中的是稳定的版本，Pre-releases 中的是预发布的版本。使用 Pre-releases 中的版本可能会遇到一些问题，需要使用者自行解决。因此建议初学者下载 Stable Releases 中的版本。

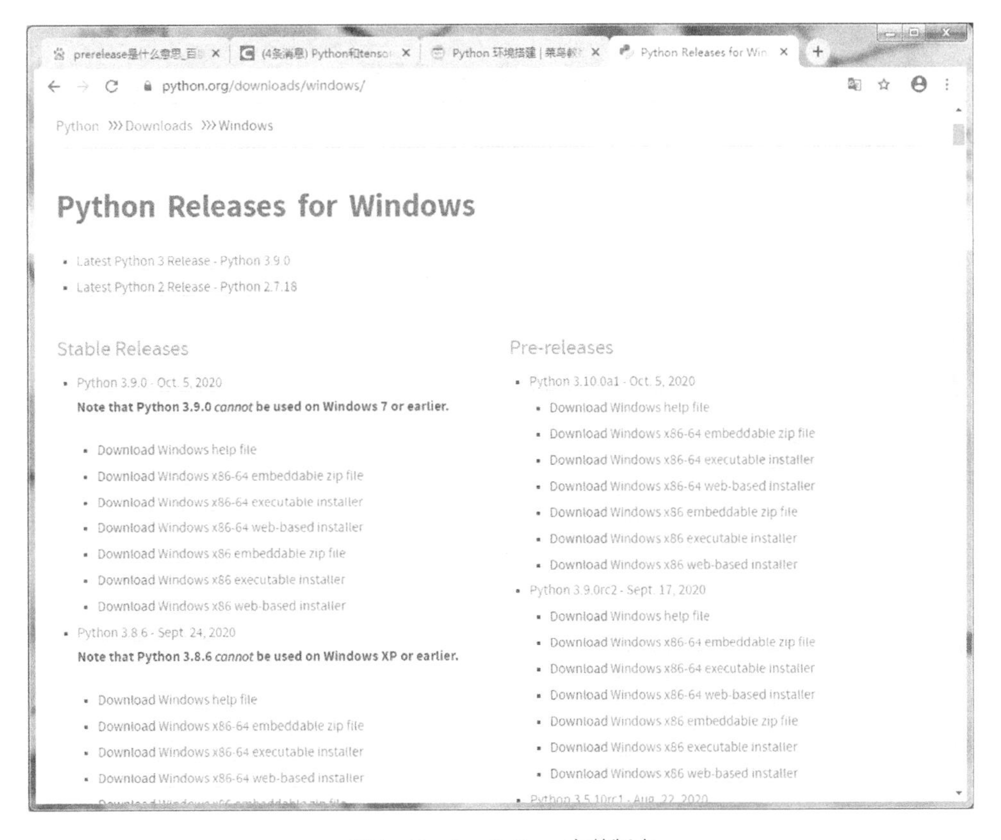

图 1－2－4　Python 安装版本

找到与自己的操作系统相对应的版本，单击链接，即可下载 Python。这里选择 Windows x86-64 executable installer 下载 Windows 64 位操作系统可执行的 Python 安装文件。

（2）安装 Python　下载完成后可以在文件夹中看到安装文件，如图 1-2-5 所示，双击文件名称，开始安装。

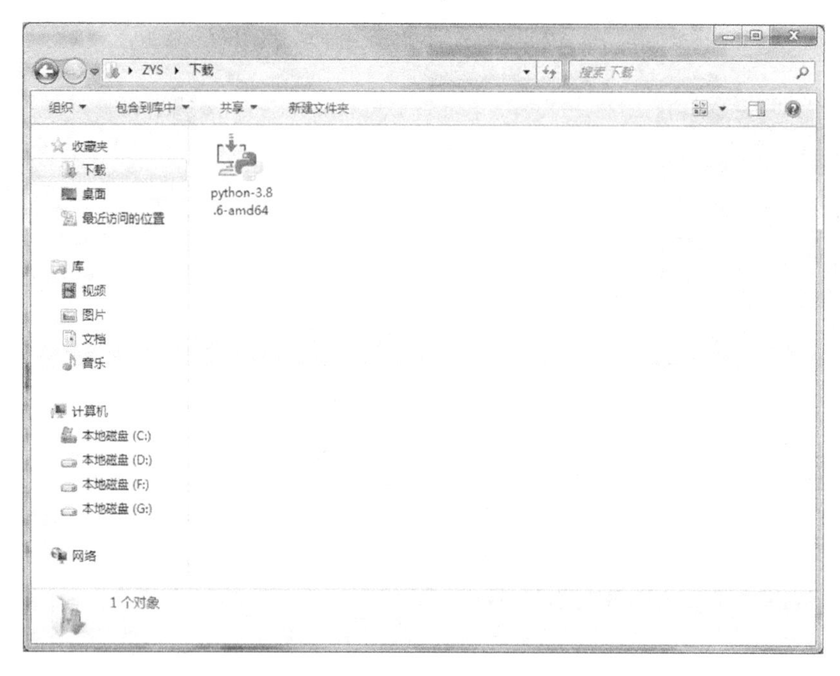

图 1-2-5　Python 安装包

Python 安装首界面如图 1-2-6 所示。注意：需要选中 Add Python 3.8 to PATH 复选框，否则在安装完成后需要配置环境变量。单击 Install Now 开始安装，如图 1-2-7 所示。

安装结束，单击 Close 按钮即可，如图 1-2-8 所示。

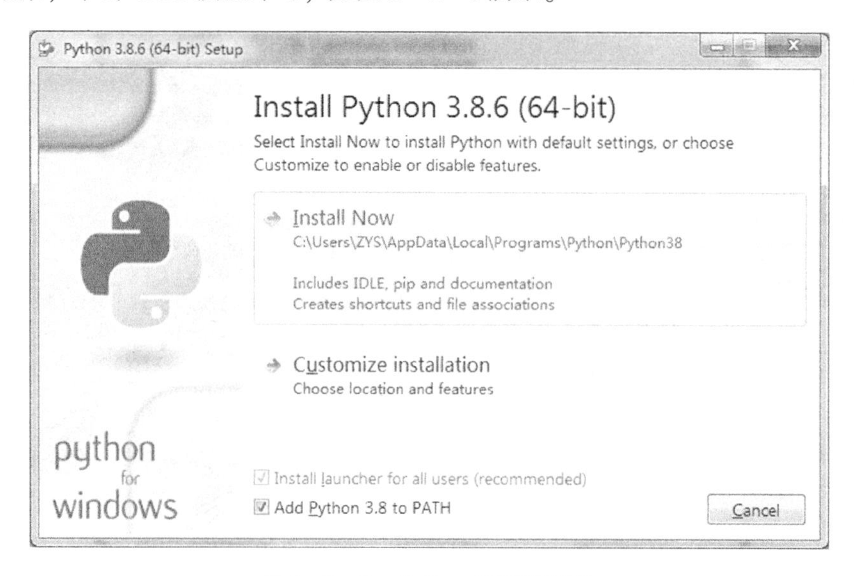

图 1-2-6　Python 安装首界面

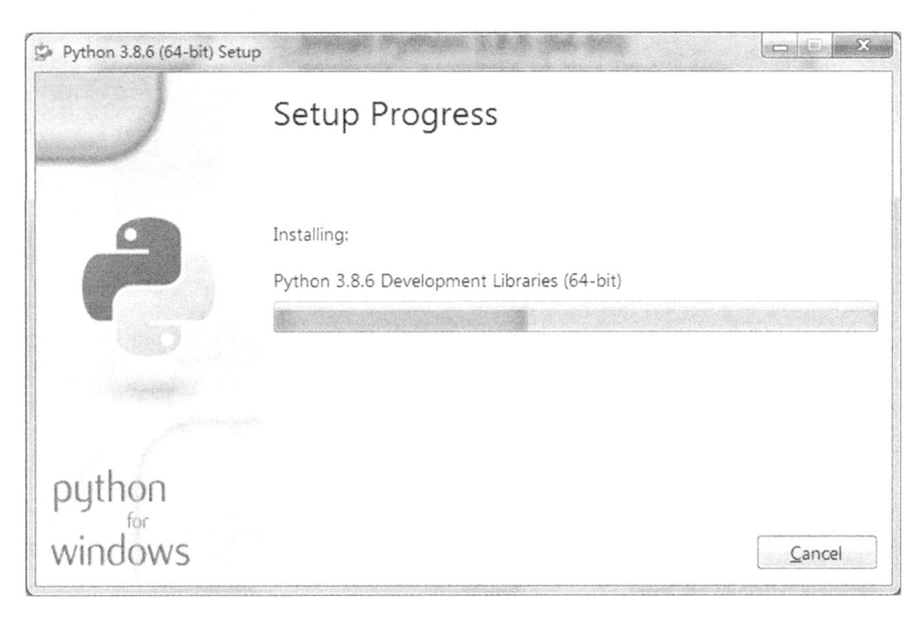

图1-2-7　安装 Python

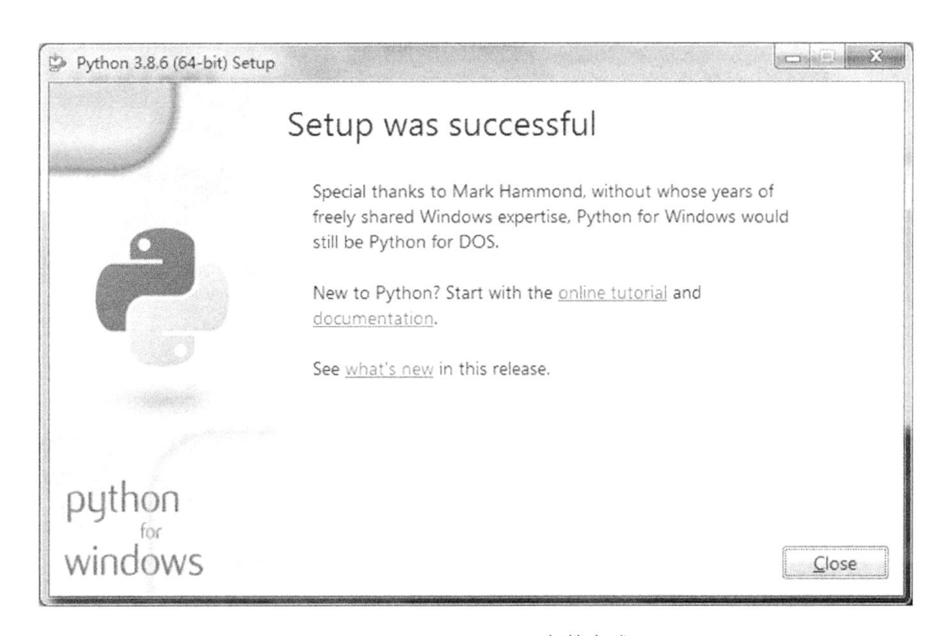

图1-2-8　Python 安装完成

安装完成后，打开命令行窗口，输入 python，如果看到如图 1-2-9 所示的内容，说明 Python 安装成功。

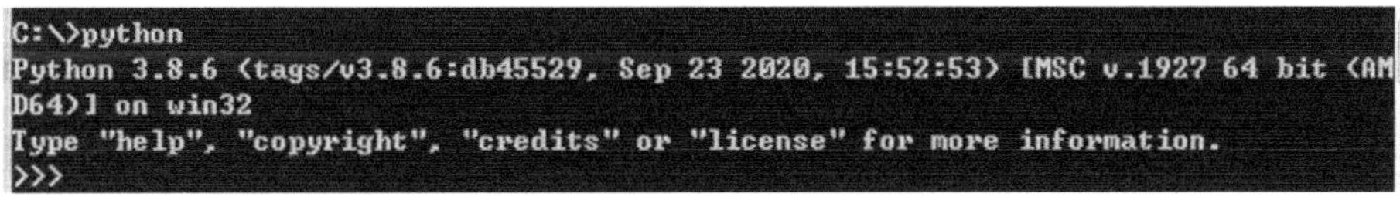

```
C:\>python
Python 3.8.6 (tags/v3.8.6:db45529, Sep 23 2020, 15:52:53) [MSC v.1927 64 bit (AM
D64)] on win32
Type "help", "copyright", "credits" or "license" for more information.
>>>
```

图1-2-9　Python 安装成功

（3）环境变量的配置　如果在安装时没有选中 Add Python 3.8 to PATH 复选框，则需在安装完成后手动设置环境变量。在计算机桌面右击“计算机”图标，选择“属性”命令，打开图 1－2－10 所示的窗口，在其中单击“高级系统设置”选项。

图 1－2－10　计算机属性设置界面

弹出“系统属性”对话框的“高级”选项卡中，如图 1－2－11 所示，单击“环境变量”按钮。

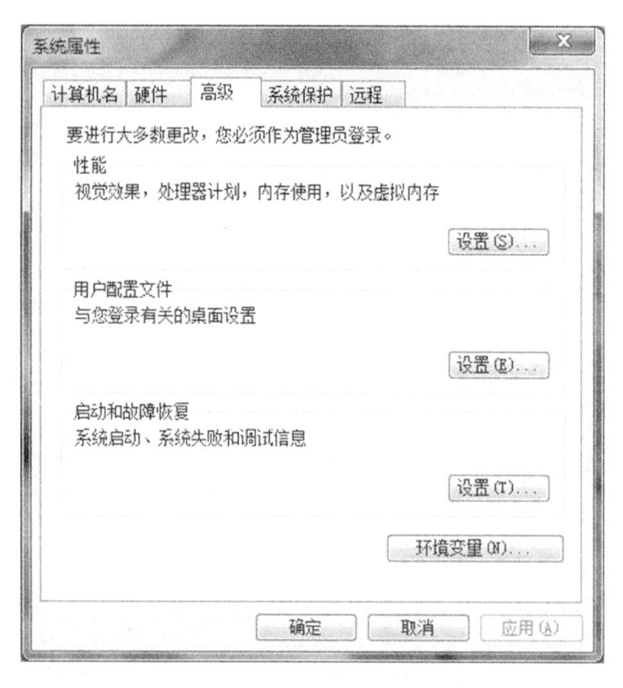

图 1－2－11　手动设置 Python 的环境变量

打开图 1－2－12 所示的“环境变量”对话框，选择“系统变量”列表框中的 Path 变量，双击添加 Python 安装路径即可。

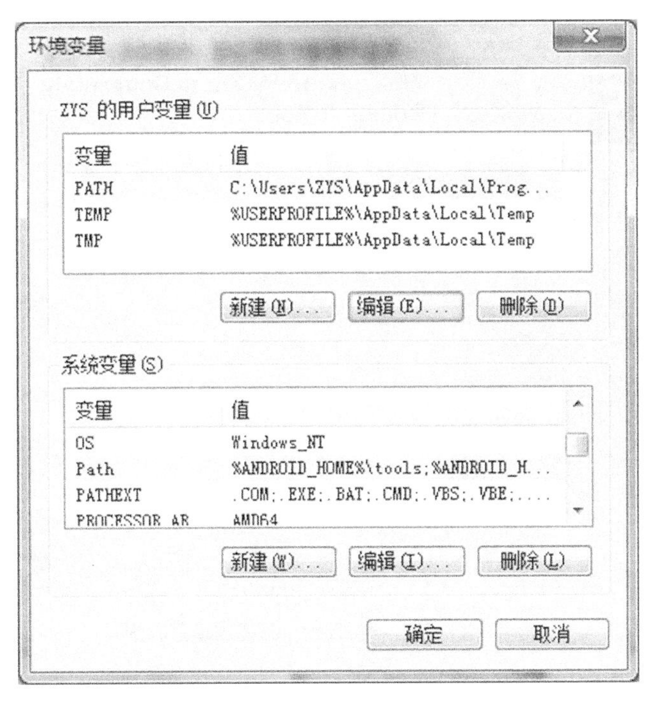

图 1-2-12　添加系统变量

2. 安装集成开发环境 PyCharm

（1）下载并安装 PyCharm 软件　在浏览器的地址栏中输入网址 https://www.jetbrains.com/pycharm/download/#section=windows，访问 PyCharm 官网，如图 1-2-13 所示。

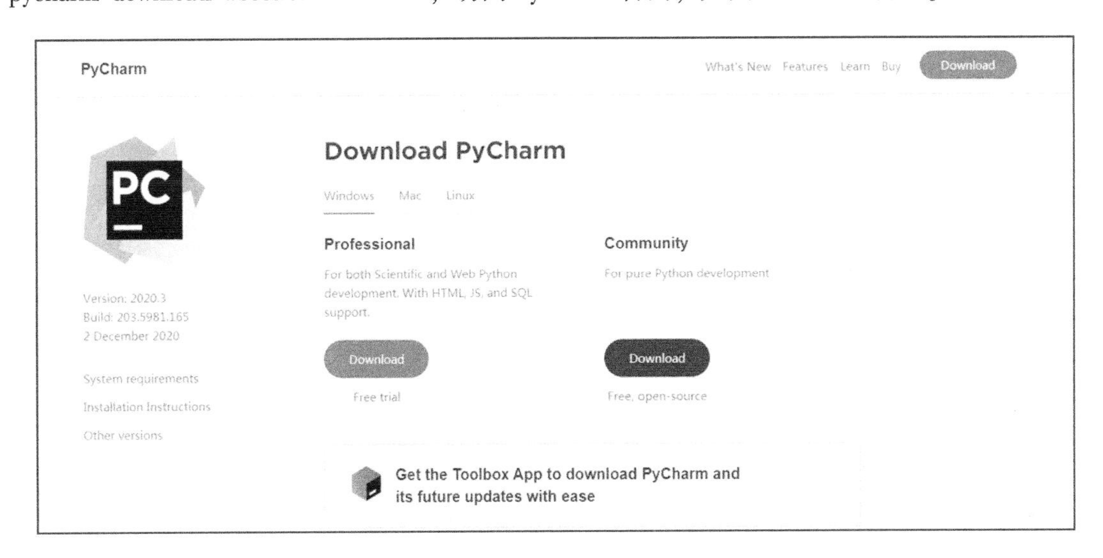

图 1-2-13　PyCharm 软件官方下载界面

可以看到有 Professional 和 Community 两个版本，这里选择下载 Community 版本。完成下载后，双击安装文件，运行安装程序，如图 1-2-14 所示。

图 1-2-14　PyCharm 安装程序首界面

单击 Next 按钮，进入到安装配置界面。根据自己的需要，选择软件安装的目录，如图 1-2-15所示。

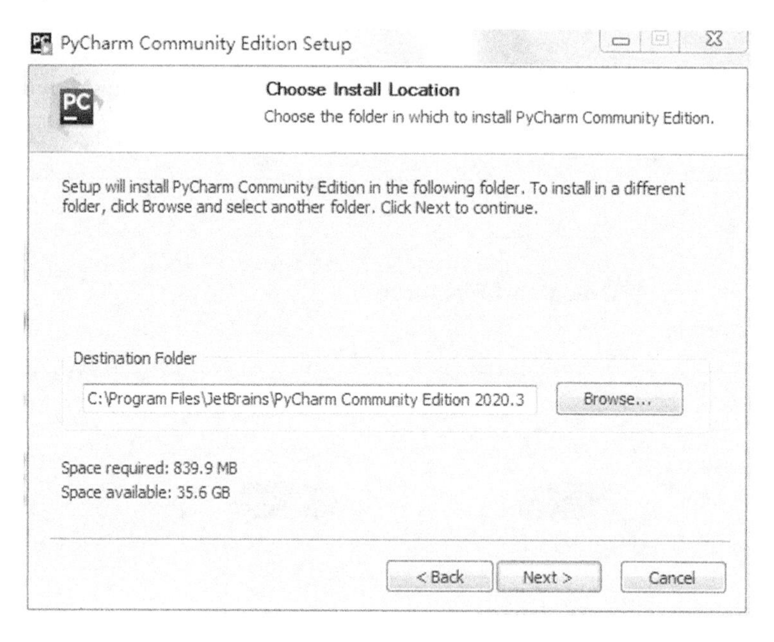

图 1-2-15　选择 PyCharm 安装目录

单击 Next 按钮，进入添加环境变量界面，如图 1-2-16 所示。如果计算机是 64 位的操作系统，可以选中 64-bit launcher 复选框，这样系统会在安装完毕后在桌面上创建一个快捷启动方式；Create Associations 选项代表是否要在 PyCharm 中关联扩展名为 . py 的文件。如果选中 Add launchers dir to the PATH 复选框，那么安装结束后需要重新启动，然后系统会自动添加环境变量，否则需要手动配置环境变量。

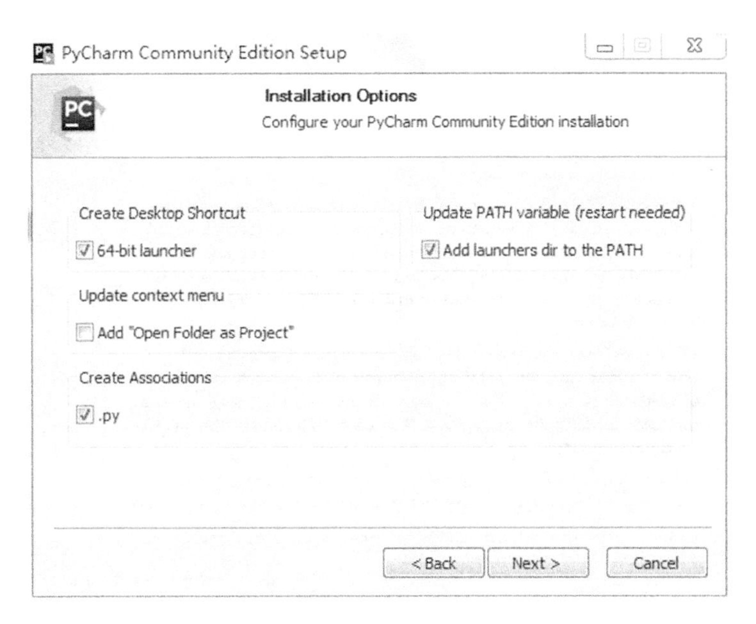

图 1－2－16　PyCharm 系统自动添加环境变量

单击 Next 按钮，开始安装 PyCharm，安装界面如图 1－2－17 所示。

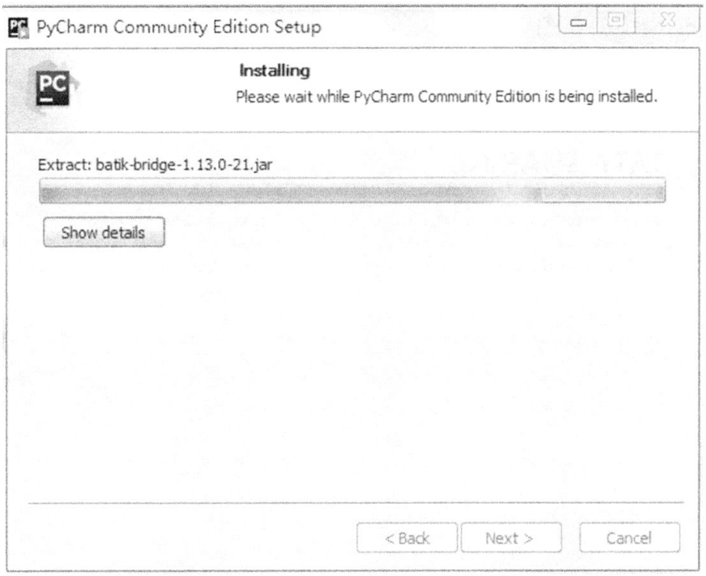

图 1－2－17　PyCharm 软件安装界面

注意：如果在安装时没有选中 Add launcher dir to the PATH 复选框，则需要手动配置环境变量。与 Python 环境变量配置方法类似，在“环境变量”对话框的“系统变量”列表框中找到 Path 并选中，单击“编辑”按钮，将 PyCharm 的安装路径添加进“值”中即可。

（2）运行 PyCharm　双击 PyCharm 图标后即可启动 PyCharm。首先显示的是用户协议界面，如图 1－2－18 所示。选中最下面的 I confirm that I have read and accept the terms of this User Agreement 复选框，单击 Continue 按钮。

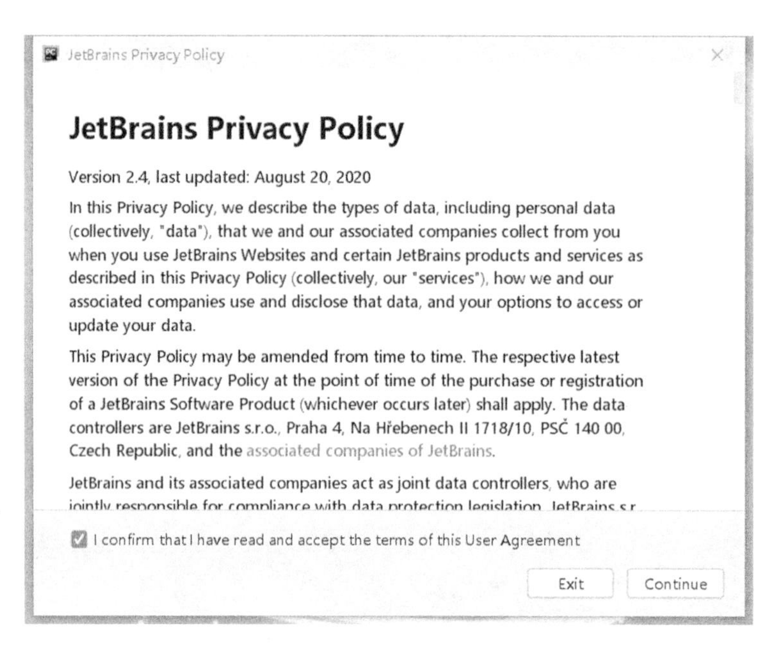

图1-2-18　PyCharm 用户协议界面

接下来会询问是否共享数据，如果不共享数据就单击 Don't Send 按钮，反之就单击 Send Anonymous Statistics 按钮，如图 1-2-19 所示。

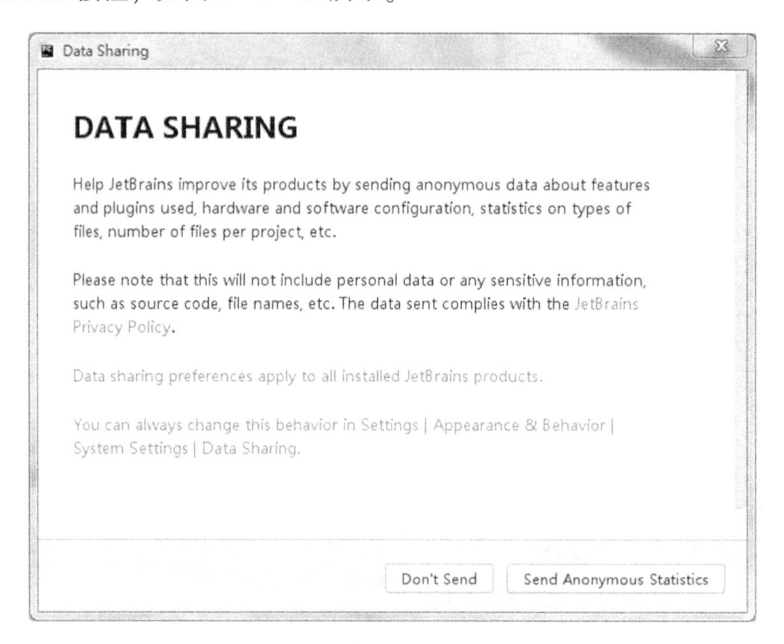

图1-2-19　设置是否共享数据

3. 使用 pip 安装 OpenCV

（1）安装　进入 pip 的安装目录下，默认的安装路径是 C：\Users\#\AppData\Local\Programs\Python\Python38\Scripts（请将#替换成系统的用户名），执行 pip install opencv-python 命令安装 OpenCV，如图 1-2-20 所示。

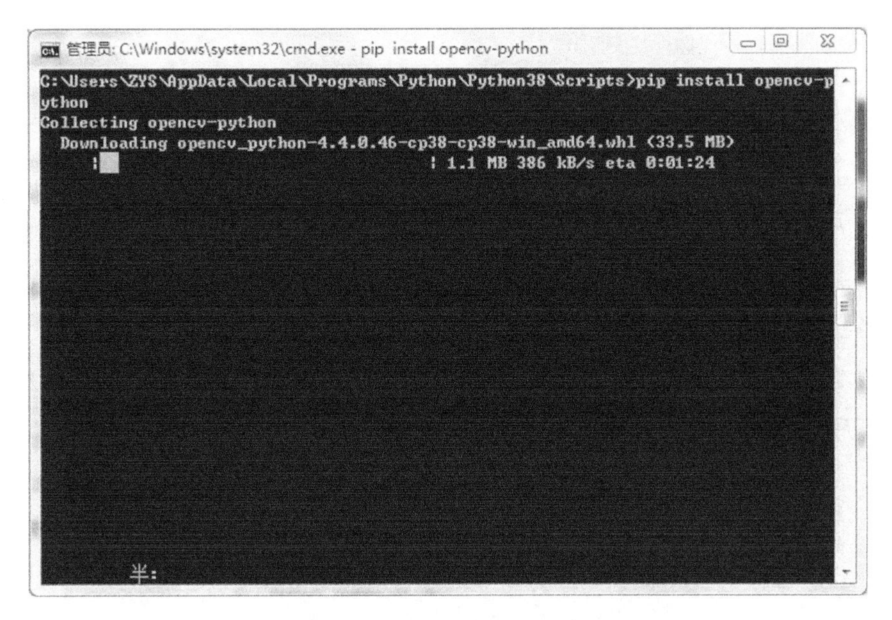

图 1-2-20　使用 pip 安装 OpenCV

（2）测试　在命令行窗口输入 python 命令并执行。然后在提示符 >>> 后输入 import cv2 命令，命令成功执行，没有报错，则说明 OpenCV 安装成功。具体命令如图 1-2-21 所示。

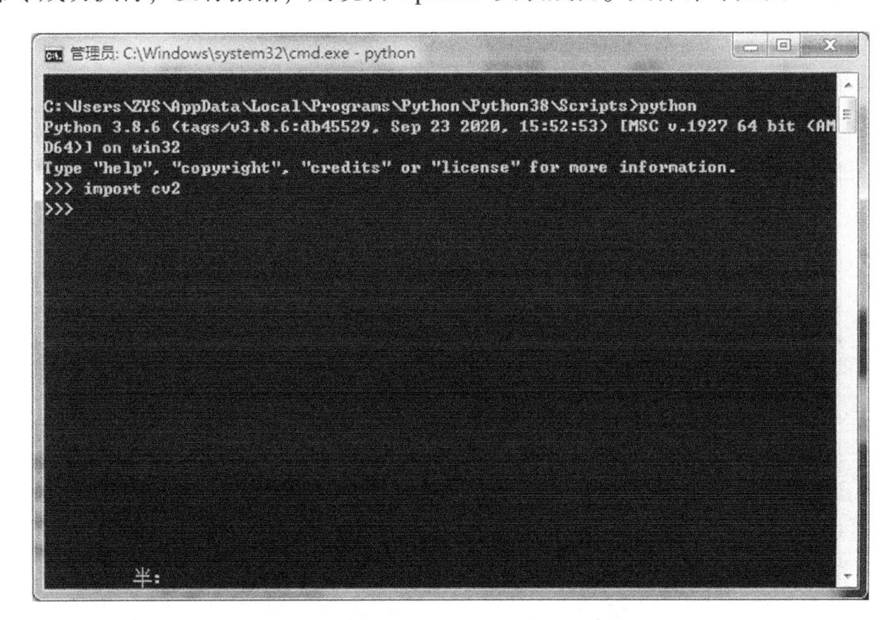

图 1-2-21　测试 OpenCV 是否安装成功

4. 使用 pip 安装 TensorFlow

（1）安装　在命令行窗口中输入命令 pip install tensorflow，下载并安装 TensorFlow。因为需要安装的文件比较大，所以下载过程中有可能会出现下载失败的情况。可以将下载命令改成

```
pip install tensorflow -i https://pypi.douban.com/simple
```

从国内服务器下载并安装 TensorFlow。TensorFlow 安装界面如图 1-2-22 所示。

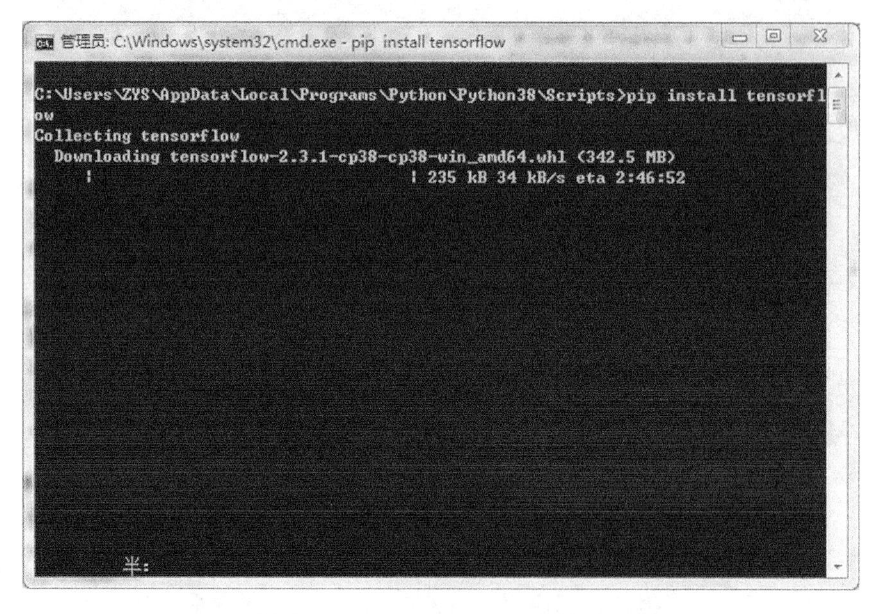

图1-2-22 TensorFlow 安装界面

（2）测试　需要安装的文件比较大，所以安装耗时比较长，最后出现 Successfully installed 字样就表示安装成功。在命令行窗口输入 python 命令并执行，然后在提示符 >>> 后输入命令 import tensorflow，命令成功执行，没有报错，则说明安装成功，如图 1-2-23 所示。

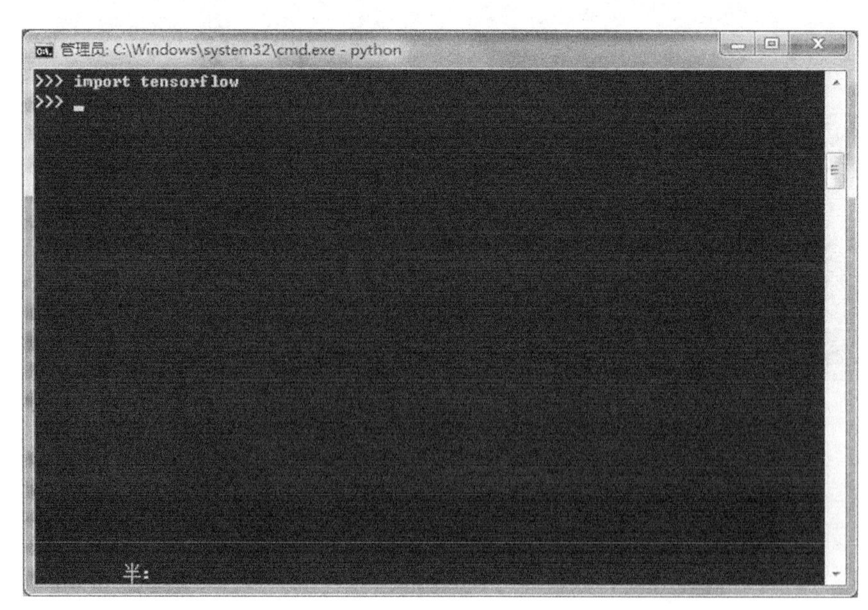

图1-2-23 TensorFlow 安装测试界面

5. 使用 pip 安装 PyTorch

（1）安装　访问 PyTorch 官方网站 https://pytorch.org/，单击网页上方的 Get Started 标签，如图 1－2－24 所示。

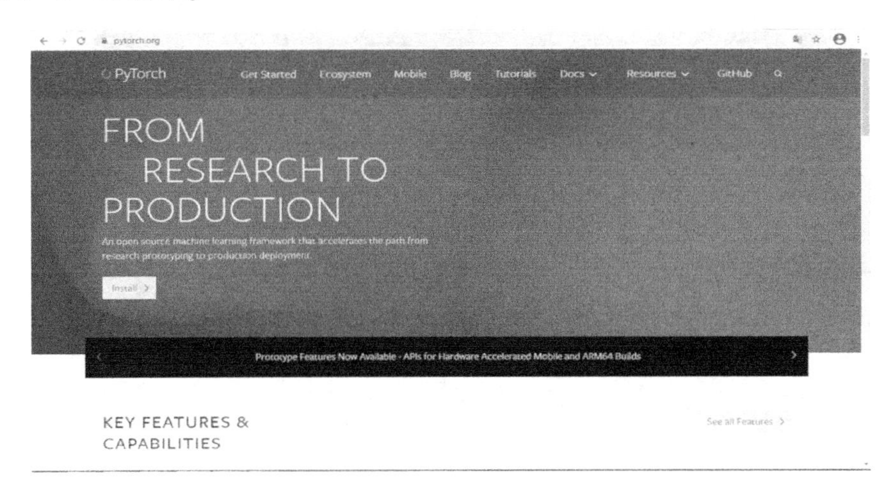

图 1－2－24　PyTorch 官网

根据自己的情况选择版本，如图 1－2－25 所示。

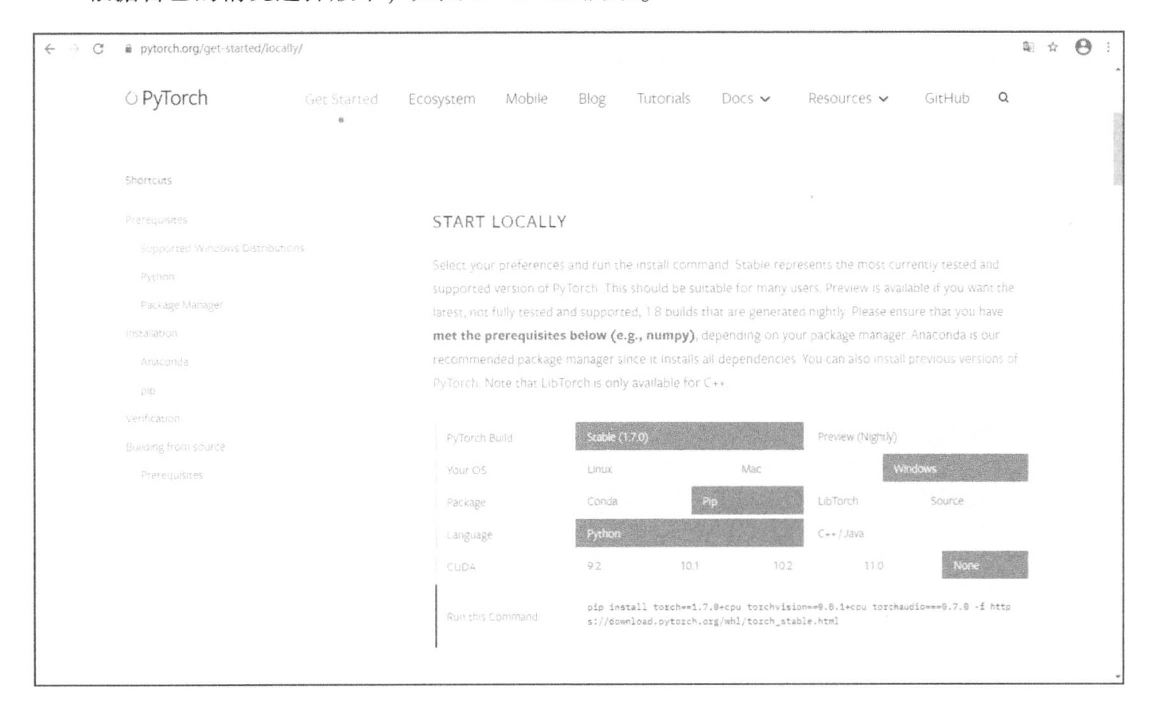

图 1－2－25　选择 PyTorch 版本

复制 Run this Command 后面的指令，将其粘贴至命令行窗口，如图 1－2－26 所示。执行命令，开始下载并安装。

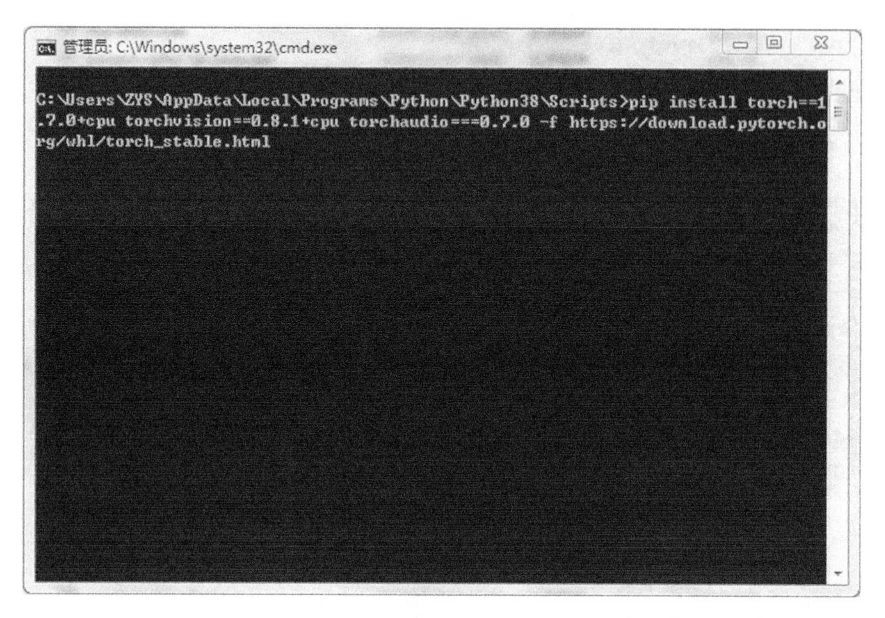

图1-2-26 PyTorch 下载安装界面

（2）测试 安装完成后，在命令行窗口中输入 python 命令并执行。然后在提示符 >>> 后输入 import torch 命令，命令成功执行，没有报错，则说明 PyTorch 安装成功。

第2章 图像滤波

2.1 数字图像概述

第2章导学

人类了解物体是通过眼睛中的视网膜进行成像的，机器设备是如何读取图像的呢？图像又是如何表示和存储的呢？思考一下，对于图2-1-1所示的美丽的风景图像，计算机是如何进行存储的呢？

图2-1-1 计算机存储的风景图片

2.1.1 数字图像的基本概念

1. 数字图像

一幅图像可定义为一个二维函数$f(x,y)$，这里x和y是空间坐标，而在任意空间坐标上的幅值f为图像的强度（灰度）。当x、y、f是有限的离散数值时，该图像称为数字图像。数字图像又称数码图像或数位图像，是由模拟图像数字化得到的，它以像素（Pixel）为基本元素，可以用计算机或数字电路进行存储和处理。实际上，数字图像是灰度强度函数的离散化采样得到的，如图2-1-2所示。

图像是由许多像素组成的，像素是在模拟图像数字化时对连续空间进行离散化得到的。每个像素具有整数行（高）和列（宽）的位置坐标，同时每个像素都具有整数灰度值或颜色值。通常，像素在计算机中保存为二维整数数组，这些值常用压缩格式进行传输和存储。

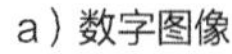
a）数字图像

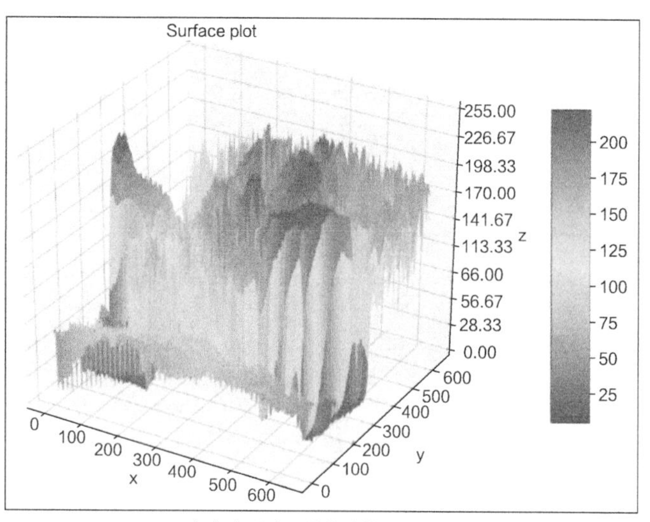

b）灰度强度函数的离散化采样

图2-1-2 数字图像及其灰度强度函数的离散化采样

2. 图像数字化表示

图像的每个像素对应于二维空间中一个特定的位置，是一个或者多个与这个点相关的采样值组成的数值。根据采样值数目及特性的不同，数字图像可以划分为二值图像、灰度图像和彩色图像。

（1）二值图像 在计算机图像领域中二值图像是指仅包含黑色和白色两种颜色的图像，图像的每个像素只能是黑色或者白色，其像素值为0或1。二值图像如图2-1-3所示。二值图像虽然表示起来简单方便，但是因为其仅有黑白两种颜色，其所表示的图像不够细致，想要表现更多的细节，就需要使用更多的颜色。

（2）灰度图像 灰度图像与二值图像不同，灰度图像在黑色与白色之间还有许多级的颜色深度。图2-1-4是一幅灰度图像，它采用了更多的数值以体现不同的颜色，因此该图像的细节信息更丰富。

图2-1-3 二值图像

图2-1-4 灰度图像

灰度图像经常是在单个电磁波频谱内测量每个像素的亮度得到的。为了显示灰度图像，通常使用采样像素8位（uint 8）的非线性尺度来保存，有256级灰度，如果用16（uint 16）位，则有65536级灰度。

通常，计算机会将灰度处理为256个灰度级，用数值区间［0,255］来表示。其中，数值255表示纯白色，数值0表示纯黑色，其余的数值表示从纯白到纯黑之间不同级别的灰度。用于表示 256 个灰度级的数值在 0 ~ 255 之间，正好可以用一个字节（8 位二进制值）来表示。

灰度图像是由一个各行、各列的数值都在［0,255］之间的矩阵来表示的，灰度图像及其表示方式如图 2 - 1 - 5 所示。

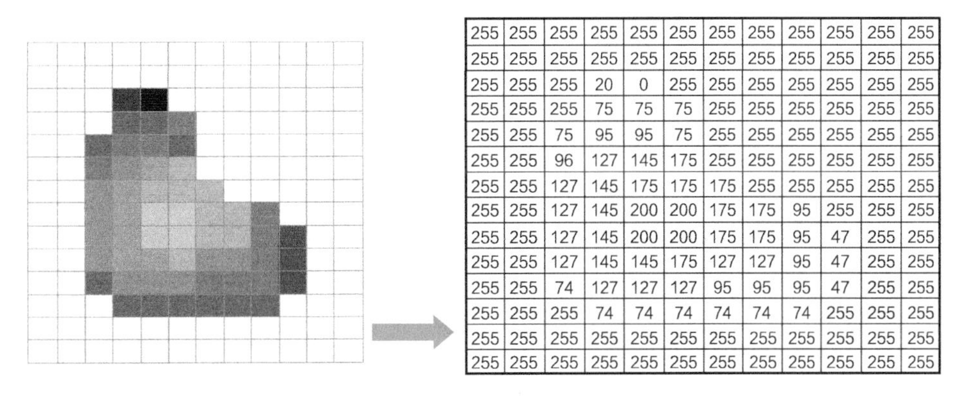

255	255	255	255	255	255	255	255	255	255	255	255
255	255	255	255	255	255	255	255	255	255	255	255
255	255	255	20	0	255	255	255	255	255	255	255
255	255	255	75	75	75	255	255	255	255	255	255
255	255	75	95	95	75	255	255	255	255	255	255
255	255	96	127	145	175	255	255	255	255	255	255
255	255	127	145	175	175	175	255	255	255	255	255
255	255	127	145	200	200	175	175	95	255	255	255
255	255	127	145	200	200	175	175	95	47	255	255
255	255	127	145	145	175	127	127	95	47	255	255
255	255	74	127	127	127	95	95	95	47	255	255
255	255	255	74	74	74	74	74	74	255	255	255
255	255	255	255	255	255	255	255	255	255	255	255
255	255	255	255	255	255	255	255	255	255	255	255

图 2 - 1 - 5　灰度图像及其表示方式

（3）彩色图像　相比二值图像和灰度图像，彩色图像是更常见的一类图像，它能表现更丰富的细节信息。神经生理学实验发现，在人类视网膜上存在三种不同的颜色感受器，能够感受三种不同的颜色，即红色、绿色和蓝色，这三种颜色称为三基色。自然界中常见的各种色光都可以由三基色按照一定的比例混合而成。除此以外，从光学角度出发，可以将颜色解析为主波长、纯度、明度等。从心理学和视觉角度出发，可以将颜色解析为色调、饱和度、亮度等。通常将上述采用不同的方式表述颜色的模式称为色彩空间，或称为颜色空间、颜色模式、颜色模型等。

1）RGB 颜色模型。RGB 颜色模型也称为加色法混色模型。它是通过 R（Red）、G（Green）、B（Blue）三基色互相叠加来实现混色的方法，适合于显示器等发光体的显示。例如，白色 = 100% 红色 + 100% 绿色 + 100% 蓝色，黄色 = 100% 红色 + 100% 绿色 + 0% 蓝色。RGB 颜色模型可用三维笛卡儿坐标系表示，如图 2 - 1 - 6 所示。

从黑色（0,0,0）到白色（1,1,1），若沿三维立方体对角线取值，可得到灰度级色彩，其 R、G、B 三色值相等。用 RGB 颜色模型表示的图像由 R、G、B 三个 8bit 分量图像构成，三幅图像在屏幕上混合生成一幅合成的 24bit 彩色图像，即全彩色图像，24 位彩色立方图如图 2 - 1 - 7 所示。在一般的机器视觉系统中很多时候都是在 RGB 颜色模型下处理图像。

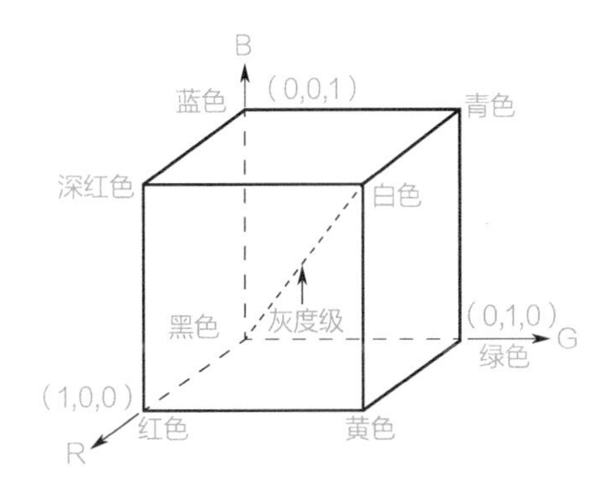

图 2 - 1 - 6　三维笛卡儿坐标系

图 2 - 1 - 7　24 位彩色立方图（见彩插）

彩色图像采用24位表示，R、G、B分别为红、绿、蓝通道的8位子图像，例如图2-1-8所示是彩色图像的像素构成情况。

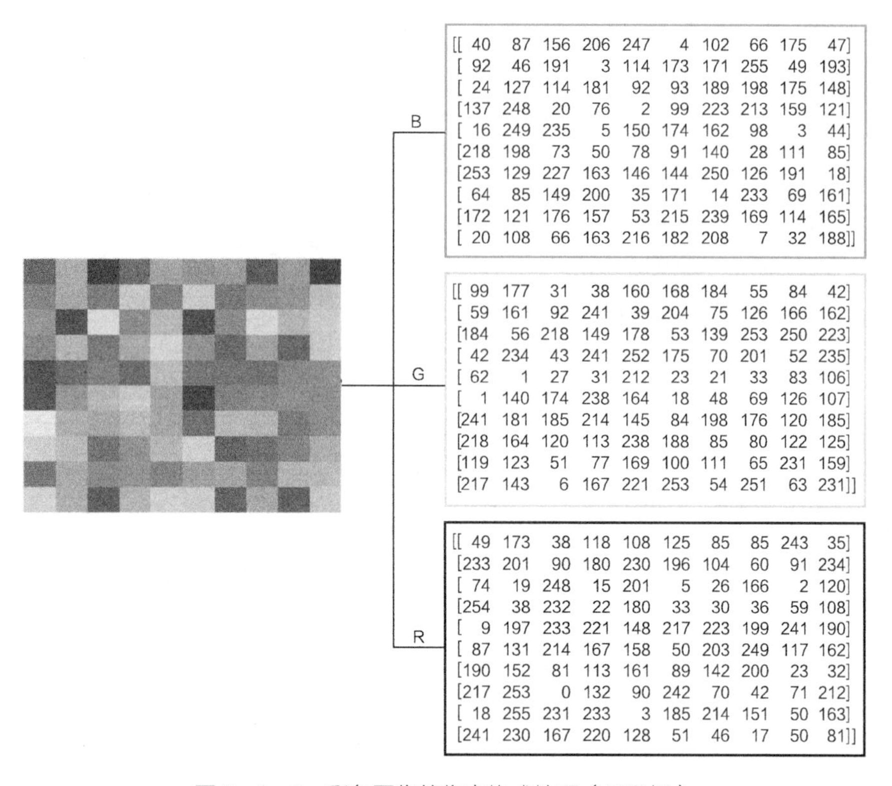

图2-1-8　彩色图像的像素构成情况（见彩插）

2）HSV颜色模型。HSV颜色模型是一种用色调（H）、饱和度（S）、亮度（V）联合表示的颜色模型。

色调（Hue）：表示颜色种类，如红、蓝、黄等，取值范围为0~360°，每个值对应一种颜色。

饱和度（Saturation）：表示颜色的强弱或丰满程度，取值范围为0.0%~1.0%，其中0.0%表示没有颜色，1.0%表示强烈的颜色，降低饱和度其实就是在颜色中增加灰色的分量。

亮度（Value）：反映的是人眼感受到的光的明暗程度。亮度值的范围与饱和度值的范围一致，为0.0%~1.0%。亮度值越大，图像越亮；亮度值越低，图像越暗。当亮度值为0.0%时，图像是纯黑色。

HSV颜色模型是一种比较直观的颜色模型，在图像编辑工具中应用较广泛，如Photoshop。该模型不适合使用在光照模型中，因为许多光线混合运算、光强运算都无法直接使用HSV来实现。由于H、S分量代表了色彩分信息，不同的H、S值在表示颜色时有较大差异，所以该模型可用于颜色分割。HSV颜色模型可表示为图2-1-9所示的形式。

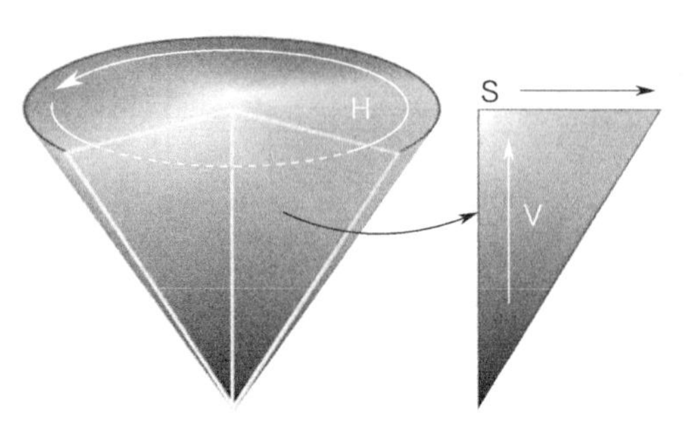

图2-1-9　HSV颜色模型（见彩插）

OpenCV 中 H 分量的取值范围为 0 ~ 180°，S 分量的取值范围为 0 ~ 255，V 分量的取值范围为 0 ~ 255，但是 HSV 颜色模型却规定 H 的取值范围为 0 ~ 360°，S 的范围取值为 0.0 ~ 1.0，V 的取值范围为 0.0 ~ 1.0，所以需要进行转换。在 OpenCV 中，H 分量被除以 2，以匹配 uchar（Unsigned Char）255 的上限。通常，在根据颜色分割图像的场景下使用 HSV 颜色模型来处理图像。

2.1.2　图像文件格式

图像数据在计算机存储设备中的存储形式就是图像文件。图像必须按照某个公开的、规范约定的数据存储顺序和结构进行保存，才能使不同的程序对图像文件顺利进行打开和处理，实现数据共享。图像数据在文件中的存储顺序和结构称为图像文件格式。常用的图像文件格式有 BMP、GIF、TIF 和 JPEG 等。

1. BMP 格式

BMP（Bitmap）是 Windows 操作系统中的标准图像文件格式，可以分成两类：设备相关位图（Device Dependent Bitmap，DDB）和设备无关位图（Device Independent Bitmap，DIB）。BMP 文件使用非常广泛，采用位映射存储格式，除了图像深度可选以外，不采用其他任何压缩，因此，其所占空间较大。BMP 文件的图像深度可选 1bit、4bit、8bit 及 24bit。BMP 文件存储数据时，图像的扫描方式按从左到右、从下到上的顺序。由于 BMP 文件格式是 Windows 环境中交换与图有关的数据的一种标准，因此在 Windows 环境中运行的图形图像软件都支持 BMP 格式。在 Windows 系统和 Android 系统平台中，直接使用系统默认的图片浏览器即可打开。

BMP 图像文件也称位图文件，包括以下 4 部分。

1）BMP 文件头（BMP File Header）：包含图像文件的类型、大小和位图阵列的起始位置等信息。

2）位图信息头（Bitmap Information）：包含图像数据的尺寸、位平面数、压缩方式、颜色索引等信息。

3）调色板（Color Palette）：可选，如使用索引来表示图像，调色板就是索引与其对应的颜色的映射表。该项在使用 256 位彩色、16 位彩色等情况下使用。

4）位图数据（Bitmap Data）：包含图像的像素数据。

位图文件头分 4 部分，共 14Byte，具体组成见表 2 - 1 - 1。

表 2 - 1 - 1　位图文件头的组成

名称	占用空间	内容	实际数据
bfType	2Byte	标识，就是“BM”二字	BM
bfSize	4Byte	整个 BMP 文件的大小	0x000C0036（786486）
bfReserved1/2	4Byte	保留字	0
bfOffBits	4Byte	偏移数，即位图文件头 + 位图信息头 + 调色板的大小	0x36（54）

2. GIF 格式

GIF（Graphics Interchange Format）格式是一种公用的图像文件格式标准，它是 8 位文件格式（一个像素一个字节），所以最多只能存储 256 色图像。GIF 文件中的图像数据均为压缩过的。

GIF 文件结构较复杂，一般包括 7 个数据单元：文件头、通用调色板、图像数据区，以及 4 个补充区。其中，文件头和图像数据区是不可缺少的单元。

一个 GIF 文件中可以存放多幅图像，所以文件头中包含适用于所有图像的全局数据和仅属于其后的那幅图像的局部数据。当文件中只有一幅图像时，全局数据和局部数据一致。存放多幅图像时，每幅图像集中成一个图像数据块，每块的第一个字节是标识符，指示数据块的类型。

3. TIF 格式

TIF（Tagged Image File）格式是一种独立于操作系统和文件系统的格式（在 Windows 系统和 Mac 系统中都可使用），便于在软件之间进行图像数据交换。

TIF 图像文件包括文件头（表头）、文件目录（标识信息区）和文件目录项（图像数据区）几部分。文件头只有一个，在文件前端。它给出数据的存放顺序、文件目录的字节偏移信息。文件目录给出文件目录项的个数信息，并有一组标识信息，给出图像数据区的地址。文件目录项是存放信息的基本单位，也称为域。从类别上讲，域的种类主要包括基本域、信息描述域、传真域、文献存储和检索域 5 类。

TIF 格式的描述能力很强，可制定私人用的标识信息。TIF 格式支持任意大小的图像，文件可分为 4 类：二值图像、灰度图像、调色板彩色图像和全彩色图像。一个 TIF 格式文件中可以存放多幅图像，也可存放多份调色板数据。

4. JPEG 格式

JPEG（Joint Photographic Experts Group）格式源于对静止灰度或彩色图像的一种压缩标准 JPEG，在使用有损压缩方式时可节省大量空间。目前，数码相机中均使用这种格式。

JPEG 标准只定义了一个规范的编码数据流，并没有规定图像数据文件的格式。Cube Microsystems 公司定义了一种 JPEG 文件交换格式，即 JFIF。

JFIF 图像是一种使用灰度表示或使用 Y、C_b、C_r 分量彩色表示的 JPEG 图像。它包含一个与 JPEG 兼容的文件头。一个 JFIF 文件通常包含单个图像，图像可以是灰度的（其中的数据为单个分量），也可以是彩色的（其中的数据是 Y、C_b、C_r 分量）。Y、C_b、C_r 分量与常见的 R、G、B 三原色的关系如下：

$$Y = 0.29. R + 0.587. G + 0.114. B$$

$$C_r = (R - Y) \times 0.713 + delta$$

$$C_b = (B - Y) \times 0.564 + delta$$

式中，delta 的值为

$$delta = \begin{cases} 128，8\text{ 位图像} \\ 32768，16\text{ 位图像} \\ 0.5，\text{单精度图像} \end{cases}$$

TIFF 6.0 也支持采用 JPEG 压缩的图像，TIFF 文件可以包含直接 DCT 变换的图像，也可以包含无损 JPEG 图像，还可以包含用 JPEG 编码的条或块的系列（这样允许只恢复图像的局部而不用读取全部内容）。

OpenCV 中函数 cv2. imread( ) 支持的图像格式见表 2 - 1 - 2。

表 2-1-2　cv2.imread()函数支持的图像格式

图像	扩展名
Windows 位图	*.bmp、*.dib
JPEG 文件	*.jpeg、*.jpg、*.jpe
JPEG 2000 文件	*.jp2
便携式网络图形（Portable Network Graphics，PNG）文件	*.png
WebP 文件	*.webp
便携式图像格式（Portable Image Format）文件	*.pbm、*.pgm、*.ppm、*.pxm、*.pnm
Sun（Sun Rasters）格式文件	*.sr、*.ras
TIFF 文件	*.tiff、* tif
OpenEXR 图像文件	* exr
Radiance 格式高动态范围（High Dynamic Range，HDR）成像图像	*.hdr、*.pic
GDAL 支持的栅格和矢量地理空间数据	Raster、Vector 两大类

2.2　图像滤波及其应用

2.2.1　图像点运算

按图像处理运算的数学特征，图像基本运算可分为点运算（Point Operation）、代数运算（Algebraic Operation）、逻辑运算（Logical Operation）、几何运算（Geometric Operation）等。本小节重点介绍图像的点运算，几何运算将在第三章详细介绍。

点运算是指输出图像每个像素的灰度值仅取决于输入图像中相对应像素的灰度值。也就是说，点运算只涉及一幅原图像（称为输入图像），运算对象是输入图像像素的灰度值。点运算具有以下两个特点：

- 根据某种预先设置的规则，将输入图像各个像素本身的灰度（和该像素邻域内其他像素的灰度无关）逐一转换成输出图像对应像素的灰度值。
- 点运算不会改变像素的空间位置。因此，点运算也被称为灰度变换。

由于点运算的结果是改变了图像像素的灰度值，因此，也就可能改变了整幅图像的灰度统计分布。这种改变也会在图像的灰度直方图上反映出来。在实际中，有时可采取逆向操作。例如，首先根据需要设计出输出图像的灰度直方图，然后确定由输入图像灰度直方图改变成输出图像灰度直方图所必须遵循的映射关系，即灰度转换函数，最后，按此转换函数对输入图像的每一像素逐一执行点运算（灰度变换）。

点运算是图像处理中一项基本而又重要的操作，一般用于根据特定的要求规划图像的显示。设输入图像的灰度为 $f(x,y)$，输出图像的灰度为 $g(x,y)$，则点运算可以表示为

$$g(x,y)=T[f(x,y)]$$

其中，$T[\ ]$ 是 f 在 (x,y) 点值的一种数学运算，即点运算是一种像素的逐点运算，是灰度到灰度的映射过程，故称 $T[\ ]$ 为灰度变换函数。

图像的点运算是通过对图像的每个像素值进行计算从而改善图像显示效果的操作，它实

际上是对每个原图像的像素值进行函数运算，然后映射得到新图像的过程。根据变换函数的类型可将处理图像的点运算分为线性和非线性两个类型。

1. 线性点运算

成像设备及图像记录设备的动态范围太窄等因素，会导致图像曝光不足或者曝光过度，这时可以通过点运算将灰度图像的线性范围进行拓展。假设$f(x,y)$表示原始图像(x,y)处的图像灰度值，经过点运算输出图像的灰度值为$g(x,y)$，则线性点运算的公式为

$$g(x,y)=af(x,y)+b$$

如果$a>1$，输出图像的对比度增大（图像灰度级增大），如图2-2-1所示。

a）原始图像

b）输出图像

图2-2-1 当$a>1$时输出图像的对比度增大

如果$0<a<1$，输出图像的对比度减小（图像灰度级减少），如图2-2-2所示。

a）原始图像

b）输出图像

图2-2-2 当$0<a<1$时输出图像的对比度减小

如果a为负值，暗区域将变亮，亮区域将变暗，如图2-2-3所示。

a）原始图像

b）输出图像

图2-2-3 当a为负值时，输出图像的暗区域将变亮，亮区域将变暗

2. 非线性点运算

非线性点运算是指图像运算的输出灰度级与输入灰度级之间存在非线性函数关系。非线性点运算对应于非线性的灰度映射函数，典型的包括平方函数、窗口函数、值域函数、多值量化函数等。引入非线性点运算主要是考虑在成像的时候，可能由于成像设备本身非线性失衡，需要对其进行校正，或者强化部分灰度区域的信息。

（1）分段线性变换　假设输入图像的 $f(x,y)$ 灰度范围为 $[0,M_f]$，输出图像 $g(x,y)$ 的灰度范围为 $[0,M_g]$，则 $f(x,y)$ 与 $g(x,y)$ 满足如下关系的时候，称为分段线性灰度变换。

$$g(x,y)=\begin{cases}\dfrac{M_g-d}{M_f-b}(f(x,y)-b)+d & b\leqslant f(x,y)\leqslant M_f\\[2ex] \dfrac{d-c}{b-a}(f(x,y)-a)+c & a\leqslant f(x,y)<b\\[2ex] \dfrac{c}{a}f(x,y) & 0\leqslant f(x,y)<a\end{cases}$$

分段线性灰度变换的 $f(x,y)$ 与 $g(x,y)$ 的关系如图 2-2-4 所示。

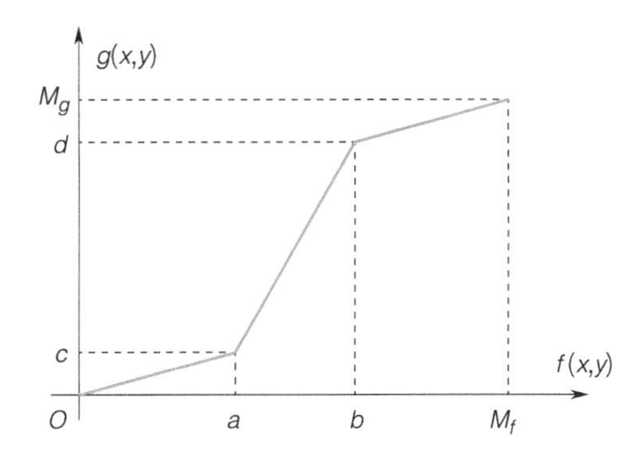

图 2-2-4　分段线性灰度变换的 $f(x,y)$ 与 $g(x,y)$ 关系

利用 OpenCV 实现图像分段线性灰度变换示例如图 2-2-5 所示。

a）原始图

b）图像分段线性变换结果图

图 2-2-5　利用 OpenCV 实现图像分段线性灰度变换示例

（2）对数变换　对数变换是常见的非线性灰度变换。对数变换的表达式为 $g(x,y)=C\log(1+f(x,y))$，其中 C 是一个常数。对数变换函数特性曲线如图 2-2-6 所示。

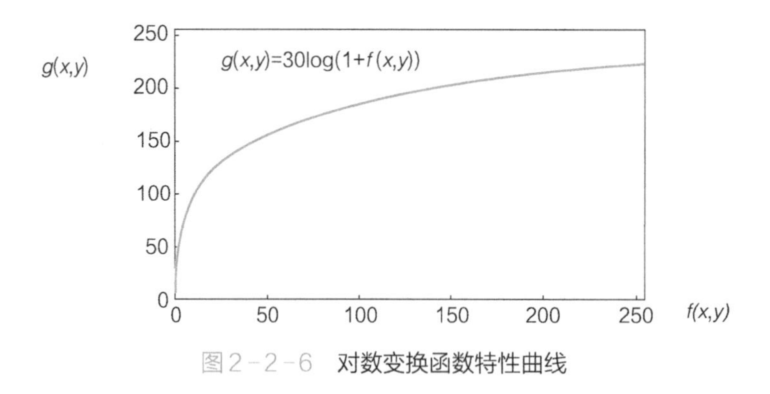

图2-2-6 对数变换函数特性曲线

非线性拉伸不是对图像的整个灰度范围进行扩展，而是对某一灰度范围进行扩展，其他范围的灰度则可能被压缩。

利用 OpenCV 实现图像对数灰度变换的示例如图 2-2-7 所示。

a）原始图

b）图像非线性变换结果图

图2-2-7 利用 OpenCV 实现图像对数灰度变换示例

（3）伽马变换 基于幂次变换的伽马（Gamma）校正是图像处理中另外一种非常重要的非线性变换。它与对数变换相反，是对输入图像的灰度值进行指数变换，进而校正亮度上的偏差。伽马变换常应用于拓展暗部的细节。伽马变换的公式为

$$g(x,y)=cf(x,y)^{\gamma}$$

其中，c 和 γ 为正常数。伽马变换的效果与对数变换类似。当 $\gamma>1$ 时，将较窄范围的低灰度值映射为较宽范围的高灰度值，同时将较宽范围的高灰度值映射为较窄范围的灰度值；当 $\gamma<1$时，情况相反。伽马变换函数曲线如图 2-2-8 所示。

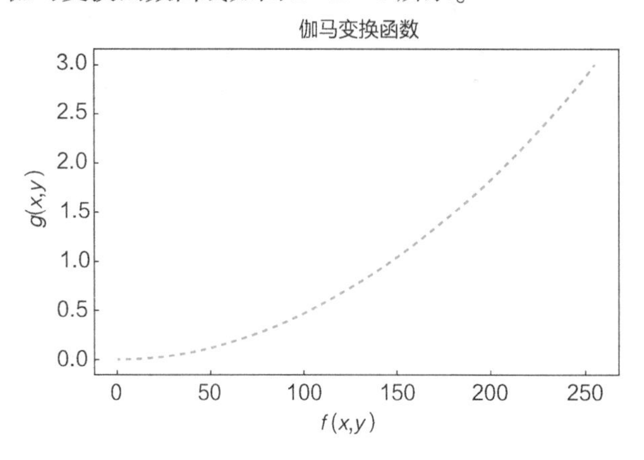

图2-2-8 伽马变换函数曲线

OpenCV 中的伽马变换用来实现图像增强，提升了暗部细节。简单来说，就是通过非线性变换，让图像从曝光强度的线性响应变得更接近人眼感受的响应，即将漂白（相机曝光）或过暗（曝光不足）的图片进行矫正。

当 $\gamma<1$ 时，低灰度区域动态范围扩大，进而图像对比度增强，高灰度值区域动态范围减小，图像对比度降低，图像整体灰度值增大，此时与图像的对数变换类似。

当 $\gamma>1$ 时，低灰度区域的动态范围减小进而对比度降低，高灰度区域动态范围扩大，图像的对比度提升，图像的整体灰度值变小，伽马变换可以实现图像增强。

总之，$\gamma<1$ 的幂函数的作用是提高图像暗区域中的对比度，而降低亮区域的对比度；$\gamma>1$的幂函数的作用是提高图像中亮区域的对比度，降低图像中暗区域的对比度。所以伽马变换主要用于图像校正。对于灰度级整体偏暗的图像，可以使用 $\gamma<1$ 的幂函数增大动态范围；对于灰度级整体偏亮的图像，可以使用 $\gamma>1$ 的幂函数增大灰度动态范围。利用 OpenCV 实现图像伽马变换的示例如图 2－2－9 所示。

a）原始图像

b）γ <1 时的变换结果

c）γ >1 时的变换结果

图2－2－9　利用 OpenCV 实现图像伽马变换的示例

2.2.2　图像滤波

1. 图像滤波概述

图像滤波是利用函数或算子对图像像素的局部邻域进行计算以达到修改其像素值的一种图像处理方法。滤波形成的一幅新图像的像素值是原始图像像素值的点运算的结果。图 2－2－10 所示为图像滤波像素点运算的结果和滤波函数的像素值构成情况变化。

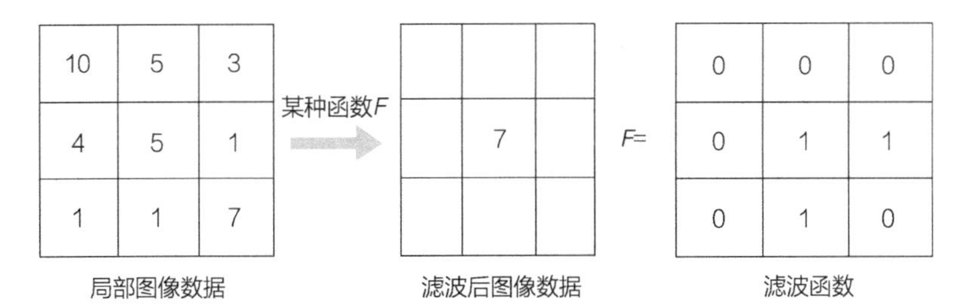

图2－2－10　图像滤波运算的像素变化

图像处理中，滤波将信号中特定的波段频率滤除，从而保留所需要的波段频率信号。根据选择保留的不同频段可以实现以下两个作用。

1）消除图像中混入的噪声。由于噪声在图像中一般是高频信号，采用低通滤波，可滤除噪声信息。

2）为进行图像识别而抽取出图像特征。这里的特征一般为边缘纹理的特征，采用的是高通滤波，由于图像中边缘和纹理细节是高频信号，从而提取出图像特征。

图像滤波主要应用于边缘提取、图像去噪、图像增强、深度特征提取等方面。图 2－2－11 所示是利用 OpenCV 实现图像边缘的提取。图 2－2－12 所示是利用 OpenCV 实现图像去噪。图 2－2－13 所示是利用 OpenCV 实现图像增强。图 2－2－14 所示是利用 OpenCV 实现图像深度特征提取。

a）原始图像　　b）图像边缘

图 2－2－11　利用 OpenCV 实现图像边缘的提取

a）原始图像

b）去噪后的图像

图 2－2－12　利用 OpenCV 实现图像去噪

a）原始图像

b）图像增强后的图像

图 2－2－13　利用 OpenCV 实现图像增强

a）原始图像

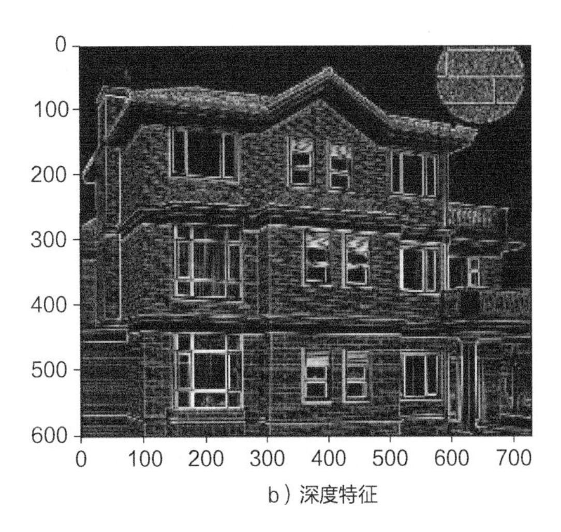

b）深度特征

图 2-2-14　利用 OpenCV 实现图像深度特征的提取

2. 图像滤波的分类

图像中滤波算法的分类方法有很多，可以分为线性滤波和非线性滤波，也可以分为相关滤波和卷积滤波，还可以分为高通滤波、低通滤波、空间滤波和频域滤波等。

3. 图像线性滤波

图像线性滤波是指利用相邻像素的线性组合（加权和）代替原始像素值，主要包括相关与卷积等。图像线性滤波像素值计算示例如图 2-2-15 所示。

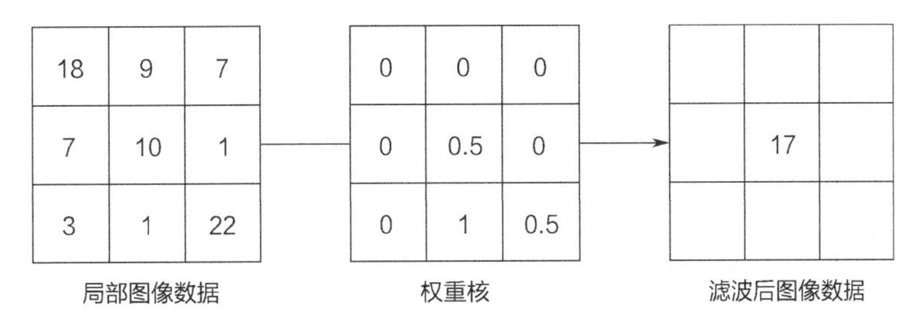

图 2-2-15　图像线性滤波像素值计算示例

在图像处理中，对邻域中的像素计算为线性运算时（如利用窗口函数进行平滑加权求和的运算或者某种卷积运算）都可以称为线性滤波。线性滤波是图像处理的最基本方法，能产生很多不同的效果，做法简单。线性滤波需要一个二维的滤波器矩阵（称为卷积核）和一个要处理的二维图像，对于图像的每一个像素点计算它的邻域像素和滤波器矩阵的对应元素的乘积，加起来的结果作为该像素位置的值，这样就完成了滤波过程。

（1）相关　如果将图像记为 $\boldsymbol{F}$，以 $\boldsymbol{H}$ 表示权重核（行数 × 列数为 $(2K+1)\times(2K+1)$，K 为非负整数），并记 $\boldsymbol{G}$ 为输出图像，则有

$$\boldsymbol{G}[i,j]=\sum_{u=-k}^{k}\sum_{v=-k}^{k}\boldsymbol{H}[u,v]\boldsymbol{F}[i+u,j+v]$$

上式的相关操作可理解为图像局部邻域像素与权重核之间的点乘积，可表示为

$$\boldsymbol{G}=\boldsymbol{H}\otimes\boldsymbol{F}$$

（2）卷积　如果将图像记为 $\boldsymbol{F}$，以 $\boldsymbol{H}$ 表示权重核（大小为 $(2K+1)\times(2K+1)$），并记 $\boldsymbol{G}$ 为输出图像，只需将权重核进行 180°旋转（水平和垂直翻转），则有

$$\boldsymbol{G}[i,j]=\sum_{u=-k}^{k}\sum_{v=-k}^{k}\boldsymbol{H}[u,v]\boldsymbol{F}[i-u,j-v]$$

上式称为卷积操作，可表示为

$$\boldsymbol{G}=\boldsymbol{H}*\boldsymbol{F}$$

卷积运算性质如下：

- 交换律：$\boldsymbol{H}*\boldsymbol{F}=\boldsymbol{F}*\boldsymbol{H}$。
- 分配律：$(\boldsymbol{H}+\boldsymbol{F})*\boldsymbol{G}=\boldsymbol{H}*\boldsymbol{G}+\boldsymbol{F}*\boldsymbol{G}$。
- 结合律：$(\boldsymbol{H}*\boldsymbol{F})*\boldsymbol{G}=\boldsymbol{H}*(\boldsymbol{F}*\boldsymbol{G})$。

在图像的产生、传输和复制过程中，经常会因为多方面原因而被噪声干扰或出现数据丢失的情况，降低了图像的质量。这就需要对图像进行一定的增强处理以减小这些问题带来的影响。图像平滑是一种区域增强的算法，作为图像平滑的线性滤波包含均值滤波、方框滤波、高斯滤波、拉普拉斯滤波等，下面主要介绍前三种滤波方式。

（1）均值滤波　均值滤波通过使用归一化的滤波器卷积图像，用内核区域下的所有像素的平均值来取代中心像素。均值是指任意一点的像素值都是周围 $N\times M$ 个像素值的均值。如图 2-2-16 所示，中间位置点的像素值为周围背景区域像素值之和除以 9。

18	29	66	77	88
25	30	106	22	25
77	196	223	216	168
86	36	52	187	210
99	78	36	72	122

$\times\frac{1}{9}$

1	1	1
1	1	1
1	1	1

=

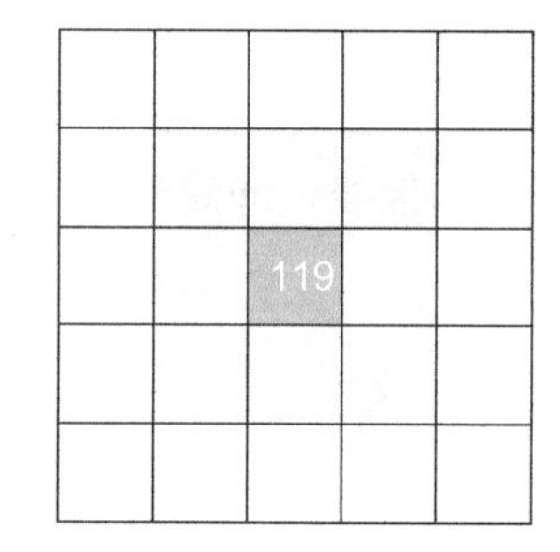

图 2-2-16　均值滤波算法示例

图 2-2-16 中的 3×3 矩阵称为卷积核。数字图像是一个二维的数组，对数字图像进行卷积操作的实质就是利用卷积核在图像上滑动，将图像点上的像素值与对应的卷积核上的数值相乘，然后将所有相乘后的值相加作为卷积核中间像素点的像素值，并最终滑动完图像中的所有像素值的过程。卷积核的一般表达式为

$$\text{Kernel}=\frac{1}{M\times N}\begin{bmatrix}1 & 1 & 1 & \cdots & 1\\ 1 & 1 & 1 & \cdots & 1\\ \vdots & \vdots & \vdots & \vdots & \vdots\\ 1 & 1 & 1 & \cdots & 1\\ 1 & 1 & 1 & \cdots & 1\end{bmatrix}$$

式中，M 和 N 分别对应高度和宽度。一般情况下，M 和 N 的值是相等的，常用的有 3×3、5×5、7×7 等。卷积核越大，参与到均值运算中的像素就会越多，即当前的点计算是更多点的像素值的平均值。因此，卷积核越大，去噪效果越好，但是花费的计算时间就越长，同时图像失真越严重。在实际处理中，要在失真和去噪效果之间取得平衡，选取合适大小的卷积核。

（2）方框滤波　与均值滤波的不同在于方框滤波不会计算像素均值，在均值滤波中，滤波结果的像素值是任意一个点的邻域平均值，该像素值等于各邻域像素值之和除以邻域面积，而在方框滤波中，可以自由选择是否对均值滤波的结果进行归一化，即可以自由选择滤波结果是邻域像素值之和的平均值，还是邻域像素值之和。

在 OpenCV 中实现方框滤波过程中，当参数 normalize = 1 时，结果与均值滤波相同，这是由于当进行归一化处理时，其卷积核的值与均值处理时的计算方法相同，因此目标像素点的值相同。此时的卷积核为

$$\text{Kernel}=\frac{1}{M\times N}\begin{bmatrix}1&1&1&\cdots&1\\1&1&1&\cdots&1\\\vdots&\vdots&\vdots&\vdots&\vdots\\1&1&1&\cdots&1\\1&1&1&\cdots&1\end{bmatrix}$$

在 OpenCV 中实现方框滤波过程中，当参数 normalize = 0 时，处理后的图片接近纯白色，部分点处有颜色。这是由于目标像素点的值是卷积核范围内像素点像素值的和，因此，处理后像素点的像素值基本都会超过当前像素值的最大值 255。部分点处有颜色是因为这些点周围邻域的像素值均较小，邻域像素值在相加后仍然小于 255。此时的卷积核为

$$\text{Kernel}=\begin{bmatrix}1&1&1&\cdots&1\\1&1&1&\cdots&1\\\vdots&\vdots&\vdots&\vdots&\vdots\\1&1&1&\cdots&1\\1&1&1&\cdots&1\end{bmatrix}$$

（3）高斯滤波　高斯滤波是利用邻域平均的思想对图像进行平滑处理的一种方法。在高斯滤波中，对图像进行平均时，不同位置的像素被赋予了不同的权重。

1）高斯滤波概述。高斯滤波是利用高斯核函数对图像进行卷积。高斯核函数为

$$\boldsymbol{G}_\sigma=\frac{1}{2\pi\sigma^2}\mathrm{e}^{-\frac{(x^2+y^2)}{2\sigma^2}}$$

高斯核函数的 3D 图像和 2D 图像如图 2－2－17 所示。

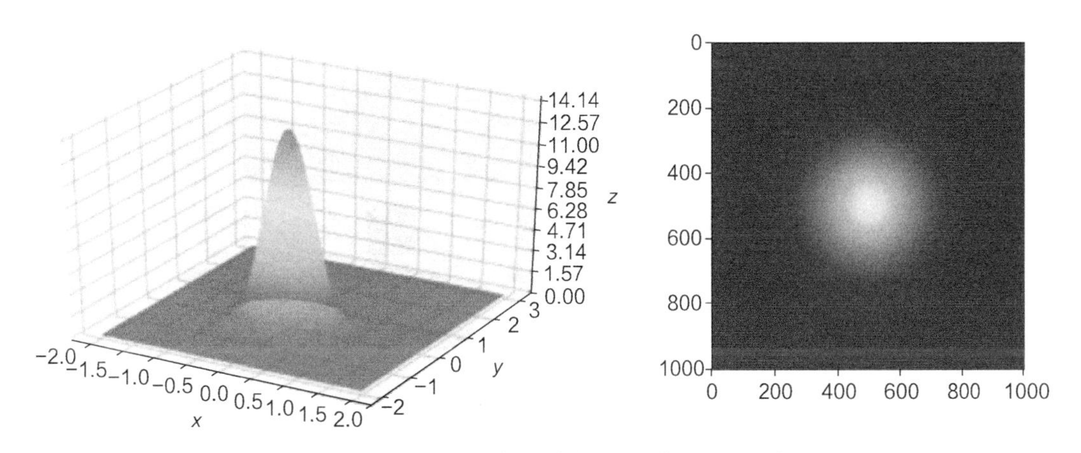

图 2－2－17　高斯核函数的 3D 图像和 2D 图像

在进行均值滤波和方框滤波时，其邻域内每个像素的权重是相等的。在高斯滤波时，卷积核中心点的权重会加大，远离中心点的权重值减小，卷积核内的元素值呈现一种高斯分布。高斯滤波使用的是不同大小的卷积核，核的宽度和高度可以不相同，但是它们必须是奇数。每一种尺寸的卷积核也可以有多种权重比例。实际使用时，卷积核往往需要进行归一化处理，使用没有进行归一化处理的卷积核进行滤波，得到的结果往往是错误的。

高斯滤波让邻近的像素具有更高的重要度，对周围像素计算加权平均值，较近的像素具有较大的权重值。如图 2-2-18 所示，卷积核为 3×3 矩阵，中心位置权重最高为 0.4，经过高斯滤波后，中心点的像素值为：$29\times0.05+108\times0.1+162\times0.05+32\times0.1+106\times0.4+7\times0.1+192\times0.05+226\times0.1+221\times0.05\approx110$。

21	138	129	120	127	130	218
230	8	82	73	240	14	219
192	193	29	108	162	149	169
94	138	32	106	7	71	168
209	159	192	226	221	150	160
102	201	39	67	189	157	109
255	40	71	250	41	72	179

×

0.05	0.1	0.05
0.1	0.4	0.1
0.05	0.1	0.05

=

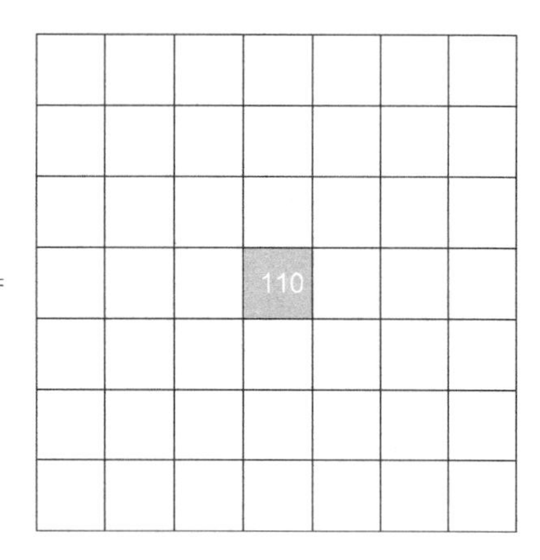

图 2-2-18 高斯滤波中心像素变化过程

经高斯滤波后的图像噪声点消失，但图像依旧存在失真，其效果与均值滤波相当。

2）高斯多尺度滤波。利用高斯核函数对图像进行多次滤波，可获得多尺度滤波图像。生成高斯滤波器模板最重要的参数是高斯分布的标准差 σ，标准差 σ 代表着数据的离散程度。σ 越小，模板的中心系数越大，周围的系数越小，这样对图像的平滑效果就不是很明显；σ 越大，模板的各个系数相差就不是很大，对图像的平滑效果比较明显。利用 OpenCV 实现图像高斯多尺度滤波示例如图 2-2-19 所示。

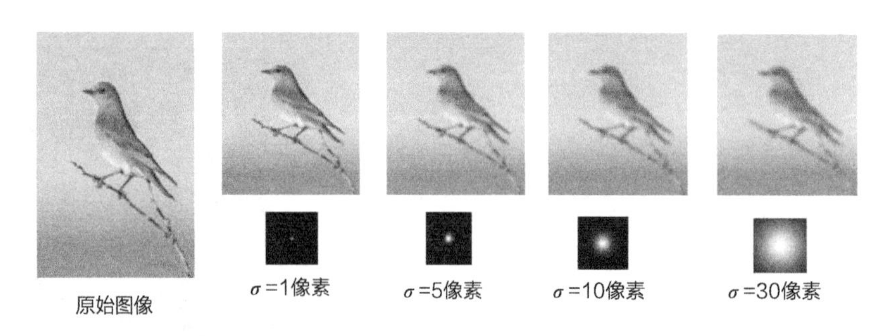

图 2-2-19 利用 OpenCV 实现图像高斯多尺度滤波示例

随着 σ 的增大，图像的细节（高频部分）逐渐被滤除，图像的尺度变大。以宽度 σ 卷积两次和以宽度 $\sqrt{2}\sigma$ 卷积一次的效果是一样的，如图 2-2-20 所示。

图 2-2-20 以宽度 σ 卷积两次和以宽度 $\sqrt{2}\sigma$ 卷积一次的效果相同

3）高斯金字塔图像空间。图像金字塔是图像多尺度表达的一种形式，最初用于机器视觉和图像压缩。一幅图像的金字塔是一系列以金字塔形状排列的分辨率逐步降低且来源于同一张原始图的图像集合。金字塔的底部是待处理图像的高分辨率表示，而顶部是低分辨率的近似。将一层一层的图像比喻成金字塔，层级越高则图像越小，分辨率越低。

通过高斯核函数对图像进行多次滤波和下采样构建高斯金字塔图像空间。也就是先将原图像作为最底层图像 $\boldsymbol{G}_0$（高斯金字塔的第 0 层），利用高斯核对其进行卷积，然后对卷积后的图像进行下采样（去除偶数行和列）得到上一层图像 $\boldsymbol{G}_1$，将此图像作为输入，重复卷积和下采样操作得到更上一层的图像，反复迭代多次，形成一个金字塔形的图像数据结构，即高斯金字塔。高斯金字塔算法流程如下：

①对图像进行高斯卷积（高斯滤波）。

②删除偶数行和偶数列（下采样）。

利用 OpenCV 构建高斯金字塔图像空间的示例如图 2-2-21 所示。

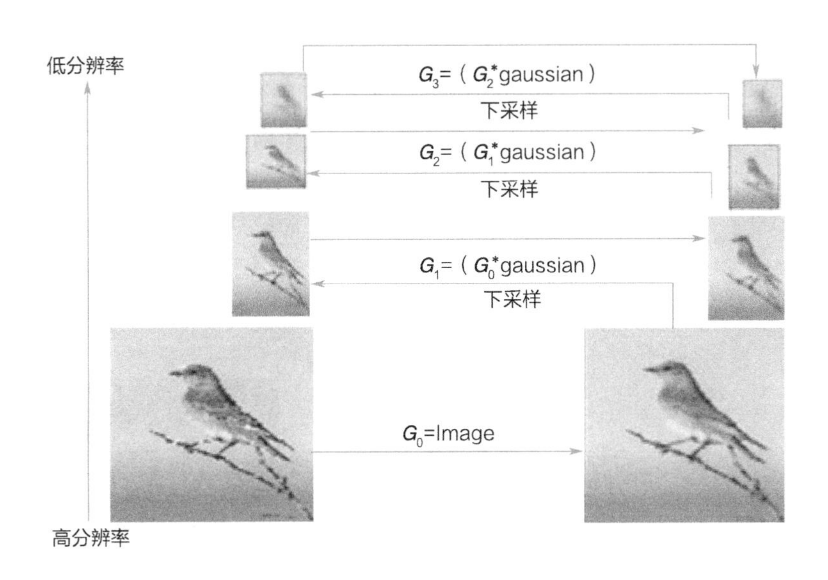

图 2-2-21 利用 OpenCV 构建高斯金字塔图像空间示例

4）拉普拉斯金字塔图像空间。在高斯金字塔的运算过程中，图像经过卷积和下采样操作会丢失部分高频细节信息。为描述这些高频信息，人们定义了拉普拉斯金字塔（Laplacian Pyramid，LP）。用高斯金字塔的每一层图像减去其下层图像上采样并高斯卷积之后的预测图像，得到一系列的差值图像即为 LP 分解图像。拉普拉斯金字塔算法流程如下：

①先将图像每个方向放大至原来的两倍（上采样），新增的行和列以 0 填充。

②对图像进行高斯卷积（高斯滤波）。

③用下层的高分辨率图像减去经前两步处理后的图像。

当视觉算法只能识别大小恒定的物体，但物体在现实世界中又随着空间的变换会表现出不同尺度时，高斯金字塔和拉普拉斯金字塔可以解决尺度变化问题。利用 OpenCV 构建高斯金字塔图像空间和拉普拉斯金字塔图像空间的示例如图 2－2－22 所示。

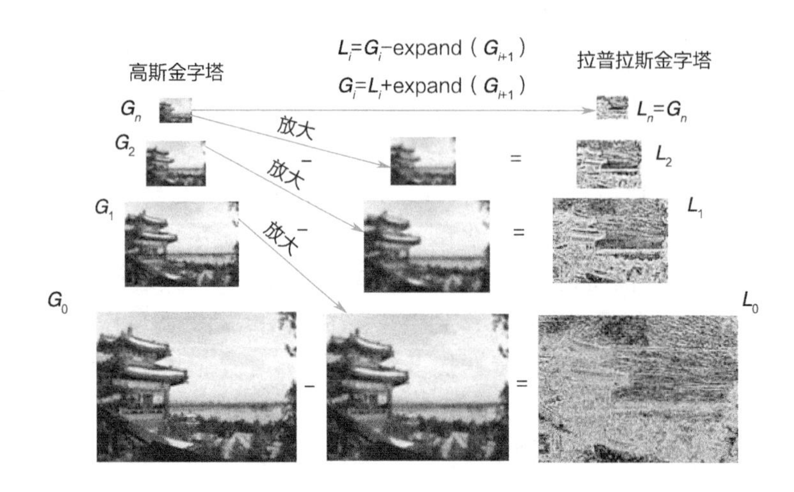

图 2－2－22 利用 OpenCV 构建高斯金字塔图像空间和拉普拉斯金字塔图像空间示例

5）图像锐化。图像锐化是一种补偿轮廓、突出边缘信息以使图像更为清晰的图像处理方法。锐化的目的实质上是增强原始图像的高频成分。常规的锐化算法对整幅图像进行高频增强，结果呈现明显噪声。为此，在对锐化原理进行深入研究的基础上，提出了先用边缘检测算法检出边缘，然后再根据检出的边缘对图像进行高频增强的方法。该方法有效地解决了图像锐化后的噪声问题。

图像锐化基于拉普拉斯算子，将一幅减去它经过拉普拉斯滤波之后的图像，这幅图像的边缘部分将得到放大，即细节部分更加锐利。锐化滤波器用于突出显示图像的边界和其他精细细节。如图 2－2－23 所示，利用 OpenCV 进行图像锐化，提取图像的细节信息。

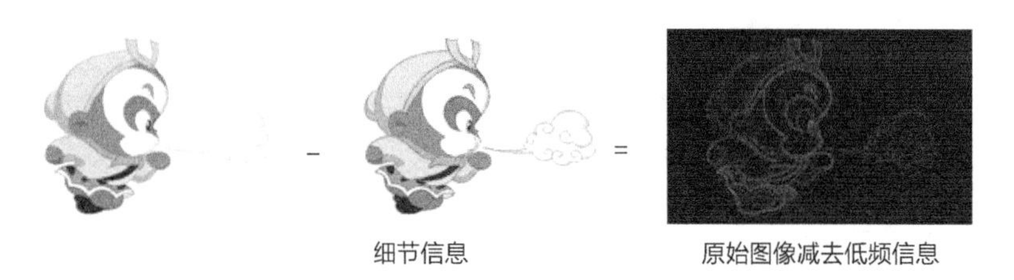

图 2－2－23 利用 OpenCV 进行图像锐化，提取图像的细节信息

锐化是基于一阶导数和二阶导数的运算过程，对一幅图像的一阶导数计算（图像强度梯度）的是一个逼近过程，而二阶导数定义为该梯度的散度的过程。由于数字图像处理研究离散量（像素值），因而将一阶导数和二阶导数离散过程用于锐化处理。利用 OpenCV 提取锐化图像的示例如图 2－2－24 所示。

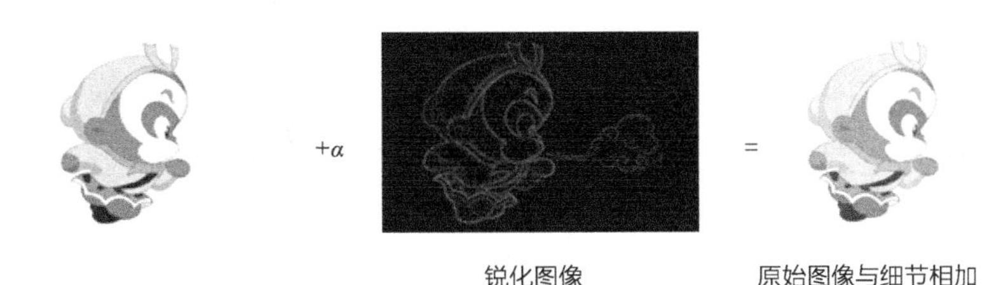

图 2-2-24　利用 OpenCV 提取锐化图像示例

上述图像锐化过程可以表示为

$$\boldsymbol{F}+\alpha(\boldsymbol{F}-\boldsymbol{F}*\boldsymbol{H})=(1+\alpha)\boldsymbol{F}-\alpha(\boldsymbol{F}*\boldsymbol{H})=\boldsymbol{F}*(\ [1+\alpha]\ e-\boldsymbol{H})$$

式中，$\boldsymbol{F}$ 为原始图像；$\boldsymbol{F}*\boldsymbol{H}$ 为模糊图像；e 为单位冲激（单位核，中间值为 1、四周值为 0）。

图像锐化示意如图 2-2-25 所示。

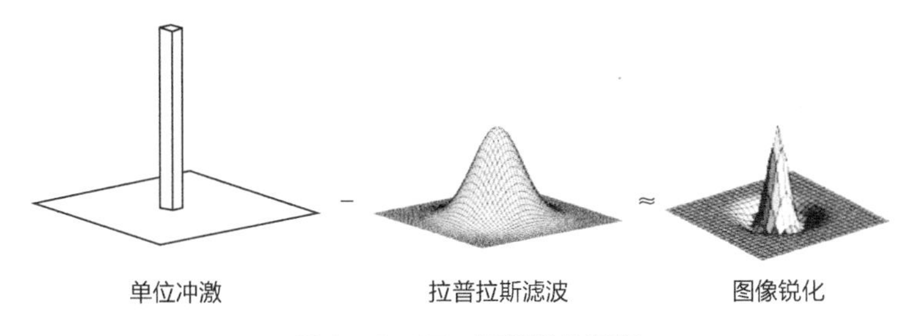

图 2-2-25　图像锐化示意

4. 图像非线性滤波

线性滤波器的两个信号之和的响应和它们各自响应之和是相等的。换句话说，每个像素的输出值是一些输入像素的加权和。线性滤波器易于构造，并且易于从频率响应角度来进行分析。但是在很多情况下，使用邻域像素的非线性滤波也许会得到更好的效果。例如，当噪声是散粒噪声而不是高斯噪声，即图像偶尔会出现很大的值的情况下，用高斯滤波器对图像进行模糊的话，噪声像素是不会被去除的，它们只是转换为更为柔和但仍然可见的散粒。这时，可用非线性滤波进行图像处理。

（1）中值滤波　中值滤波（Median Filter）是一种典型的非线性滤波技术，其基本思想是用像素点邻域灰度值的中值来代替该像素点的灰度值。该方法在去除脉冲噪声的同时又能保留图像边缘细节。

中值滤波会取当前像素点及其周围邻域像素点的像素值，将这些像素排序，然后将位于中间位置的像素值作为当前像素点的像素值。中值滤波的像素计算过程如图 2-2-26 所示。

18	29	66	77	88
25	30	106	22	25
77	196	223	216	168
86	36	52	187	210
99	78	36	72	122

3×3领域像素点排序取中心值 →

		106		

图 2-2-26　中值滤波的像素计算过程

中值滤波在一定的条件下可以克服常见线性滤波器如最小均方滤波器、方框滤波器、均值滤波器等产生的图像细节模糊的问题，而且它对滤除脉冲干扰及图像扫描噪声非常有效，也常用于保护边缘信息的场合，是非常经典的平滑噪声处理方法。

中值滤波器与均值滤波器相比较，其优势在于：在均值滤波器中，由于噪声成分被放入平均计算中，所以输出受到了噪声的影响，但是在中值滤波器中，由于噪声成分很难被选上，所以几乎不会影响输出。同样用 3×3 矩阵进行处理，中值滤波消除噪声的能力更胜一筹。中值滤波无论是在消除噪声还是在保存边缘方面都是一个不错的方法。

（2）双边滤波　双边滤波（Bilateral Filter）也是一种非线性的滤波方法，它是结合图像的空间邻近度和像素值相似度的一种折中处理方法，同时考虑空域信息和灰度相似性，达到保留边缘去掉噪声的目的。双边滤波器的好处在于可以做边缘保存，一般用高斯滤波去降噪，会较明显地模糊边缘，对于高频细节的保护效果并不明显。双边滤波比高斯滤波多了一个高斯方差 $\delta-d$，它是基于空间分布的高斯滤波，所以在边缘附近，离得较远的像素不会过多影响边缘上的像素值，这样就保证了边缘附近点的像素值的保存。但是由于保存了过多的高频信息，对于彩色图像里的高频噪声，双边滤波器不能够过滤干净，只能较好地滤除低频信息。

2.3　形态学处理

数学形态学（Mathematical Morphology）是一门建立在格论和拓扑学基础之上的图像分析学科。其基本运算包括腐蚀和膨胀、开运算和闭运算、骨架抽取、极限腐蚀、击中和击不中变换、形态学梯度、礼帽运算（顶帽运算）、黑帽运算、颗粒分析、流域变换等。

形态学主要应用在消除噪声、边界提取、区域填充、连通分量提取、凸壳、细化、粗化等方面，通过分割出独立的图像元素，或者图像中相邻的元素，求取图像中明显的极大值区域和极小值区域及梯度等。例如，在安防监控或车载系统场景下，对受浓雾天气影响拍摄的视频和图像进行优化处理，重建辨析度更高的监控资料，达到去伪存真的效果，如图 2-3-1 所示。

a）原始图像

b）去雾结果

图 2-3-1　图像去雾

图像增强的方法是通过一定手段对原图像附加一些信息或变换数据，有选择地突出图像中感兴趣的特征或者抑制（掩盖）图像中某些不需要的特征，使图像与视觉响应特性相匹配。在进行图像增强处理的时候，会经常需要用到腐蚀、膨胀等一些基础的图像形态学操作，通过这些基本的形态学操作可以实现去噪及图像的切割等。图 2-3-2 所示为实施图像增强前后的图像。

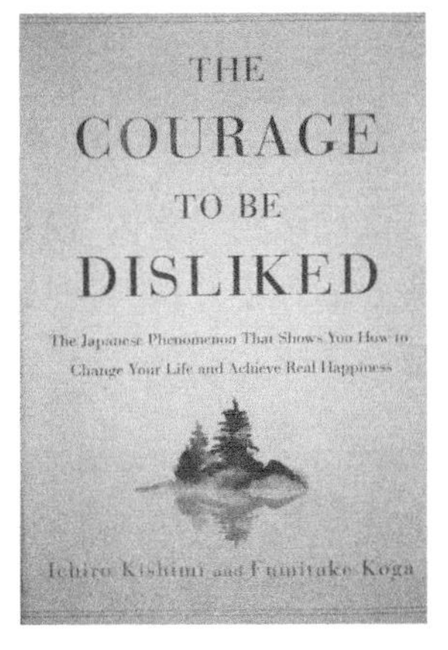

a) 原始图像

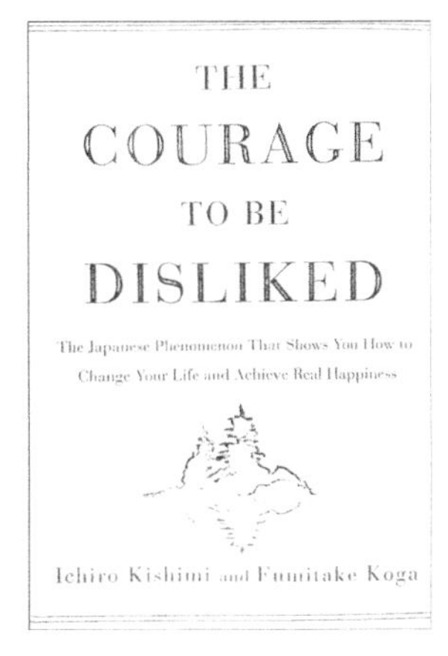

b) 图像增强结果

图 2-3-2　图像增强

在实际应用中，可以利用形态学运算去除物体之间的粘连，消除图像中的小颗粒噪声，如图 2-3-3 所示。

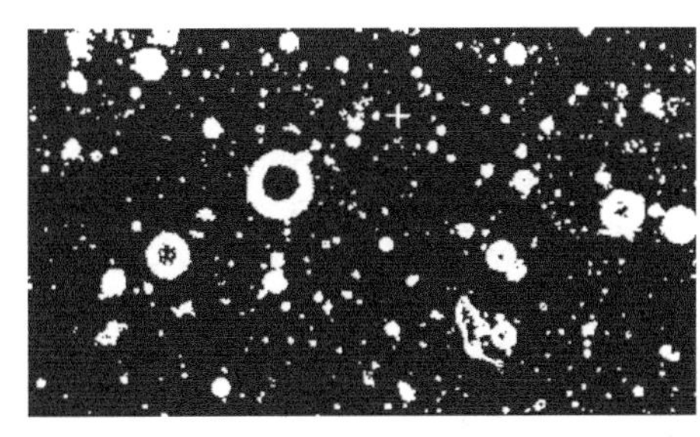

a）原始图像

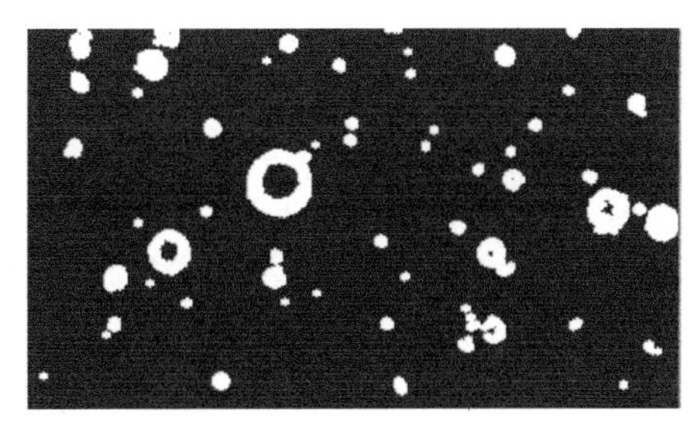

b）图像粘连剔除结果

图 2-3-3　图像粘连剔除

通过形态学图像处理提取目标图像的边缘，如图 2-3-4 所示，利用图像的腐蚀处理得到原图像的一个收缩来提取图像的内边界，再将收缩结果与目标图像进行异或运算，实现差值部分的提取。

a）原始图像

b）图像边缘提取结果

图 2-3-4　目标图像的边缘提取

简单来讲，形态学处理就是基于形状的一系列图像处理操作。OpenCV 为进行图像形态学处理提供了快捷、方便的函数，最基本的形态学操作有两种：膨胀（Dilation）和腐蚀（Erosion）运算。

2.3.1 膨胀运算

膨胀运算是指对数据集合中的每个元素在自定义的结构元素内寻找最大值，用它来代替中心元素的值。膨胀运算的物理意义为扩展数据集合的大小并使其向集合外膨胀，适宜的窗口大小可以填充集合内部的孔洞，使集合更加完整。

集合 A 被集合 B 膨胀的定义为

$$A \oplus B = \{z \mid \hat{B}_z \cap A \neq \varnothing\}$$

其中，集合 B 也称为结构元素；$\hat{B}_z$ 表示 B 关于原点的反射平移 z 后得到的新集合，因此，若 $\hat{B}_z$ 能击中 A，则所有 z 点组成的集合称为 A 对 B 的膨胀。

1. 二值膨胀

图 2-3-5a 所示是被处理的结构 A，图 2-3-5b 所示是结构 B，图 2-3-5c 所示是膨胀后的结果。二值膨胀运算的结果示意图如图 2-3-5 所示。

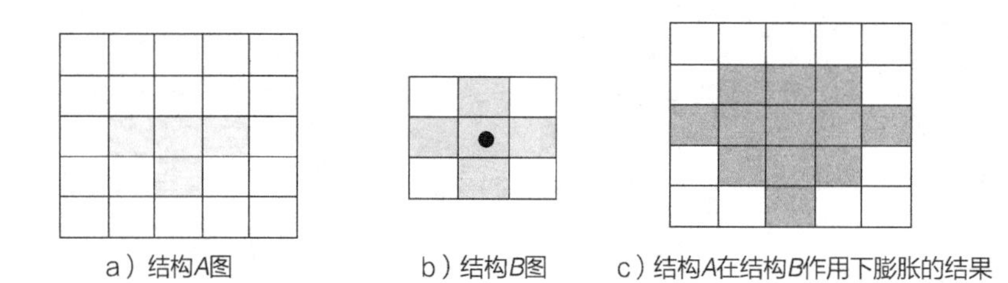

a）结构A图
b）结构B图
c）结构A在结构B作用下膨胀的结果

图2-3-5 二值膨胀运算的结果示意图

上述二值膨胀过程如图 2-3-6 所示。

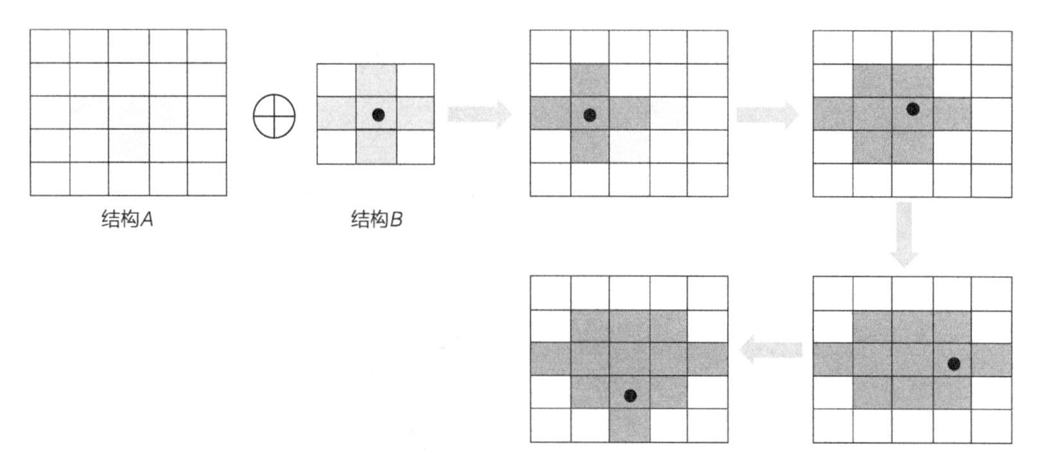

图2-3-6 二值膨胀过程

不同结构元素对原始图像膨胀后的形态各不相同。图 2－3－7 展示了长和宽分别为$\frac{d}{4}\times\frac{d}{4}$和 $d\times\frac{d}{4}$的结构元素对原始图像进行膨胀运算后的结果。

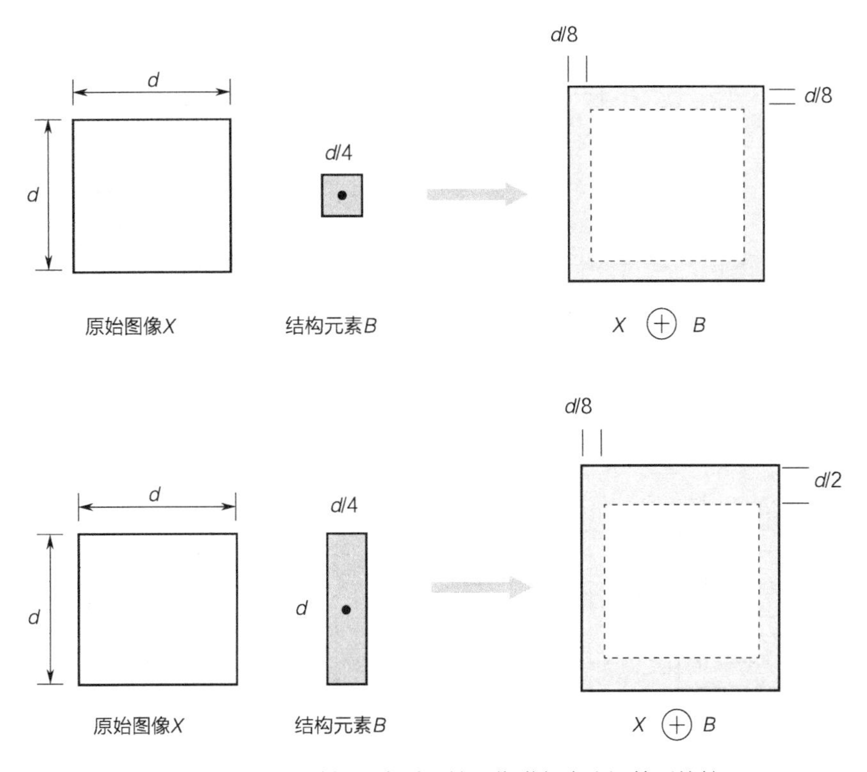

图 2－3－7　不同结构元素对原始图像进行膨胀运算后的结果

2. 灰度膨胀

除了进行二值膨胀外，还可以进行灰度膨胀。灰度膨胀的原理是将结构元素 B 覆盖住的图像 A 的区域记为 P，与二值膨胀类似也是进行卷积操作，用 P 加上结构元素 B 形成的小矩形，取其对应元素相加，将该小矩形上对应元素相加的最大值赋给对应原点的位置。灰度膨胀示例如图 2－3－8 所示。

0	0	0	0	0
0	20	10	5	0
0	5	8	3	0
0	10	22	30	0
0	0	0	0	0

a）原图像A

0	1	0
1	2	1
0	1	0

b）结构B

图 2－3－8　灰度膨胀示例

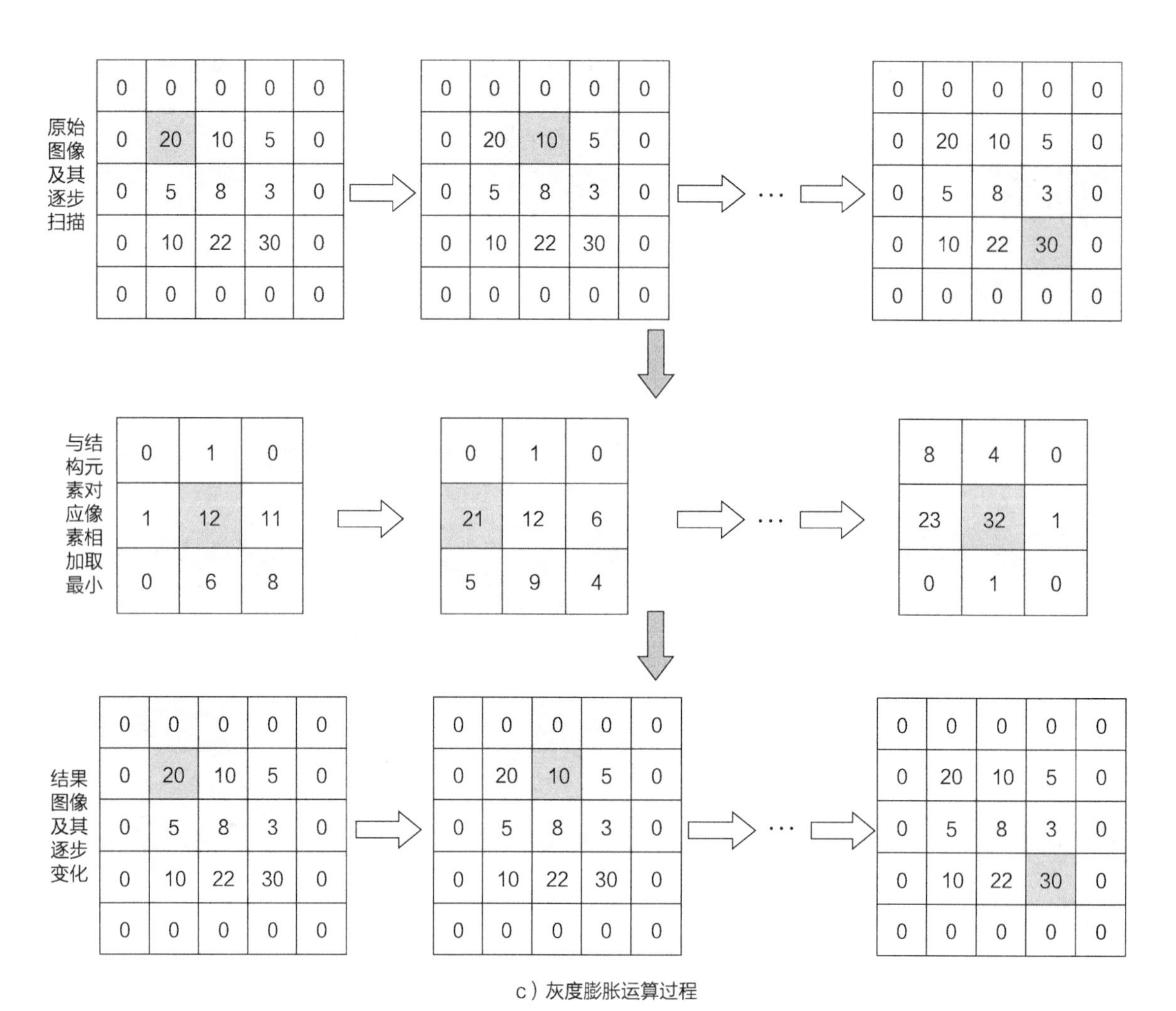

c）灰度膨胀运算过程

图2-3-8　灰度膨胀示例（续）

2.3.2　腐蚀运算

腐蚀运算的原理是对数据集中的每个元素在自定义的结构元素（窗口）内寻求最小值来替代中心元素的值。腐蚀运算具有腐蚀数据集合边缘的功能并迫使集合向内收缩，如果窗口足够大，就能移除那些面积较小、作用不大的图像。

可以理解为移动结构 B，如果结构 B 与结构 A 的交集完全属于结构 A 的区域内，则保存该位置点，所有满足条件的点构成结构 A 被结构 B 腐蚀的结果。

集合 A 被集合 B 腐蚀的定义为

$$A!B = \{Z \mid \hat{B}_z \subseteq A\}$$

其中，集合 B 也称为结构元素；$\hat{B}_z$ 表示 B 平移 z 后得到的新集合，因此，若 $\hat{B}_z$ 包含于 A，则其所有 z 点组成的集合称为 A 对 B 的腐蚀。图2-3-9a 所示是被处理的结构 A，图2-3-9b 所示是结构 B，图2-3-9c 所示是腐蚀后的结果。

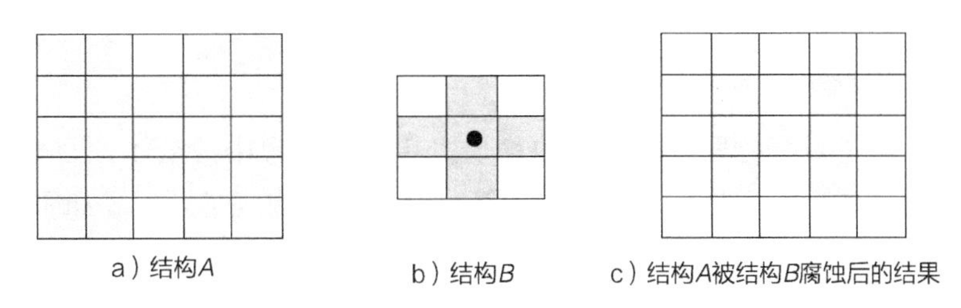

图2－3－9　值腐蚀运算

不同结构元素对原始图像腐蚀后的形态各不相同。图2－3－10展示了长和宽分别为$\frac{d}{4}\times\frac{d}{4}$和$d\times\frac{d}{4}$的结构元素对原始图像进行腐蚀运算后的结果。

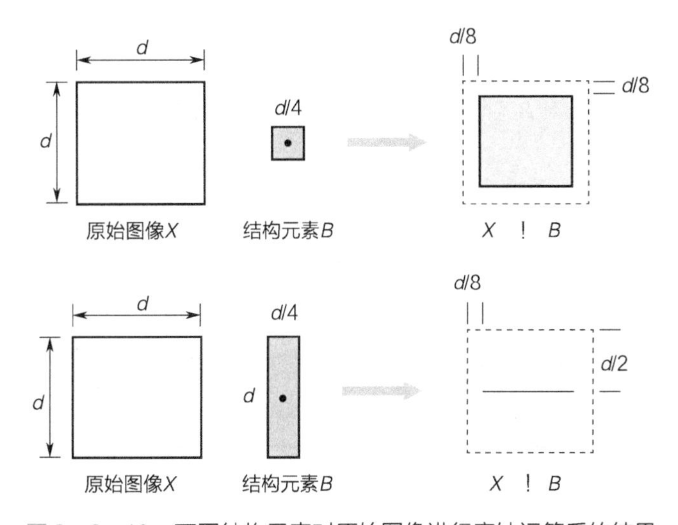

图2－3－10　不同结构元素对原始图像进行腐蚀运算后的结果

需要注意的是，若结构元素B是对称的，即$\hat{B}=B$，则原图X被B和$\hat{B}$腐蚀的结果一样；若结构元素B是非对称的，则原图X被B和$\hat{B}$腐蚀的结果不同。

膨胀与腐蚀运算具有如下性质。

1）对偶性。膨胀与腐蚀运算可以相互转换，对目标进行膨胀就是对背景进行腐蚀，反之同理。

$$(A!B)^C=A^C\oplus\hat{B}^C$$

$$(A\oplus B)^C=A^C!\hat{B}^C$$

2）互换性。膨胀运算具有互换性，即结构元素对原图进行操作的顺序可以互换。但腐蚀运算不具有互换性。

$$(A\oplus B)\oplus C=(A\oplus C)\oplus B$$

$$(A!B)!C\neq(A!C)!B$$

3）组合性。若结构元素可分解，即有$B=B_1+B_2$，则有

$$A\oplus B=(A\oplus B_1)\oplus B_2=(A\oplus B_2)\oplus B_1$$

2.3.3 开运算与闭运算

膨胀与腐蚀运算是目标提取后期处理的算子，其运算过程中改变了原目标的大小。由于膨胀与腐蚀是一对对偶运算，将膨胀与腐蚀运算相结合，便构成了开运算和闭运算。

1. 开运算

先腐蚀后膨胀的操作称为开运算。它具有消除细小物体，在纤细处分离物体和平滑较大物体边缘的作用。使用结构元素 B 对集合 X 进行开运算，定义为

$$A \cdot X = (X!B)\oplus B$$

开运算具有如下性质。

- 缩小性：$X \cdot B \subseteq X$。
- 单增性：若 $X_1 \subseteq X_2$，则 $X_1 \cdot B \subseteq X_2 \cdot B$。
- 单运算性：$(X \cdot B) \cdot B = X \cdot B$。

采用图 2－3－11a 的结构 B 对原始图像进行开运算，处理过程如图 2－3－11b～d 所示。

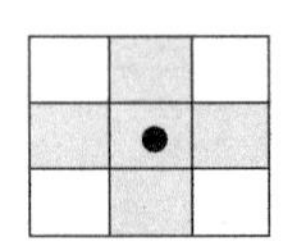

a）结构元素B

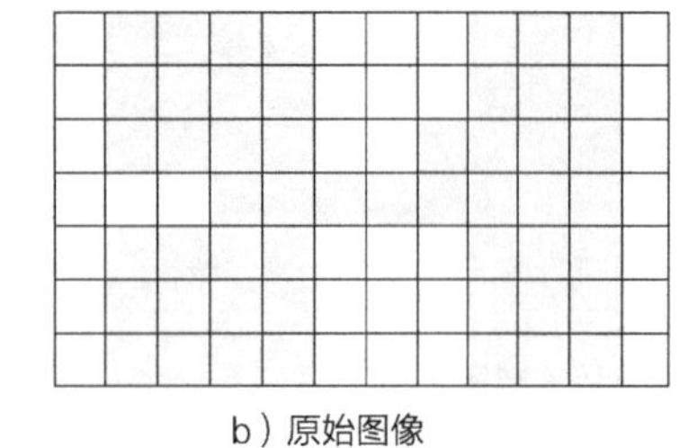

b）原始图像

c）腐蚀操作的结果

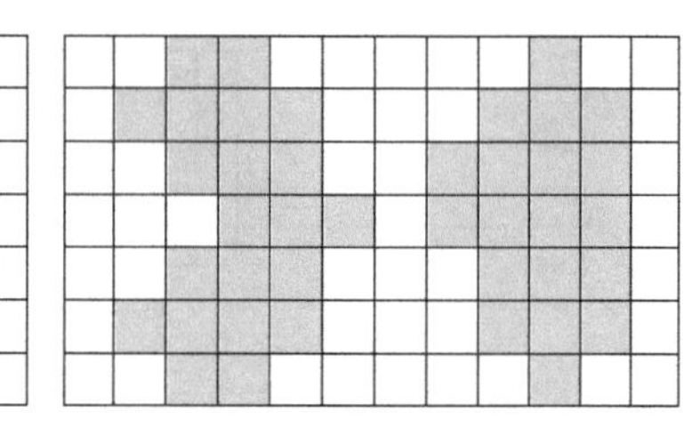

d）膨胀操作的结果

图 2－3－11 开运算处理过程

开运算主要具有以下功能。

- 开运算能够除去孤立的小点、毛刺和小桥（即连通两块区域的小点），而总的位置和形状不变。
- 开运算是一个基于几何运算的滤波器。
- 结构元素大小不同将导致滤波效果不同。
- 不同结构元素的选择导致了不同的分割，即提取出不同的特征。

2. 闭运算

先膨胀后腐蚀的操作称为闭运算。它具有填充物体内细小空洞、连接邻近物体和平滑边界的作用。闭运算使用结构元素 B 对集合 X 进行闭运算，定义为

$$A \cdot X = (X\oplus B)!B$$

采用结构元素 B 对原始图像进行闭运算，处理过程如图 2－3－12 所示。

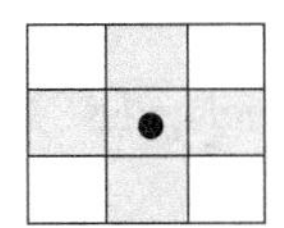
a）结构元素B

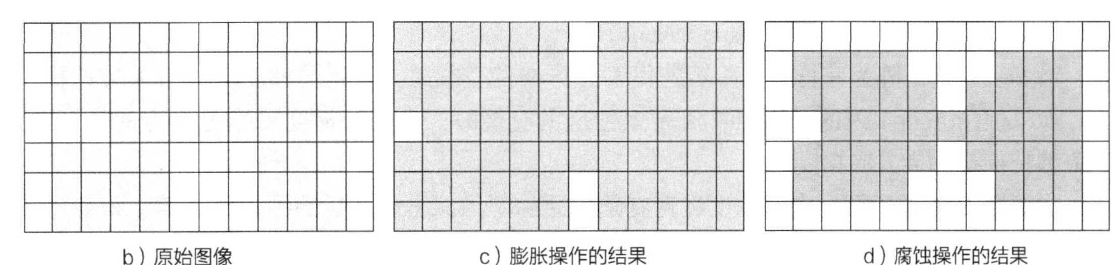
b）原始图像　　c）膨胀操作的结果　　d）腐蚀操作的结果

图 2-3-12　闭运算处理过程

闭运算具有如下性质。

- 扩大性：$X \subseteq X \cdot B$。
- 单增性：若$X_1 \subseteq X_2$，则$X_1 \cdot B \subseteq X_2 \cdot B$。
- 单运算性：$(X \cdot B) \cdot B = X \cdot B$。

闭运算主要具有如下功能。

- 闭运算能够填平小湖（即小孔），弥合小裂缝，而总的位置和形状不变。
- 闭运算是通过填充图像的凹角来滤波图像。
- 结构元素大小不同将导致滤波效果不同。
- 不同结构元素的选择导致不同的分割效果。

开闭运算具有对偶性：

$$\mathrm{OPEN}(X)^{C} = \mathrm{CLOSE}(X^{C})$$
$$\mathrm{OPEN}(X)^{C} = \mathrm{CLOSE}(X^{C})$$

开闭运算可以相互转换，对目标进行开运算就是对背景进行闭运算，反之同理。

2.3.4　形态学梯度

图像经腐蚀后整体会缩小，而经膨胀后会扩大，用膨胀后的图像减去原图像或腐蚀后的图像，或者用原图像减去腐蚀后的图像，都会去除图像前景中间的部分，得到一个图像的轮廓，这些减法运算就是形态学梯度运算。形态学梯度运算是用膨胀后的图像减去原始图像的腐蚀图，将团块的边缘突出出来，从而获取原始图像中前景图像的边缘。梯度用于刻画目标边界或边缘位于图像灰度级剧烈变化的区域，形态学梯度根据膨胀或者腐蚀与原始图像做差进行组合来实现增强结构元素领域中像素的强度，突出高亮区域的外围。按照减法运算参与的对象不同，形态学梯度运算又分为基本梯度运算、内部梯度运算、外部梯度运算和方向梯度运算四种。

（1）基本梯度运算　基本梯度运算是用膨胀后的图像减去腐蚀后的图像，得到的差值图像是原图像对应的轮廓，称为梯度图像。这也是 OpenCV 中支持的计算形态学梯度的方法。通过此方法得到梯度又被称为基本梯度。基本梯度运算是 OpenCV 中 morphologyEx 函数支持的唯一梯度运算（参数 OP = MORPH_GRADIENT），因此被称为基本梯度。一般说的梯度运算都是指基本梯度运算。

基本梯度的计算方式为 dst = dilate(src , kernal) - erode(src , kernal)。使用 morphologyEx 来执行，则调用方法为

morphologyEx(src, CV2. MORPH_ GRADIENT, kernel, dst = None, anchor = None, iterations = None, borderType = None, borderValue = None)

当 kernel 核矩阵为一行的二阶矩阵代表 X 方向的直线时，得到的梯度图称为 X 方向梯度图。如果使用 N 行 1 列的二阶矩阵代表 Y 方向的直线时，得到的梯度图称为 Y 方向梯度图。这两种特例统称为方向梯度。

（2）内部梯度运算　内部梯度运算就是用原始图像减去腐蚀后的图像的运算，得到的目标图像称为内部梯度图。显然，内部梯度图的轮廓一定包含在基本梯度图的轮廓中，其轮廓线也必包含在原始图像中，因此称为内部梯度图。在 OpenCV 中，内部梯度图的计算方式为 dst = src - erode(src , kernal)。

（3）外部梯度运算　外部梯度运算就是用膨胀后图像减去原始图像的运算，得到的目标图像称为外部梯度图。相对原始图像，外部梯度图的轮廓线都是原始图像之外，因此称为外部梯度图。在 OpenCV 中，外部梯度图的计算方式为 dst = dilate(src , kernal) - src

（4）方向梯度运算　方向梯度运算是使用 X 方向与 Y 方向的直线作为结构元素。用 X 方向直线做结构元素，对分别经膨胀与腐蚀之后得到的图像求差值，此梯度称为 X 方向梯度；用 Y 方向直线做结构元素，对分别经膨胀与腐蚀之后得到图像求差值，此梯度称为 Y 方向梯度。

利用 OpenCV 提取图像的梯度运算示例如图 2-3-13 所示。

a）原图

b）基本梯度

c）内部梯度

d）外部梯度

图 2-3-13　利用 OpenCV 提取图像的梯度运算示例

2.3.5 顶帽和黑帽运算

1. 顶帽

顶帽（Top Hat）运算是指原图像减去开运算图像的运算。由于开运算的结果放大了裂缝或者局部低亮度的区域，因此，从原图像中减去开运算的图像就突出了原图像轮廓周围明亮的区域，效果与选择的核的大小相关。利用 OpenCV 实现图像顶帽运算的示例如图 2-3-14 所示。

a）原图

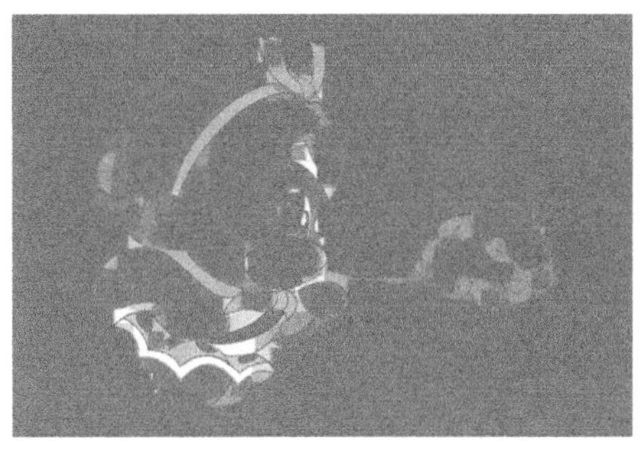

b）顶帽

图2-3-14 利用 OpenCV 实现图像顶帽运算的示例

2. 黑帽

黑帽（Black Hat）运算是指闭运算结果图像减去原图像的运算。黑帽运算突出了原图轮廓周围的区域和暗的区域，因此，黑帽运算常用来提取比邻近点暗一些的斑块。利用 OpenCV 实现图像黑帽运算的示例如图 2-3-15 所示。

a）原图

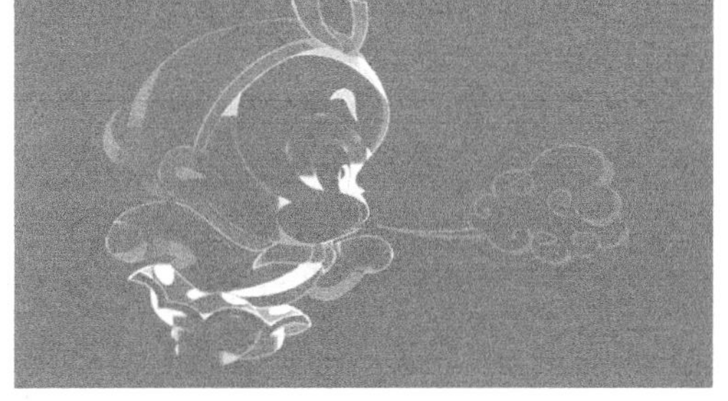

b）黑帽

图2-3-15 利用 OpenCV 实现图像黑帽运算的示例

第3章 图像变换

3.1 图像采样与插值

第3章导学

3.1.1 图像采样

如果想放大或缩小一幅图片，应该考虑会增加或者减少像素点。比如说，原来 200 ×200 像素的图片，要想放大成 400 ×400 像素的图片，就要多出 3 倍的像素点需要添加。该如何添加这些像素点呢？这就需要通过图像采样和图像插值来实现。

1. 图像的上采样和下采样

放大图像（也称为上采样（Upsampling）或图像插值（Interpolating））的主要目的是放大原图像，从而可以在更高分辨率的显示设备上显示。对图像的放大操作并不能带来更多关于该图像的信息，因此图像的质量将不可避免地受到影响。可以在放大的操作过程中增加图像的信息，从而使得放大后的图像质量超过原图的质量，如图 3 - 1 - 1 所示。

图 3 - 1 - 1　放大图像

缩小图像（也称为下采样（Subsampled）或降采样（Downsampled））可以使得图像符合显示区域的大小，也可以生成对应图像的缩略图，如图 3 - 1 - 2 所示。

对于一幅尺寸为 $M \times N$ 像素的图像，对其进行 s 倍下采样，即得到 $(M/s) \times (N/s)$ 像素的图像，当然 s 应该是 M 和 N 的公约数才行，如果是矩阵形式的图像，就是把原始图像 $s \times s$ 窗口内的图像变成一个像素点，这个像素点的值就是窗口内所有像素的均值，这就是图像的下采样。利用 OpenCV 实现图像下采样的实例如图 3 - 1 - 3 所示。

图 3-1-2 缩小图像

图 3-1-3 利用 OpenCV 实现图像下采样的实例

通过上述介绍可以知道，图像下采样可以使图像符合显示区域的大小，能生成对应图像的缩略图；图像上采样能放大原图像，从而可以在更高分辨率的显示设备上显示。对图像的缩放操作并不能带来更多关于该图像的信息，因此图像的质量将不可避免地受到影响。通过插值的方法能够增加图像的信息，从而使缩放后的图像质量超过原图的质量。

2. 采样定理

无论缩小图像（下采样）还是放大图像（上采样），插值方式有很多种，如最近邻插值、双线性插值、均值插值、中值插值等。下面来介绍一下如何进行采样。

对一个频谱有限（$|u|<u_{\max}$且$|v|<v_{\max}$）的图像信号$f(t)$进行采样，当采样频率满足

$$|u_s|\geqslant 2u_{\max}$$
$$|v_s|\geqslant 2v_{\max}$$

时，采样函数$f(i,j)$便能无失真地恢复为原来的连续信号$f(x,y)$。式中，$u_{\max}$、$v_{\max}$分别为信号$f(x,y)$在两个方向的频域上的有效频谱的最高角频率；u_s、v_s分别为二维采样频率，$u_s=2\pi/T_u$、$v_s=2\pi/T_v$，实际上，常取$T_u=T_v=T_0$。若对信号的采样率≥2 倍信号的最大频率，或每周期采样两个样本，信号才能复原，该最小采样率称为奈奎斯特率。

若采样率不够高，则无法捕获图像中的细节，从而生成错误的信号，可能造成图像的失真，无法还原图像的细节。这种频谱的重叠导致的失真称为混叠，而重建出来的信号称为原信号的混叠替身，因为这两个信号有同样的样本值，如图 3-1-4 所示。

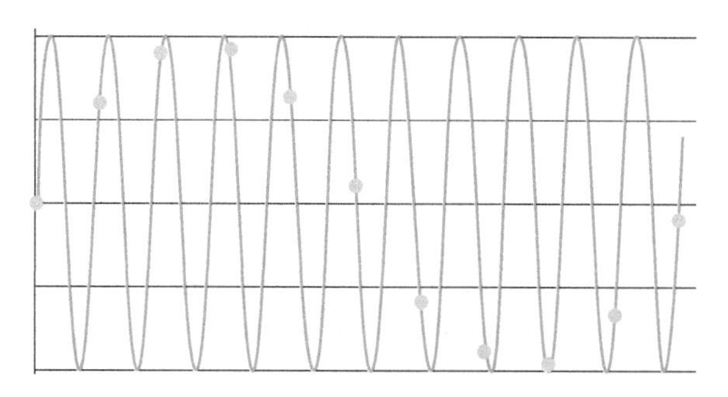

图3-1-4 信号混叠

3.1.2 图像插值

1. 图像插值概述

放大图像时需要对图像进行插值，即在原有图像像素的基础上在像素点之间采用合适的插值算法插入新的元素。图像放大过程中像素的变化情况如图 3-1-5 所示。对放大的图像没有进行插值和进行插值的效果对比如图 3-1-6 所示。

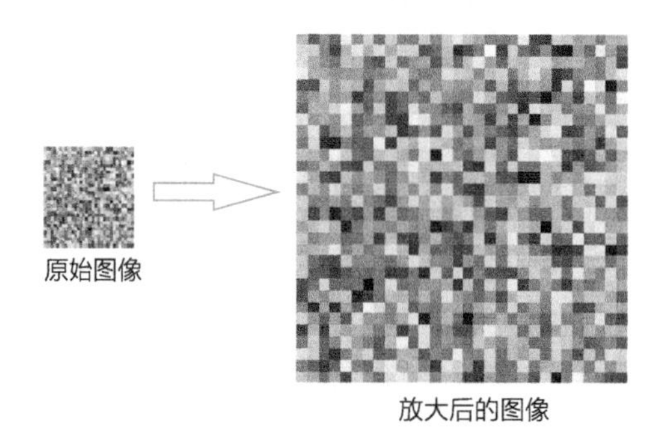

图3-1-5 图像放大

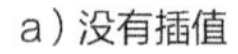

a）没有插值　　b）进行插值

图3-1-6 没有进行插值和进行插值的比较

一幅图片从 4×4 像素放大到 7×7 像素的时候，就会产生一些新的像素点（如图 3-1-7 中的浅色点所示），如何给这些像素点赋值就是插值（Interpolation）所要解决的问题。

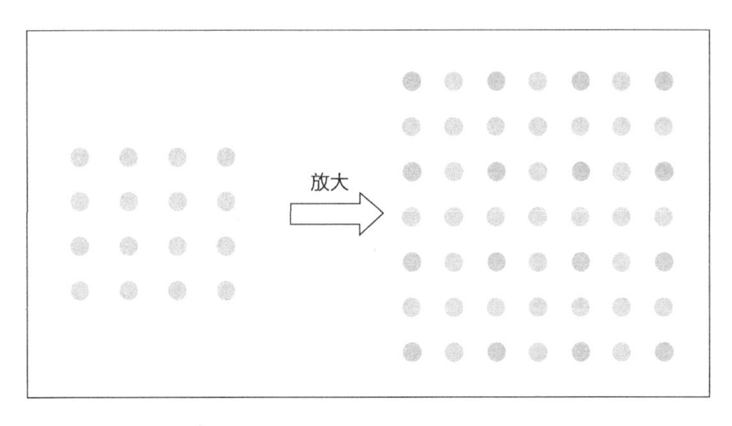

图3-1-7 图像插值

2. 常用的插值算法

插值算法主要有最近邻域插值算法、双线性插值算法、双三次插值算法和像素关系重采样算法等。其中，OpenCV 默认使用双线性插值算法。下面介绍前三种插值算法。

（1）最近邻域插值算法　用插值法放大图像的第一步都是相同的，即计算新图的坐标点像素值采用原图中哪个坐标点的像素值来进行填充，其计算公式为

$$\mathrm{src}X = \mathrm{dst}X \times (\mathrm{srcWidth}/\mathrm{dstWidth})$$

$$\mathrm{src}Y = \mathrm{dst}Y \times (\mathrm{srcHeight}/\mathrm{dstHeight})$$

式中，src 表示待求图像，dst 表示目标图像。目标图像的坐标(dst$X$，dst$Y$)对应于待求图像的坐标(src$X$，src$Y$)。srcWidth/dstWidth 和 srcHeight/dstHeight 分别表示宽和高的缩放比。通过这个公式算出来的(src$X$，src$Y$)（原始坐标）有可能是小数，但是坐标点是不存在小数的，都是整数，所以要想办法把它转换成整数才行。

不同插值法的区别在于，当 src$X$、src$Y$ 是小数的时候，如何将其变成整数去取待求图像中的像素值。最近邻域插值法就是采用四舍五入的方法选取最接近的整数。这样的做法会导致像素的变化不连续，在目标图像中会产生锯齿。最近邻域插值算法具体做法是：在待求图像像素的（待插值图的）四邻像素中，将距离待求图像像素最近的邻像素灰度赋给待求图像像素。如图 3-1-8 所示，设 u 为待求像素与四邻像素的左上点的水平坐标差，v 为待求像素与四邻像素的左上点的垂直坐标差。将待求图像像素在待插值图中的坐标位置进行四舍五入处理，对应坐标的像素值即为待求图像像素的值。

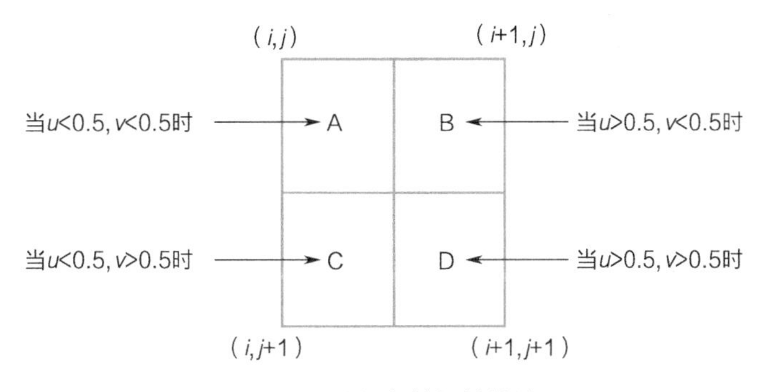

图3-1-8 最近邻域插值算法原理

最近邻域插值算法是较常见、较通用的算法之一，具有计算量小、算法简单、运算速度较快等优点。但是在放大图像时会出现严重的马赛克，缩小图像则会严重失真。它仅使用离待测采样点最近的像素的灰度值作为该采样点的灰度值，而没有考虑其他相邻像素点的影响，因而重新采样后灰度值有明显的不连续性，图像质量损失较大，会产生明显的马赛克和锯齿现象。

（2）双线性插值（Bilinear）算法　双线性插值即在两个方向分别进行一次线性插值，通过四个相邻像素插值得到待求像素。如图 3-1-9 所示，已知 Q_{11}、Q_{12}、Q_{21}、Q_{22}为原图中的四邻像素，P 点为待求像素，双线性插值的步骤如下。

1）通过 Q_{11}、Q_{21}线性插值得到 R_1，通过 Q_{12}、Q_{22}线性插值得到 R_2。

2）通过 R_1、R_2 线性插值得到 P。

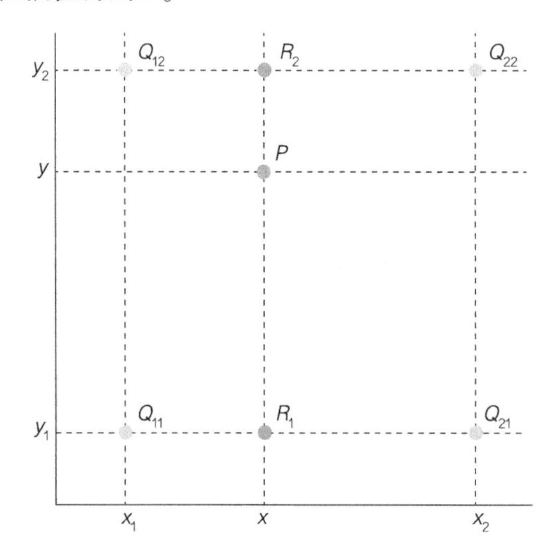

图 3-1-9　双线性插值算法原理

令

$$\alpha = (x - x_1)/(x_2 - x_1)$$
$$\beta = (y - y_1)/(y_2 - y_1)$$

则

$$R_1 = Q_{11} + (Q_{21} - Q_{11}) \times \alpha = (1 - \alpha) \times Q_{11} + \alpha \times Q_{21}$$
$$R_2 = Q_{12} + (Q_{22} - Q_{12}) \times \alpha = (1 - \alpha) \times Q_{12} + \alpha \times Q_{22}$$

$$\begin{aligned} P &= (1 - \beta) \times R_1 + \beta \times R_2 \\ &= (1 - \beta)(1 - \alpha) Q_{11} + (1 - \beta) \times \alpha \times Q_{21} + \beta \times (1 - \alpha) Q_{12} + \alpha \times \beta \times Q_{22} \\ &= (1 - \alpha)((1 - \beta) Q_{11} + \beta \times Q_{12}) + \alpha \times ((1 - \beta) Q_{21} + \beta \times Q_{22}) \end{aligned}$$

图 3-1-9 所示的双线性插值先进行了水平方向的插值，再进行垂直方向上的插值，也可以先进行垂直方向插值再进行水平方向插值。插值方向的顺序不影响最终的结果。

Bilinear 算法是较常见、较通用的算法之一，计算量较小、运算速度较快、图像的连续性较好。双线性插值法的效果要好于最近邻域插值法的效果，只是计算量稍大一些，算法复杂些，程序运行时间也稍长些，但缩放后的图像质量高，基本克服了最近邻域插值法灰度值不连续的问题，因为它考虑了待测采样点周围四个直接邻点对该采样点的相关性影响。

使用 Bilinear 算法放大时图像较为模糊，细节损失较严重。它仅考虑待测样点周围四个直接邻点灰度值的影响，而未考虑到各相邻点间灰度值变化率的影响，因此具有低通滤波器的性质，从而导致缩放后图像的高频分量受到损失，图像边缘在一定程度上变得较为模糊。用此方法缩放后的输出图像与输入图像相比，存在由于插值函数设计考虑不周而产生的图像质量受损与计算精度不高的问题。

（3）双三次插值（BiCubic）算法　假设原图像 A 大小为 $m \times n$ 像素，缩放后的目标图像 B 的大小为 $M \times N$ 像素。那么根据比例可以得到 $B(X,Y)$ 在 A 上的对应坐标 $A(x,y)=A(X\times(m/M),Y\times(n/N))$。在双线性插值法中，选取 $A(x,y)$ 的最近四个点。而在双三次插值法中，选取的是最近的16个像素点作为计算目标图像 $B(X,Y)$ 处的像素值的参数，如图3－1－10所示。

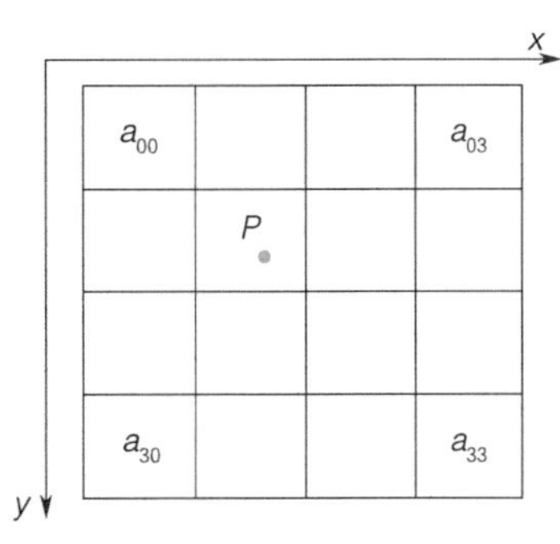

图3－1－10　双三次插值算法示例

图3－1－10中 P 点就是目标图像 B 在 (X,Y) 处对应于原图像中的位置，P 点坐标位置会出现小数部分，所以假设 P 的坐标为 $P(x+u,y+v)$，其中 x、y 分别表示整数部分，u、v 分别表示小数部分。那么，就可以得到最近16个像素的位置，在这里用 $a(i,j)$ $(i,j=0,1,2,3)$ 来表示。

双三次插值的目的就是通过找到一种关系或者系数，可以把这16个像素对于 P 点处的像素值的影响因子找出来，从而根据这个影响因子来获得目标图像对应点的像素值，达到图像插值的目的。

BiCubic 函数的形式如下：

$$W(x)=\begin{cases}(a+2)|x|^3-(a+3)|x|^2+1 & |x|\leqslant 1\\ |x|^3-5a|x|^2+8a|x|-4a & 1<|x|<2\\ 0 & \text{其他}\end{cases}$$

当 $a=-1$ 时，BiCubic 函数图像如图3－1－11所示。

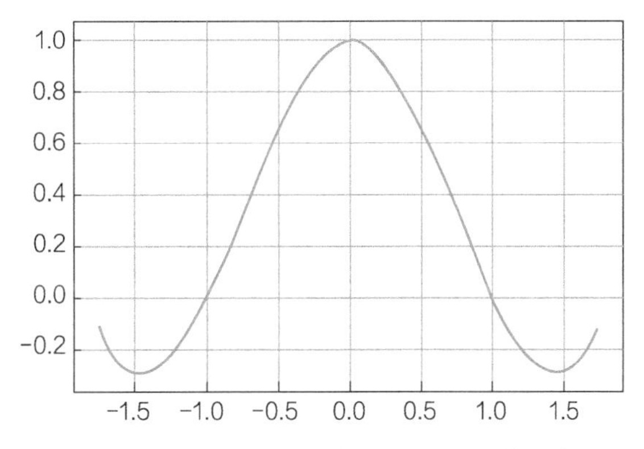

图3－1－11　$a=-1$ 时的 BiCubic 函数图像

利用 OpenCV 进行最近邻域插值、双线性插值、双三次插值的图像处理效果比较如图 3-1-12所示。

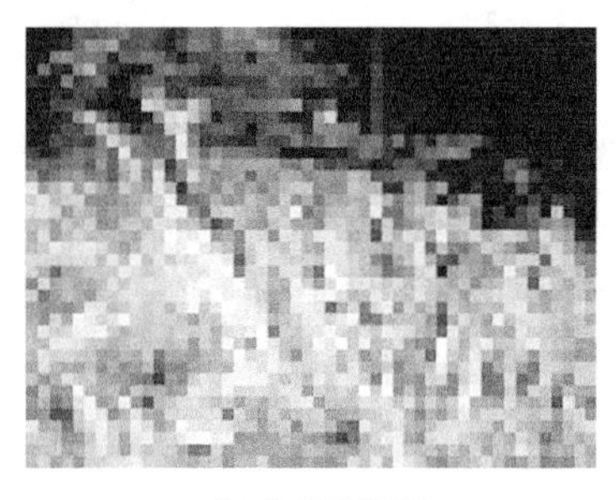
a）最近邻域插值

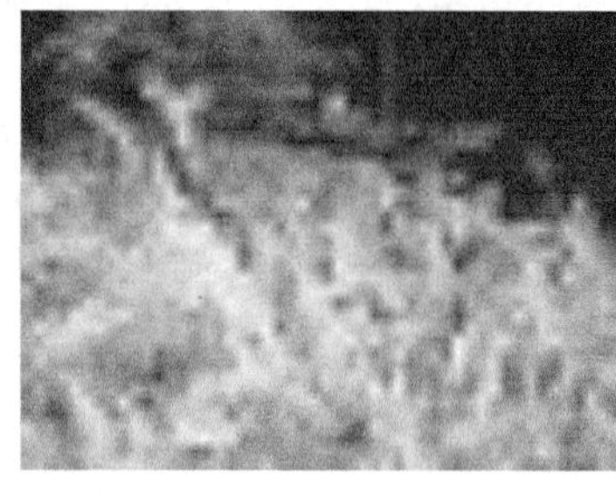
b）双线性插值

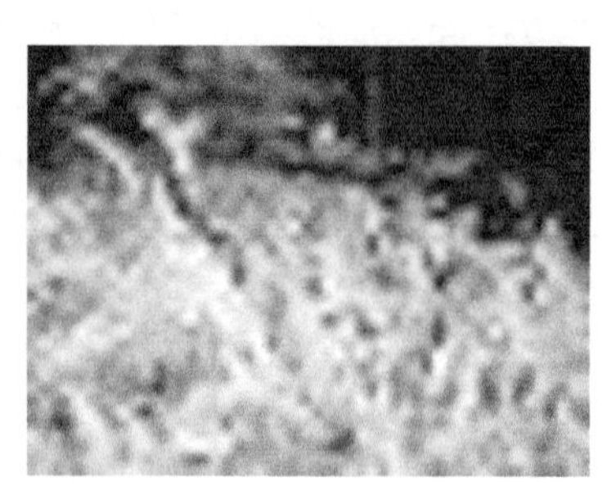
c）双三次插值

图 3-1-12 最近邻域插值、双线性插值、双三次插值的效果图像比较

3. 前向映射和后向映射

图像变换总是伴随着映射，即将原图像中的像素点映射到新图像中的像素点。从原图像像素点映射到新图像像素点上，由于坐标的不连续，就存在新图像上某点的像素值如何确定的问题。当原图像像素坐标是整数，映射之后的坐标不一定是整数，就需要确定它周围坐标点的像素值。实现图像像素映射的方法有前向映射和后向映射两种。

前向映射是指原图像上整数点坐标映射到新图像之后，变成了非整数点坐标，因此需要将其像素值按一定权重分配到周围四个像素点上。对于新图像而言，其整数点像素值周围有多个新图像像素映射，每个非整数点像素值都为其分配一定的灰度值，并将其像素值叠加赋给整数点位置的像素值。最后，对分配到某个像素点的所有像素值及其对应权值做归一化。前向映射原理如图 3-1-13 所示。

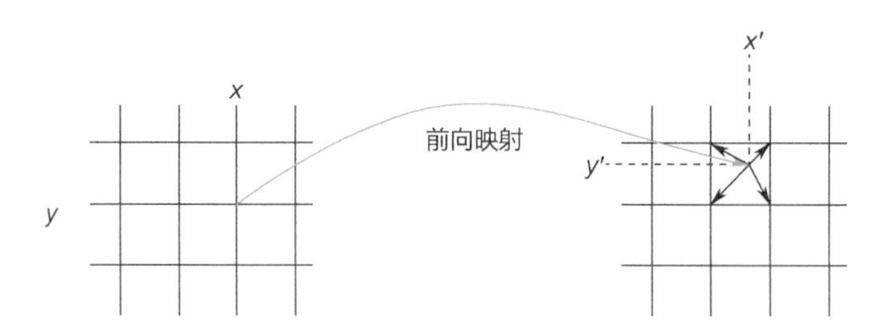

图 3-1-13 前向映射原理

对于前向映射而言，新图像某一点的像素值不能直接得到，需要遍历原图像的所有像素值，对其进行坐标变换，分配像素值到整数位置，才能得到新图像各像素点的像素值。

后向映射是指新图像上整数点位置（x',y'）在变换前位于原图像上的位置（x,y），一般来说这是个非整数点位置，利用其周围整数点位置的像素值进行插值，得到该点的像素值。通过遍历新图像，经过坐标变换、插值两步操作，将其像素值一个个地计算出来，因此后向映射又叫图像填充映射。后向映射原理如图 3-1-14 所示。

对于后向映射而言，新图像某一点的像素值是由原图像的邻域插值得到，计算过程简单，不会出现空洞。其具体应用案例如下。

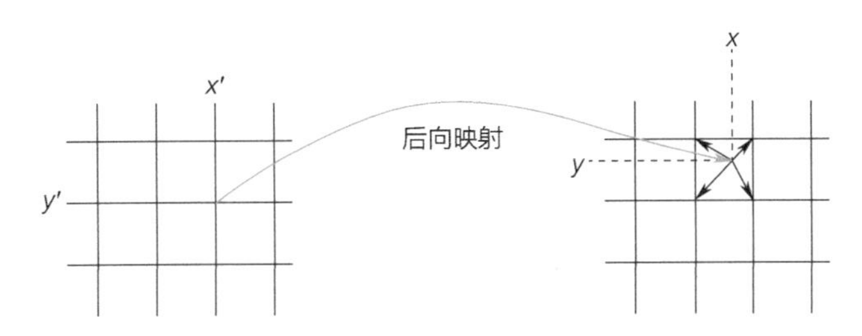

图3-1-14　后向映射原理

（1）超分辨率（Super-Resolution）重建　超分辨率重建是计算机视觉的一个经典应用，是通过软件或硬件的方法，将观测到的低分辨率图像重建出相应的高分辨率图像，在监控设备、卫星图像遥感、数字高清、显微成像、视频编码通信、视频复原和医学影像等领域都有重要的应用价值。图像超分辨率重建技术分为两种：一种是通过多张低分辨率图像合成一张高分辨率图像；另外一种是通过单张低分辨率图像获取高分辨率图像。

只参考当前低分辨率图像，不依赖其他相关图像的超分辨率技术称为单幅图像的超分辨率（Single Image Super-Resolution，SISR）。

参考多幅图像或多个视频帧的超分辨率技术称为多帧视频/多图的超分辨率（Multi-Frame Super-Resolution）。对于视频SR，其核心思想就是用时间带宽换取空间分辨率。简单来讲，就是在无法得到一张超高分辨率的图像时，可以多获取相邻几帧，然后将这一系列低分辨率的图像组成一张高分辨的图像。

一般来讲，视频SR相比于图像SR具有更多的可参考信息，并具有更好的高分辨率视频图像的重建质量，但是其更高的计算复杂度也限制了其应用。SISR是一个逆问题，对于一个低分辨率图像，可能存在许多不同的高分辨率图像与之对应，因此通常在求解高分辨率图像时会加一个先验信息进行规范化约束。在传统的方法中，这个先验信息可以通过若干成对出现的低-高分辨率图像的实例中学到。而基于深度学习的SR通过神经网络直接学习低分辨率图像到高分辨率图像的端到端的映射函数。

超清晰度重建是输入一张清晰小图，输出一张清晰大图。而图像复原不改变原有分辨率。下面是采用增强的深度学习超分辨率重建网络EDSR_x4（Enhanced Deep Super-Resolution Network）模型，进行SR重建的实例，如图3-1-15所示。

a）451×300像素图像

b）放大4倍的图像

图3-1-15　超清晰度重建

（2）图像复原　图像复原是利用退化过程的先验知识去恢复已被退化图像的本来面目的过程。图像复原技术主要是针对成像过程中的“退化”而提出来的，而成像过程中的“退化”现象主要指成像系统受到各种因素的影响，诸如成像系统的散焦、设备与物体间存在相对运动，或者器材的固有缺陷等，导致图像的质量不能够达到理想要求。图像的复原和图像的增强存在类似的地方，它也是为了提高图像的整体质量。但是与图像复原技术相比，图像增强技术重在对比度的拉伸，其主要的目的在于根据观看者的喜好来对图像进行处理，提供给观看者乐于接受的图像；而图像复原技术则是通过去模糊函数去除图像中的模糊部分，还原图像的本真。图像复原主要采用退化图像的某种先验信息来对已退化图像进行修复或者是重建。就复原过程来看，可以将其视为图像退化的一个逆向过程。图像复原首先要对图像退化的整个过程加以适当的估计，在此基础上建立近似的退化数学模型，之后还需要对模型进行适当的修正，以对退化过程出现的失真进行补偿，保证复原之后所得到的图像趋近于原始图像，实现图像的最优化。

图像复原的过程如下。

1）确定参考图，作为图像退化/复原模型的评估标准。

2）设计图像退化算法，引入运动模糊和白噪声。

3）选择算法并编程实现。

4）评价函数的设计及编程实现。

图像增强与图像复原的区别与联系如下。

- 图像增强不考虑图像是如何退化的，而是试图采用各种技术来增强图像的视觉效果。因此，图像增强可以不顾增强后的图像是否真实，只要符合观看者的喜好就行。
- 图像复原则需要知道图像退化的机制和过程，据此找出一种相应的逆处理方法，从而得到复原的图像。
- 如果图像已退化，应先做复原处理，再做增强处理。
- 二者的目的都是为了改善图像的质量。

对图 3-1-16a 所示图像，利用 OpenCV 实现图像复原，代码如下：

```
import numpy as np
import cv2
img = cv2.imread('124.jpg')
gray = cv2.cvtColor(img,cv2.COLOR_BGR2GRAY)
_,mask = cv2.threshold(cv2.cvtColor(img,cv2.COLOR_BGR2GRAY),100,255,cv2.
THRESH_BINARY_INV)
dst = cv2.inpaint(img,mask,10,cv2.INPAINT_NS)
cv2.imshow('img0',img)
cv2.imshow('img1',mask)
cv2.imshow('img2',dst)
cv2.waitKey(0)
cv2.destroyAllWindows()
```

复原效果如图 3-1-16b 所示。

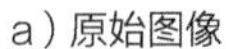

a）原始图像　　b）复原后的图像

图 3-1-16　图像复原

3.2 图像变换

图像变换主要包括灰度变换、几何变换等。图像的灰度变换是指根据某种目标条件按一定变换关系逐点改变原图像中每一个像素点的灰度值的方法，目的是为了改善画质，使图像的显示效果更加清晰。图像的几何变换是将一幅图像中的坐标映射到另外一幅图像中的新坐标位置，它不改变图像的像素值，只是改变像素点所在的几何位置，使原始图像按照需要产生位置、形状和大小的变化。下面分别介绍这两种变换。

3.2.1 灰度变换

图像灰度变换是指通过某种运算实现图像灰度的改变，达到图像质量提升或者凸显图像中目标的目的。图像灰度变换主要包括线性拉伸、非线性增强、代数运算、逻辑运算等。

代数运算是指两幅或多幅输入图像之间进行点对点的加、减、乘、除运算得到输出图像的过程。下面分别介绍这几种代数运算。

1. 加法变换

假设输入两幅图像分别为 $A(x,y)$ 和 $B(x,y)$，输出图像为 $C(x,y)$，则加法变换的变换形式为 $C(x,y)=A(x,y)+B(x,y)$。加法运算的目的主要是去除图像叠加性图像噪声，生成图像叠加效果。原图像 $f(x,y)$ 如果有一个噪声图像集 $\{g_i(x,y)\}(i=1,2,\cdots,M)$，则带有噪声的图像可以表示为

$$\underbrace{g(x,y)}_{\text{混入噪声的图像}}=\underbrace{f(x,y)}_{\text{原始图像}}+\underbrace{e(x,y)}_{\text{随机噪声}}$$

可以计算这 M 个图像的均值为

$$\bar{g}(x,y)=\frac{1}{M}\sum_{i=1}^{M}[f_i(x,y)+e_i(x,y)]$$

$$=f(x,y)+\frac{1}{M}\sum_{i=1}^{M}e_i(x,y)$$

$$E\{\bar{g}(x,y)\}=E\left\{\frac{1}{M}\sum_{i=1}^{M}g_i(x,y)\right\}$$

$$= \frac{1}{M}\sum_{i=1}^{M}\{E[f_i(x,y)] + E[e_i(x,y)]\}$$

$$= \frac{1}{M}\sum_{i=1}^{M} f_i(x,y) = f(x,y)$$

其中，$\bar{g}(x,y)$ 是 $f(x,y)$ 的无偏估计。当噪声 $e_i(x,y)$ 为互不相关且均值为 0 时，上述图像均值将降低噪声的影响。

图像加法变换主要应用于图像去噪和图像叠加等应用场景，利用同一景物的多幅图像取平均值来消除噪声，一般选 8 幅图像取平均值来消除噪声。利用 OpenCV 实现图像去噪的应用实例如图 3－2－1 所示。

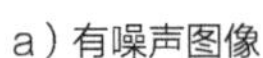

a）有噪声图像　　b）去噪后的图像

图 3－2－1　图像去噪应用示例

在图片处理软件中经常看到两幅图片的叠加，即图像叠加。其原理是在图像处理过程中，首先定义感兴趣区域（Region of Interest，RoI），在获取 RoI 后，在 RoI 区域中导入一张图像，然后进行图像叠加操作，这样就完成了两幅图像的叠加。利用 OpenCV 实现图像叠加的示例如图 3－2－2 所示。

a）原始图像 1　　b）原始图像 2　　c）图像叠加的效果

图 3－2－2　图像叠加应用示例

2. 减法变换

假设输入两幅图像为 $A(x,y)$ 和 $B(x,y)$，输出图像为 $C(x,y)$，则减法变换的变换形式为 $C(x,y)=A(x,y)-B(x,y)$。将同一景物在不同时间或不同波段拍摄的图像相减就是图像的减法运算，实际应用中常称之为差影法。差值图像提供了图像间的差值信息，可应用于动态监测、运动目标的检测和跟踪、图像背景的消除及目标识别等。假设时刻 1 的图像为 $T_1(x,y)$、时刻 2 的图像为 $T_2(x,y)$，则这两幅图像的差值为 $g(x,y)=T_2(x,y)-T_1(x,y)$。时刻 1 和时刻 2 这两个时刻的差值图像如图 3－2－3 所示。

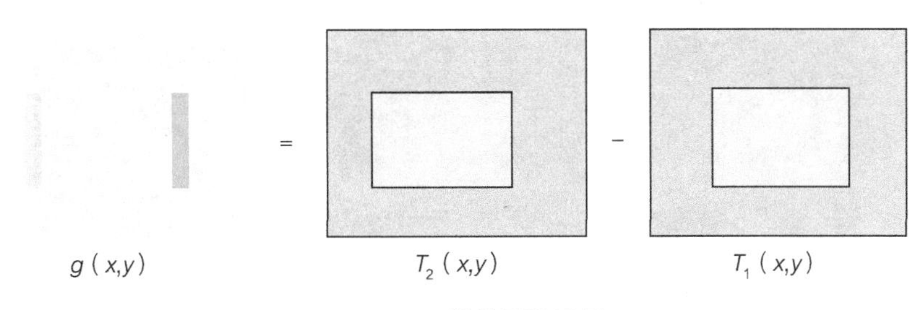

图 3-2-3　差值图像示例

图像减法主要应用于以下场景。

- 智能监控：主要是对运动目标的监控，如对违法停车、嫌疑人员、非法入侵等的检测。
- 卫星监测：山体滑坡、洪水、火灾等自然灾害的监测等。
- 环境监测：水体污染、地物覆盖、城市规划等。

3. 乘法变换

假设输入两幅图像为 $A(x,y)$ 和 $B(x,y)$，输出图像为 $C(x,y)$，则图像的乘法变换的变换形式为 $C(x,y)=A(x,y)\times B(x,y)$。乘法运算可以用来遮住图像的某些部分。先定义一个提取矩阵，大小与图像矩阵一样，将感兴趣的区域设置为 1，需要遮住的区域设置为 0。然后利用图像的乘法运算对这两幅图像做乘法就能获得所需的部分图像。利用 OpenCV 实现图像乘法变换的示例如图 3-2-4 所示。

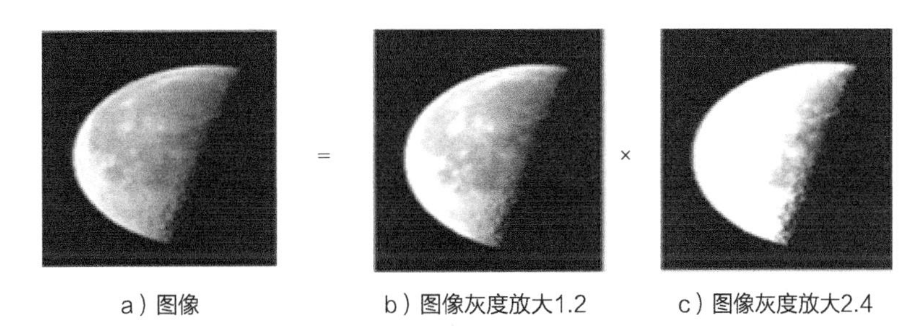

图 3-2-4　利用 OpenCV 实现图像乘法变换示例

图像乘法主要应用于以下场景。

- 改变图像的局部显示。
- 实现图像的灰度级转变。

4. 除法变换

假设输入两幅图像分别为 $A(x,y)$ 和 $B(x,y)$，输出图像为 $C(x,y)$，则除法变换的变换形式为 $C(x,y)=A(x,y)/B(x,y)$。除法运算可用于校正成像设备的非线性影响，也可以用于图像差异的检测，这种差异的检测不同于图像的减法，该差异更多地体现像素值变化的比率。利用 OpenCV 实现图像除法变换的示例如图 3-2-5 所示。

a）原图1　　b）原图2　　c）做图像除法的结果

图3-2-5　利用 OpenCV 实现图像除法变换示例

处理后的图像明显地反映了任务的轮廓和背景变化的部分。相较于图像的减法，该方法不需要参考图像，所以具有一定的优势。但是图像除法并没有图像减法的结果的效果明显。

图像除法主要应用于以下应用场景。

- 改变图像的灰度级，常用于遥感图像处理。
- 产生对颜色和多光谱图像分析十分重要的比率图像。

3.2.2　图像几何变换

图像几何变换主要有改变图像大小、形状、位置等几何属性的运算，包括图像重排序、缩放、裁剪和拼接、平移和旋转，以及图像变形等。几何运算与点运算不同，它可改变图像中物体（像素）之间的空间关系。几何运算可以看成将各像素在图像内移动的过程。假设通过某种函数变换 $x,y=f(u,v)$ 改变图像像素的变换关系，具体定义如下：

$$g(x,y)=f(u,v)=f((p(x,y),q(x,y))$$

式中，$u=p(x,y),v=q(x,y)$，描述了空间变换，即将输入图像 $f(u,v)$ 从坐标系 $u-v$ 变换为 $x-y$ 坐标系的输出图像 $g(x,y)$。

灰度变换改变了图像的值域，不改变图像的空间几何关系 $g(x,y)=hf(u,v)$。图像的灰度变换的示例如图 3-2-6 所示。

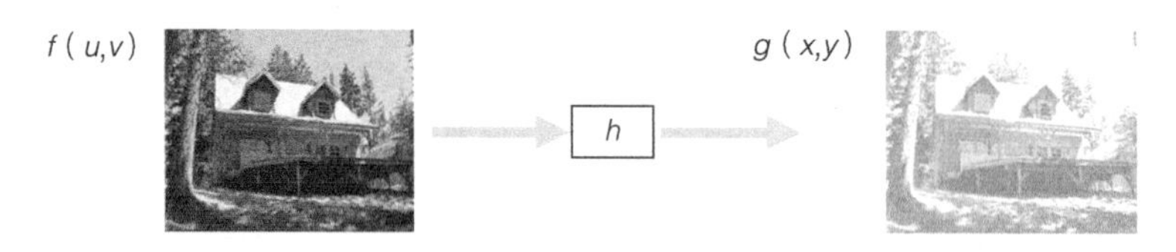

图3-2-6　图像灰度变换示例

图像的几何变换改变了像素的空间位置，建立一种原图像像素与变换后图像像素之间的映射关系。图像的几何变换改变了图像的定义域（空间关系），不改变图像的灰度值分布 $g(x,y)=Tf(u,v)$，图像几何变换的示例如图 3-2-7 所示。

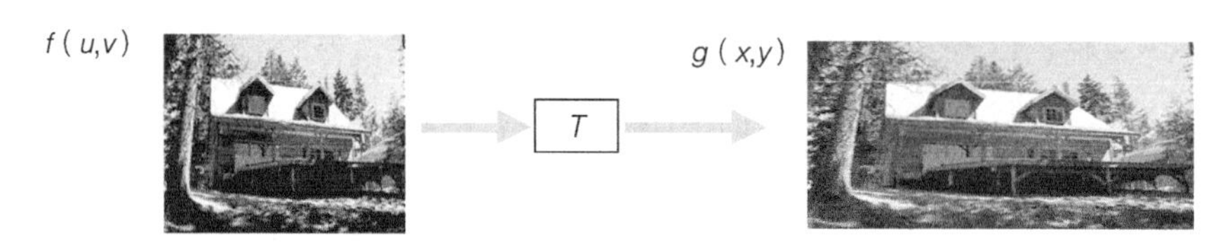

图3-2-7　图像几何变换示例

一个几何变换首先是空间变换所需的运算，如平移、缩放、旋转和正平行投影等，需要用它来表示输出图像与输入图像之间的（像素）映射关系。此外，还需要使用灰度差值算法，按照这种变换关系进行计算，因为输出图像的像素可能被映射到输入图像的非整数坐标上。

图像的几何变换从变换的性质上可以分为镜像、平移、旋转、仿射、透视等，下面详细介绍这几种图像的几何变换。

1. 镜像

图像镜像分为水平镜像、垂直镜像和对角镜像三种。水平镜像是指将图像左右翻转，垂直镜像是将图像上下翻转，对角镜像相当于将图像先后进行水平镜像和垂直镜像。

（1）水平镜像（图像左右翻转） 图像的水平镜像是指将指定区域的图像以原图像的垂直中轴线为中心将图像分为左右两部分，然后进行左右对称变化显示。水平镜像时每行图像像素信息的处理方式是相同的，而且行顺序不发生变化，只是每一行的像素信息顺序是从左到右进行了颠倒，因此镜像后图像的高度不变。

若输入图像为$f(x,y)$，水平镜像后的图像为$g(x,y)$，则有$g(x,y)=f(-x,y)$。利用OpenCV实现图像水平镜像的示例如图3-2-8所示。

a）原始图像

b）水平镜像后的图像

图3-2-8 利用OpenCV实现图像水平镜像示例

（2）垂直镜像（图像上下翻转） 垂直镜像与水平镜像相似，只不过是以水平中轴线为中心进行镜像对换。

若输入图像为$f(x,y)$，垂直镜像后的图像为$g(x,y)$，则有$g(x,y)=f(x,-y)$。利用OpenCV实现图像垂直镜像的示例如图3-2-9所示。

a）原始图像

b）垂直镜像后的图像

图3-2-9 利用OpenCV实现图像垂直镜像示例

2. 平移变换

图像在平移之前，需要先构造一个移动矩阵。所谓移动矩阵，就是说明在 x 轴方向上移动多少距离，在 y 轴上移动多少距离。

图像平移变换就是将图像在 x 轴和 y 轴方向分别平移 Δx、Δy。变换前后两点之间的关系如下：

$$\begin{cases} x_1 = x_0 + \Delta x \\ y_1 = y_0 + \Delta y \end{cases}$$

图像平移变换的原理如图 3-2-10 所示。

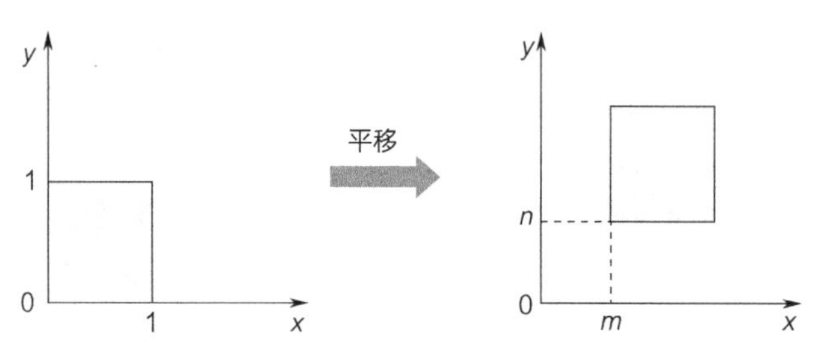

图 3-2-10 图像平移变换的原理

利用 OpenCV 实现图像平移的代码示例如下：

```
import cv2
import numpy as np
img = cv2.imread('Sun Wukong.jpg',0)
rows, cols = img.shape[:2]
M = np.float32([[1, 0, 100], [0, 1, 50]])
dst = cv2.warpAffine(img, M, (cols, rows))
cv2.imshow('shift', dst)
cv2.waitKey(0)
cv2.destroyAllWindows()
```

图像平移变换的输出结果如图 3-2-11 所示。

a）原始图像

b）平移后的图像

图 3-2-11 图像平移变换示例

3. 旋转变换

图像旋转就是让图像按照某一点旋转指定的角度。图像旋转后不会变形，但是其垂直对称轴和水平对称轴都会发生改变。旋转后图像的坐标和原图像坐标之间的关系已经不能通过简单的加法、减法或乘法等运算得到，而需要通过一系列的复杂运算来实现。图像在旋转后其宽度和高度都会发生变化，其坐标原点也会发生变化。

图像所用的坐标系的左上角是其坐标原点，x 轴沿着水平方向向右，y 轴沿着垂直方向向下。在旋转的过程中一般使用旋转中心为坐标原点的笛卡儿坐标系，所以图像旋转的第一步就是坐标系的变换。假设旋转中心为 (x_0, y_0)，(x, y) 是旋转后的坐标，则其坐标变换关系如下：

$$\begin{cases} x_0 = r\cos\alpha \\ y_0 = r\sin\alpha \end{cases}$$

$$\begin{cases} x = r\cos(\alpha - \beta) = r\cos\alpha\cos\beta + r\sin\alpha\sin\beta \\ y = r\sin(\alpha - \beta) = r\sin\alpha\cos\beta - r\cos\alpha\sin\beta \end{cases}$$

图像旋转变换的原理如图 3-2-12 所示。

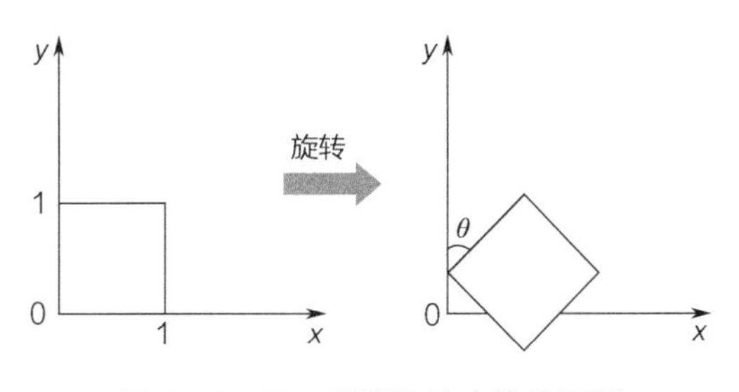

图 3-2-12　图像旋转变换的原理

OpenCV 中利用 cv2.getRotationMatrix2D() 函数实现旋转变换，调用格式为 cv2.getRotationMatrix2D (center,angle,scale)。其中，center 为旋转中心；angle 为旋转角度；scale 为缩放比例。

利用 OpenCV 实现图像旋转变换的代码示例如下：

```
import cv2
img = cv2.imread('Sun Wukong.jpg', 1)
cv2.imshow('src', img)
imgInfo = img.shape
height = imgInfo[0]
width = imgInfo[1]
deep = imgInfo[2]
matRotate = cv2.getRotationMatrix2D((height * 0.5, width * 0.5), 45, 0.7)
dst = cv2.warpAffine(img, matRotate, (height, width))
cv2.imshow('image',dst)
cv2.waitKey(0)
cv2.destroyAllWindows()
```

图像旋转变换的输出结果如图 3-2-13 所示。

a）原始图像

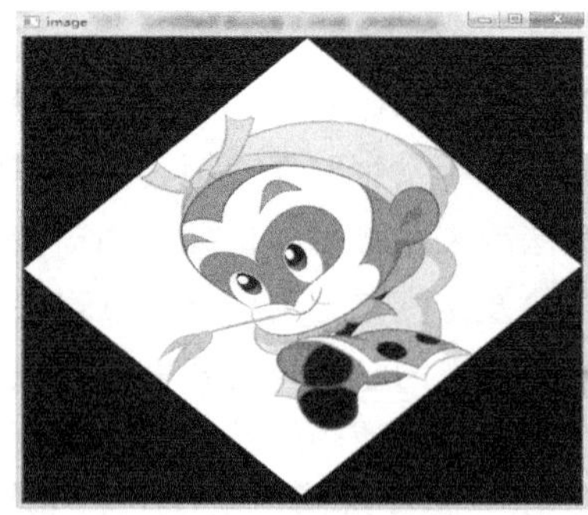

b）旋转变换后的图像

图3-2-13 图像旋转变换示例

4. 仿射变换

仿射变换（Affine Transformation 或 Affine Map）是指在一个向量空间进行一次线性变换并接上一个平移变换，变换为另一个向量空间的过程，是一个图像线性变换和平移变换的组合。仿射变换又称为图像仿射映射，可以认为是透视变换的一种特殊情况，是透视变换的子集，是从二维空间到自身的映射。

仿射变换是一种二维坐标之间的线性变换，可以通过一系列的变换的复合来实现，包括平移（Translation）、缩放（Scale）、翻转（Flip）、旋转（Rotation）和错切（Shear）。仿射变换保持了二维图形的平直性和平行性。平直性是指图像中的直线变换后还是直线。平行性是指二维图形之间的相对位置关系保持不变。图像的仿射变换示例如图3-2-14所示。

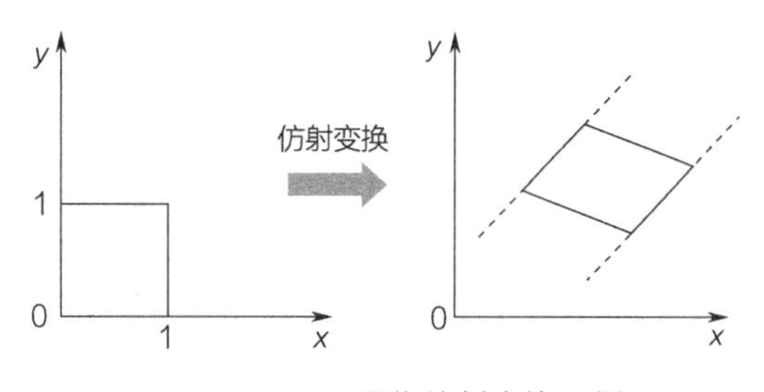

图3-2-14 图像仿射变换示例

平移、旋转、缩放、错切等任意次序次数的组合就可以实现图像的仿射变换。假设原始图像的像素点为(x_0, y_0)，仿射变换后的像素点为(x, y)，t_x 和 t_y 表示平移量，而参数 a、b、c、d 反映了图像的旋转、缩放等变换。图像仿射变换可以写为如下形式：

$$\begin{cases} x = ax_0 + by_0 + t_x \\ y = cx_0 + dy_0 + t_y \end{cases}$$

仿射变换写成矩阵的形式如下：

$$\begin{bmatrix} x \\ y \\ 1 \end{bmatrix} = \begin{bmatrix} a & b & t_x \\ c & d & t_y \\ 0 & 0 & 1 \end{bmatrix} \begin{bmatrix} x_0 \\ y_0 \\ 1 \end{bmatrix}$$

在 OpenCV 中，使用 cv2. warpAffine( ) 函数实现仿射变换，其格式为

```
cv2.warpAffine(src, M, dsize[, dst[,flags[,borderMode[,borderValue]]]])
```

cv2. warpAffine( )函数中的参数说明如下：

- src：输入图像。
- M：转换矩阵。
- dsize：输出图像的大小。
- dst：输出图像，其大小由 dsize 参数确定，并且与 src 类型相同。
- flags：插值方法。默认为 cv2. INTER_LINEAR（双线性插值）。
  - ◇ cv. INTER_NEAREST：最近邻插值。
  - ◇ cv. INTER_LINEAR：双线性插值（默认值）。
  - ◇ cv. INTER_AREA：使用像素面积关系进行重采样，这可能是首选的图像抽取方法，因为它可以提供无波纹的结果，但是当图像放大时，它类似于 INTER_NEAREST 方法。
  - ◇ cv. INTER_CUBIC：在 4×4 像素邻域上的双三次插值。
  - ◇ cv. INTER_LANCZOS4：在 8×8 像素邻域上的 Lanczos 插值。
- borderMode：边界像素外扩方式。
- borderValue：边界不变时使用的值，默认情况下为 0，也就是黑色。

利用 OpenCV 实现图像仿射变换的代码示例如下：

```
import cv2
import numpy as np
import matplotlib.pyplot as plt
img = cv2.imread('9999.jpg')
r, c = img.shape[:2]
pts1 = np.float32([[50, 65], [150, 65], [210, 210]])
pts2 = np.float32([[50, 100], [150, 65], [100, 250]])
M = cv2.getAffineTransform(pts1, pts2)
new = cv2.warpAffine(img, M, (c, r))
plt.subplot(121), plt.imshow(img), plt.title('in')
plt.subplot(122), plt.imshow(new), plt.title('out')
plt.show()
```

图像仿射变换的输出结果如图 3-2-15 所示。

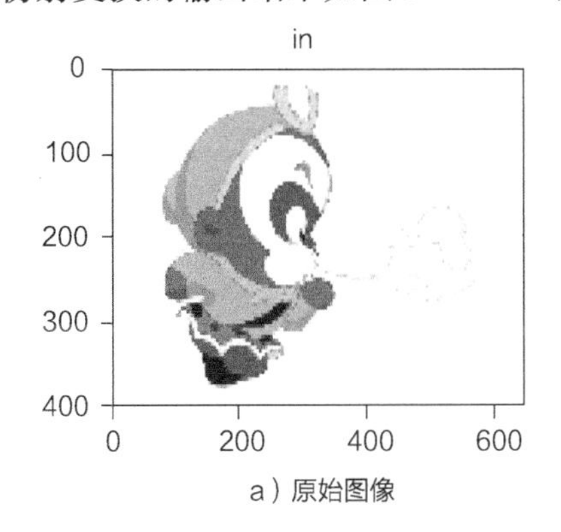

a）原始图像

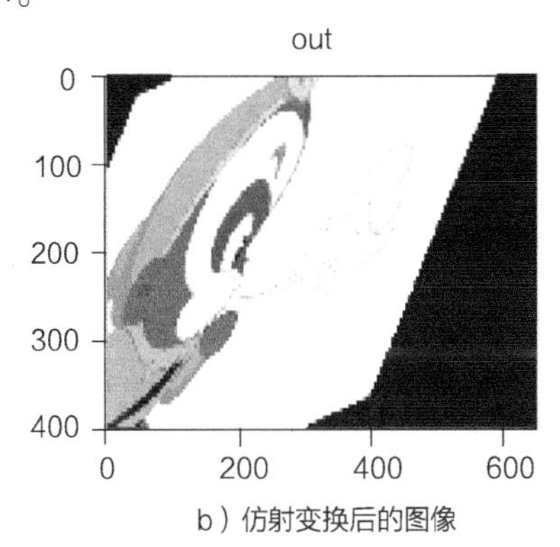

b）仿射变换后的图像

图 3-2-15　图像仿射变换示例

5. 透视变换

透视变换（Perspective Transformation）是仿射变换的一种非线性扩展，是将图像投影到一个新的视平面（Viewing Plane），也称作投影映射（Projective Mapping）。简单来说，就是从二维→三维→二维的一个过程。图像透视变换示例如图 3-2-16 所示。

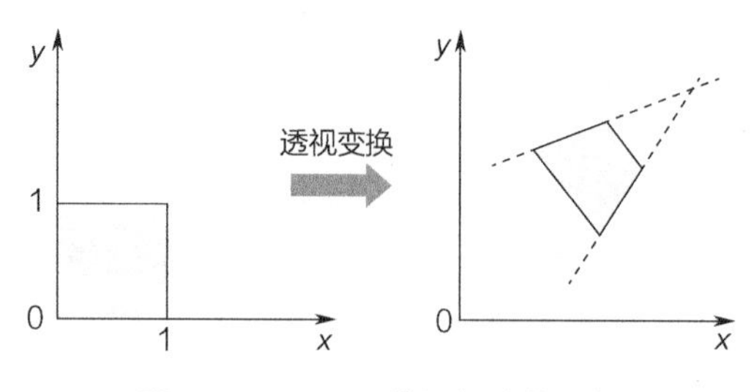

图 3-2-16　图像透视变换示例

假设原始图像的像素点为(x_0,y_0)，仿射变换后的像素为(X,Y)，透视变换可以写为

$$\begin{cases} X = a_1x_0 + b_1y_0 + c_1 \\ Y = a_2x_0 + b_2y_0 + c_2 \\ Z = a_3x_0 + b_3y_0 + c_3 \end{cases}$$

透视变换用矩阵表示为

$$\begin{bmatrix} X \\ Y \\ Z \end{bmatrix} = \begin{bmatrix} a_1 & b_1 & c_1 \\ a_2 & b_2 & c_2 \\ a_3 & b_3 & c_3 \end{bmatrix} \begin{bmatrix} x_0 \\ y_0 \\ 1 \end{bmatrix}$$

仿射变换是透视变换的子集。接下来再通过除以 Z 轴转换成二维坐标：

$$x = \frac{X}{Z} = \frac{a_1x_0 + b_1y_0 + c_1}{a_3x_0 + b_3y_0 + c_3}$$

$$y = \frac{Y}{Z} = \frac{a_2x_0 + b_2y_0 + c_2}{a_3x_0 + b_3y_0 + c_3}$$

透视变换相比仿射变换更加灵活，变换后会产生一个新的四边形，但不一定是平行四边形，所以需要非共线的四个点才能唯一确定，原始图像中的直线变换后依然是直线。因为四边形包括了所有的平行四边形，所以透视变换包括了所有的仿射变换。

在 OpenCV 中，首先根据变换前后的四个点用 cv. getPerspectiveTransform( ) 函数生成 3×3 的变换矩阵，然后再用 cv2. warpPerspective( ) 函数进行透视变换。

cv2. warpPerspective( ) 函数的格式为

```
cv2.warpPerspective(src,M,dsize[,dst[,flags[,borderMode[,borderValue]]]])
```

cv2. warpPerspective( ) 函数中的参数说明如下：

- src：输入图像。
- M：2×3 的变换矩阵。
- dsize：变换后输出图像尺寸。
- dst：输出图像。

- flags：代表插值方法，默认为 INTER_LINEAR。当该值为 WARP_INVERSE_MAP 时，意味着 M 是逆变换类型，能实现从目标图像 dst 到原始图像 src 的逆变换。
  - ◇ cv2. INTER_NEAREST：最近邻插值。
  - ◇ cv2. INTER_LINEAR：双线性插值（默认方式）。
  - ◇ cv2. INTER_CUBIC：三次样条插值。首先对源图像附近的 4×4 近邻区域进行样条拟合，然后将目标像素对应的三次样条值作为目标图像对应像素点的值。
  - ◇ cv2. INTER_AREA：区域插值，根据当前像素点周边区域的像素实现当前像素的采样。
  - ◇ cv2. INTER LANCZOS4：一种使用 8×8 近邻区域的 Lanczos 插值方法。
  - ◇ cv2. INTER LINEAR EXACT：位精确双线性插值。
  - ◇ cv2. INTER MAX：差值编码掩码。
  - ◇ cv2. WARP_FILL_OUTLIERS：填补目标图像中的所有像素。如果它们中存在一些对应原图像中的奇异点（离群值），则将它们设置为零。
  - ◇ WARP_INVERSE_MAP：特殊 flag，标志是否进行逆变换。
- borderMode：边界像素外扩方式。
- borderValue：边界像素插值，默认用 0 填充。

OpenCV 中获取透视变换矩阵的函数为 cv2. getPerspectiveTransform( )。该函数的格式为

```
cv2.getPerspectiveTransform(src,dst)
```

cv2. getPerspectiveTransform( )函数的参数说明如下：

- src：原图像中待测矩形的四点坐标。
- dst：目标图像中矩形的四点坐标。

在 OpenCV 中用键盘控制图像的透视变换的示例代码如下：

```
import cv2
import numpy as np
import sys
img = cv2.imread('9999.jpg')
img = cv2.copyMakeBorder(img, 200, 200, 200, 200, cv2.BORDER_CONSTANT, 0)
w, h = img.shape[0:2]
anglex = 0
angley = 30
anglez = 0
fov = 42
r = 0
def rad(x):
return x * np.pi /180
def get_warpR():
global anglex,angley,anglez,fov,w,h,r
z = np.sqrt(w * * 2 + h * * 2) /2 /np.tan(rad(fov /2))
rx = np.array([[1, 0, 0, 0],
[0, np.cos(rad(anglex)), -np.sin(rad(anglex)), 0],
[0, -np.sin(rad(anglex)), np.cos(rad(anglex)), 0, ],
[0, 0, 0, 1]], np.float32)
```

```
ry =np.array([[np.cos(rad(angley)), 0, np.sin(rad(angley)), 0],
[0, 1, 0, 0],
[ -np.sin(rad(angley)), 0, np.cos(rad(angley)), 0, ],
[0, 0, 0, 1]], np.float32)
rz =np.array([[np.cos(rad(anglez)), np.sin(rad(anglez)), 0, 0],
[ -np.sin(rad(anglez)), np.cos(rad(anglez)), 0, 0],
[0, 0, 1, 0],
[0, 0, 0, 1]], np.float32)
r =rx.dot(ry).dot(rz)
pcenter =np.array([h /2, w /2, 0, 0], np.float32)
p1 =np.array([0, 0, 0, 0], np.float32) - pcenter
p2 =np.array([w, 0, 0, 0], np.float32) - pcenter
p3 =np.array([0, h, 0, 0], np.float32) - pcenter
p4 =np.array([w, h, 0, 0], np.float32) - pcenter
dst1 =r.dot(p1)
dst2 =r.dot(p2)
dst3 =r.dot(p3)
dst4 =r.dot(p4)
list_dst =[dst1, dst2, dst3, dst4]
org =np.array([[0, 0],
[w, 0],
[0, h],
[w, h]], np.float32)
dst =np.zeros((4, 2), np.float32)
for i in range(4):
dst[i, 0] =list_dst[i][0] * z /(z - list_dst[i][2]) + pcenter[0]
dst[i, 1] =list_dst[i][1] * z /(z - list_dst[i][2]) + pcenter[1]
warpR =cv2.getPerspectiveTransform(org, dst)
return warpR
def control():
global anglex,angley,anglez,fov,r
if 27 = = c:
sys.exit()
if c = = ord('w'):
anglex + = 1
if c = = ord('s'):
anglex - = 1
if c = = ord('a'):
angley + = 1
print(angley)
if c = = ord('d'):
angley - = 1
if c = = ord('u'):
```

```
anglez + = 1
if c = = ord('p'):
anglez - = 1
if c = = ord('t'):
fov + = 1
if c = = ord('r'):
fov - = 1
if c = = ord(''):
anglex = angley = anglez = 0
if c = = ord('e'):
print('Rotation Matrix:')
print(r)
print('angle alpha(anglex):')
print(anglex)
print('angle beta(angley):')
print(angley)
print('dz(anglez):')
print(anglez)
while True:
warpR = get_warpR()
result = cv2.warpPerspective(img, warpR, (h, w))
cv2.namedWindow('result',2)
cv2.imshow("result", result)
c = cv2.waitKey(30)
control()
cv2.imwrite("res.jpg",result)
cv2.destroyAllWindows()
```

图像透视变换的输出结果如图 3-2-17 所示。

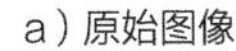

a）原始图像

b）透视变换后的图像

图3-2-17 图像透视变换示例

3.2.3 图像变换应用案例

1. 相机倾斜校正

依据相机参数及载荷平台的运动参数，实现对拍摄图像的矫正。使用透视变换可将照片调整为想要的效果，具体思路如下：读入灰度图像，边缘检测定位照片四角位置（四边形凸包检测，配合面积条件确定照片边缘)，根据当前四角位置和期望的四角位置生成透视矩阵，对彩色图像实施透视变换。相机图像矫正示例如图 3－2－18 所示。

a）原始图像

b）矫正后的图像

图3－2－18　相机图像矫正示例

利用 OpenCV 实现上述示例的代码如下：

```
# - * - coding: UTF-8 - * -
import numpy as np
import cv2
def rotate_bound(image,angle):
(h,w) = image.shape[:2]
(cX,cY) = (w//2, h//2)
M = cv2.getRotationMatrix2D((cX,cY), -angle,1.0)
cos = np.abs(M[0,0])
sin = np.abs(M[0,1])
nW = int((h * sin) + (w * cos))
nH = h
M[0,2] + = (nW/2) - cX
M[1,2] + = (nH/2) - cY
return cv2.warpAffine(image,M,(nW,nH),flags = cv2.INTER_CUBIC, borderMode =
cv2.BORDER_REPLICATE)
def get_minAreaRect(image):
gray = cv2.cvtColor(image, cv2.COLOR_BGR2GRAY)
gray = cv2.bitwise_not(gray)
thresh = cv2.threshold(gray,0,255,cv2.THRESH_BINARY | cv2.THRESH_OTSU)[1]
coords = np.column_stack(np.where(thresh > 0))
return cv2.minAreaRect(coords)
image_path = "444.jpg"
image = cv2.imread(image_path)
angle = get_minAreaRect(image)[ -1]
rotated = rotate_bound(image,angle)
cv2.putText(rotated, "angle: {:.2f} ".format(angle),(10,30),cv2.FONT_HERSHEY_
SIMPLEX,0.7,(0,0,255),2)
print("[INFO] angle: {:.3f}".format(angle))
cv2.imshow("imput",image)
cv2.imshow("output",rotated)
cv2.imwrite("rotated.jpg",rotated)
cv2.waitKey(0)
```

2. 图像配准

图像配准是指对不同条件下得到的两幅或多幅图像进行匹配和叠加。最简单的做法就是求得原图像到目标图像之间的透视变换矩阵，将原图像按照矩阵进行变换，即可得到和目标图像相似的效果。

与仿射变换相比，透视变换实现的效果要多一些。求解精确矩阵和透视变换可以很容易地在 OpenCV 中实现，如图 3-2-19 所示。

a）原始图像1

b）原始图像2

c）图像配准

d） 配准后的图像

图3-2-19　图像配准示例

第 4 章 图像特征提取与匹配

4.1 几何特征

第 4 章导学

众所周知，计算机不认识图像，只认识数字。为了使计算机能够“理解”图像，从而具有真正意义上的“视觉”，如何从图像中提取有用的数据或信息，得到图像的“非图像”的表示或描述，如数值、向量和符号等，这一过程就是特征提取，而提取出来的这些“非图像”的表示或描述就是特征。

特征是某一类对象区别于其他类对象的相应特点、特性，或是这些特点和特性的集合。对于图像而言，每一幅图像都具有能够区别于其他类图像的自身特征，有些是可以直观地感受到的自然特征，如亮度、边缘、纹理和色彩等，有些则是需要通过变换或处理才能得到的，如矩、直方图以及主成分等。

图像中反映其几何特性的有梯度、边缘、角点、形状等。图像的灰度分布特征如图 4 - 1 - 1 所示，图像的梯度特征如图 4 - 1 - 2 所示。图像的边缘特征如图 4 - 1 - 3 所示。图像的角点特征如图 4 - 1 - 4 所示。

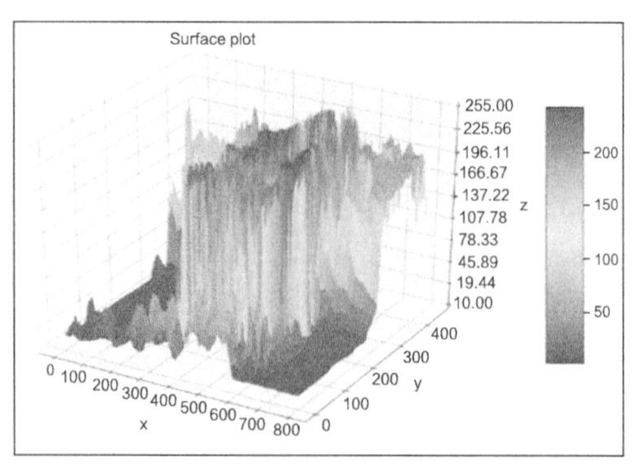

图 4 - 1 - 1　图像的灰度分布特征

图4-1-2　图像的梯度特征

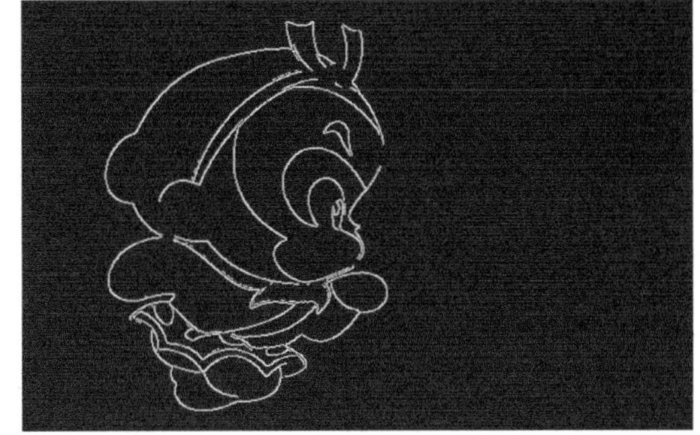

图4-1-3　图像的边缘特征

图4-1-4　图像的角点特征

4.1.1　图像梯度

如果把图像看成二维离散函数$f(x,y)$，则图像梯度是指图像某像素在x和y两个方向上的变化率。它是一个二维向量，由两个分量组成，这两个分量分别表示的是x轴的变化和y轴的变化，图像梯度其实就是对这个二维离散函数求导，图像的离散导数可用有限差分代替。对于一个二元函数$f(x,y)$，其偏导形式为

$$\frac{\partial f}{\partial x}(x,y) \approx f(x+1,y)-f(x,y)$$

图像函数$f(x,y)$在点(x,y)的梯度是一个具有大小和方向的向量，图像沿x和y方向的导

数形成的向量的形式为

$$\nabla f=\left[\frac{\partial f}{\partial x},\frac{\partial f}{\partial y}\right]$$

图像梯度幅值可以写成

$$\|\nabla f\|=\sqrt{\left(\frac{\partial f}{\partial x}\right)^{2}+\left(\frac{\partial f}{\partial y}\right)^{2}}$$

图像梯度方向角为

$$\theta=\arctan\left(\frac{\partial f}{\partial y}\bigg/\frac{\partial f}{\partial x}\right)$$

梯度的方向是函数变化最快的方向。当函数中存在边缘时，一定有较大的梯度值；相反，当图像中有比较平滑的部分时，灰度值变化较小，则相应的梯度也较小。由图像梯度构成的图像成为梯度图像。图像梯度代表图像灰度值变化的速度，对于一幅图像而言，其边缘部分两侧灰度值相差较大，梯度值大，所以对一幅图像求梯度可以突出图像边缘的信息。

4.1.2 图像边缘

1. 图像边缘提取

图像最基本的特征是边缘，边缘是图像属性区域和另一个属性区域的交接处，是区域属性发生突变的地方，是图像中不确定性最大的地方，也是图像信息最集中的地方，图像的边缘包含着丰富的信息，图像边缘是图像灰度变化不连续的部分，一般指梯度变化较大的区域。

通常，边缘上的灰度变化平缓，边缘两侧的灰度变化较快。图像的边缘一般指局部不连续的图像特征，一般是局部亮度变化最显著的部分，所以说边缘就是变化最显著的部分，灰度值的变化、颜色分量的突变以及纹理结构的突变都可构成边缘信息。图像边缘特征提取过程如图 4-1-5 所示。

a）原始图像

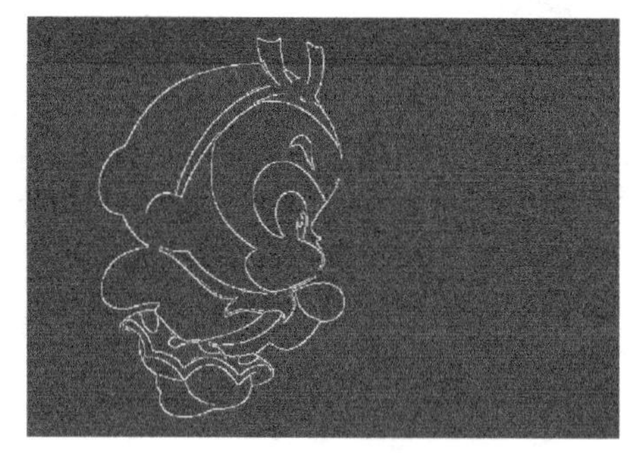

b）提取的图像边缘

c）图像边缘

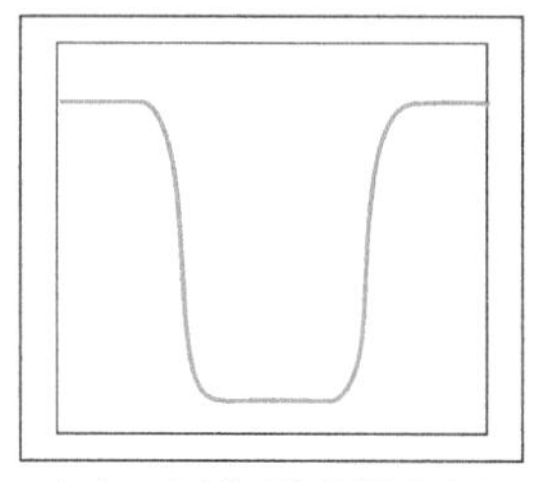

d）水平扫描图像的梯度变化

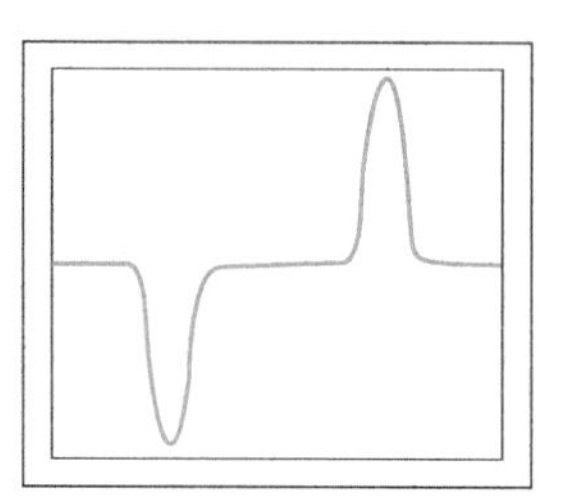

e）变化曲线的导数

图 4-1-5 图像边缘特征提取过程

图像边缘的形成有多种因素，包括深度的不连续、颜色的不连续、光照不连续、纹理的边界、物体材质的变化等。那么，能否直接对图像求导数，确定图像的边缘呢？当图像中不存在噪声时，图像的边缘和图像之间存在明显变化，这时可以直接确定图像的边缘，如图 4 - 1 - 6 所示。

a）图像边缘

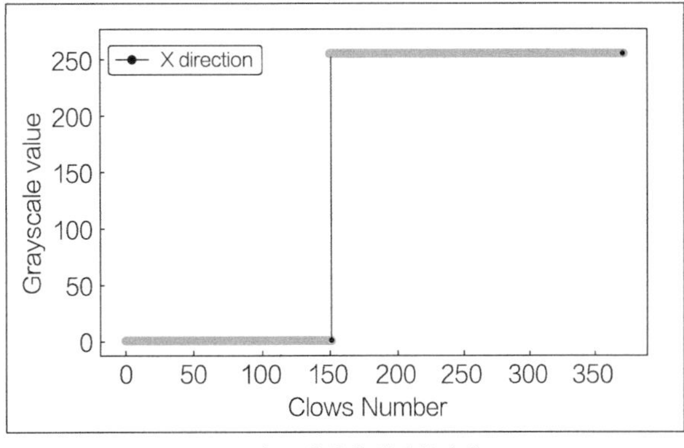

b）图像边缘梯度的变化

图 4 - 1 - 6　无噪声图像的边缘的梯度变化

当图像中存在噪声时，图像的边缘和图像之间变化不明显，这时不能直接确定图像的边缘，如图 4 - 1 - 7 所示。

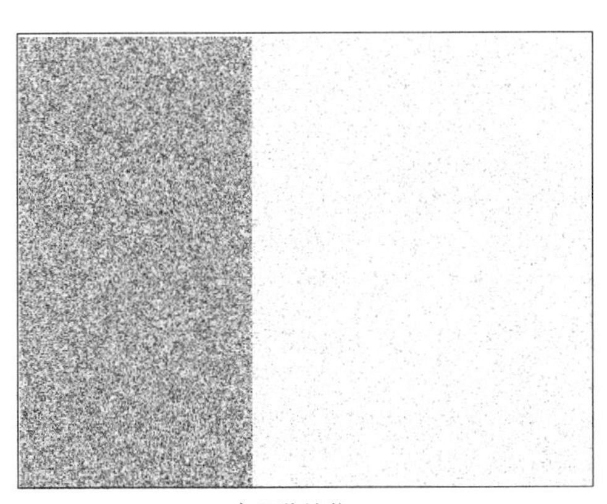

a）图像边缘

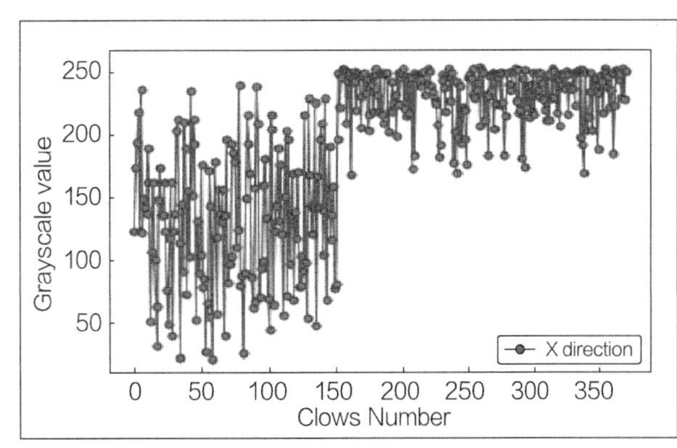

b）图像边缘梯度的变化

图 4 - 1 - 7　有噪声图像的边缘的梯度变化

应该如何提取图像的边缘呢？首先需要对图像进行滤波平滑，再对图像求导，搜寻极限值点，确定边界，边界的位置为滤波后信号求导的极值点，如图 4 - 1 - 8 所示。

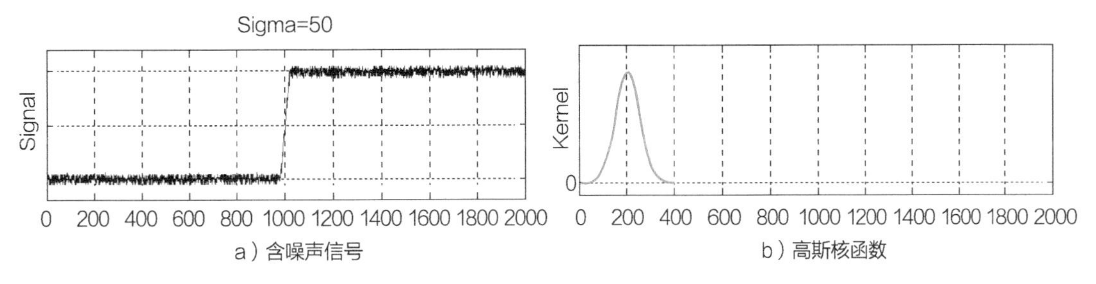

a）含噪声信号　　b）高斯核函数

图 4 - 1 - 8　图像边缘的确定

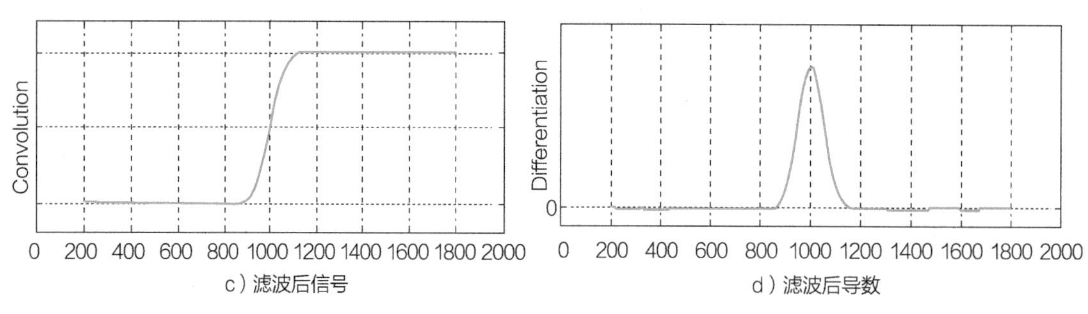

c）滤波后信号　　d）滤波后导数

图 4-1-8　图像边缘的确定（续）

上述滤波采用一元高斯函数表示为

$$G_{\sigma}(x) = \frac{1}{\sqrt{2\pi}\sigma}\mathrm{e}^{-\frac{x^2}{2\sigma^2}}$$

$$G'_{\sigma}(x) = \frac{\mathrm{d}}{\mathrm{d}x}G_{\sigma}(x) = -\frac{1}{\sigma}\left(\frac{x}{\sigma}\right)G_{\sigma}(x)$$

该一元高斯函数变化曲线、一阶导数曲线和二阶导数曲线如图 4-1-9 所示。

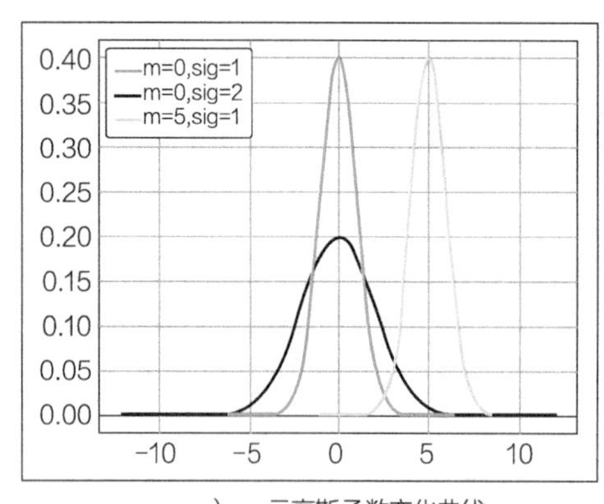

a）一元高斯函数变化曲线

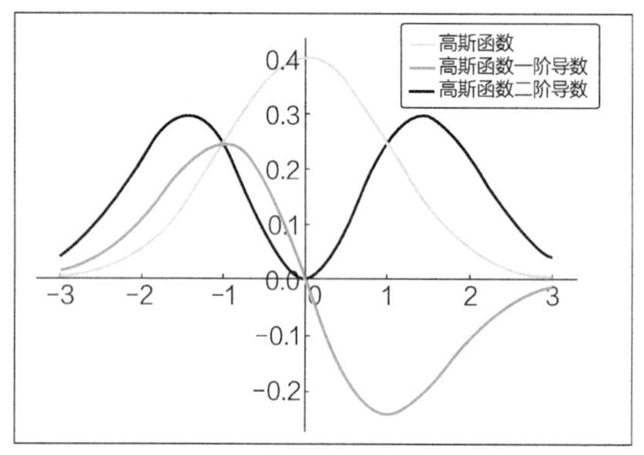

b）一元高斯函数的一阶导数曲线和二阶导数曲线

图 4-1-9　一元高斯函数变化曲线、一阶导数曲线和二阶导数曲线

如果滤波采用二元高斯函数可表示为

$$G_{\sigma}(x,y) = \frac{1}{2\pi\sigma}\mathrm{e}^{-\frac{x^2+y^2}{2\sigma^2}}$$

该二元高斯函数的变化曲线、一阶偏导数曲线如图 4-1-10 所示。

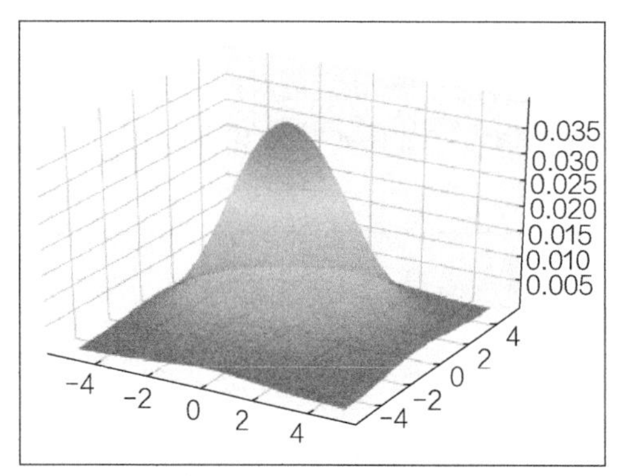

a）二元高斯函数变化曲线

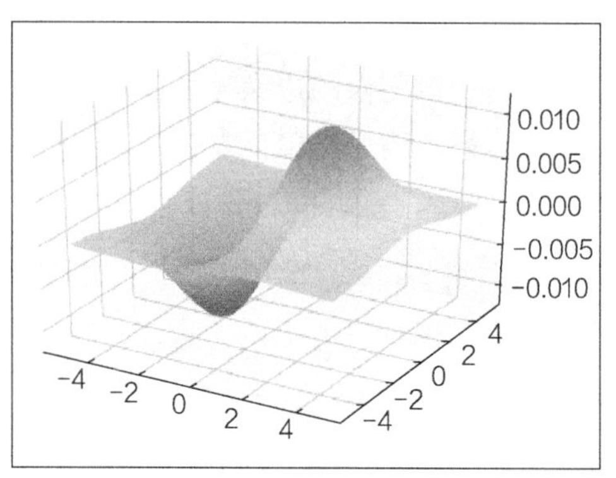

b）二元高斯函数一阶偏导数曲线

图 4-1-10　二元高斯函数变化曲线、一阶偏导数曲线

由高斯函数变化曲线可知，高斯函数的极值点在一阶导数的过零点和二阶导数的拐点处，对图像进行滤波平滑，再对图像求导，找到这些极值点，边界的位置就在这些极值点处。

2. Canny 边缘检测

Canny 边缘检测是从不同视觉对象中提取有用的结构信息并大量减少要处理的数据量的一种技术，目前已广泛应用于各种计算机视觉系统。

边缘检测的一般标准如下。

- 低错误率：标识出尽可能多的实际边缘，尽可能减少噪声产生的误报。
- 高定位：标识的边缘要与图像中实际边缘尽可能接近。
- 最小响应：图像中的边缘只能标识一次，噪声不能被标识为边缘。

为了满足上述标准，Canny 使用了变分法（Calculus of Variations）。Canny 边缘检测器中的最优函数使用四个指数项的和来描述，它可以用高斯函数的一阶导数来近似表示。在目前常用的边缘检测方法中，Canny 边缘检测算法是具有严格定义的，是良好、可靠的检测方法之一。由于它具有满足边缘检测的三个标准和实现过程简单的优势，成为边缘检测最流行的算法之一。

Canny 方法不容易受噪声干扰，能够检测到真正的弱边缘，其优点在于使用两种不同的阈值分别检测强边缘和弱边缘，当弱边缘和强边缘相连时，才将弱边缘包含在输出图像中。Canny 根据以下流程进行边缘检测。

- 使用高斯滤波器，平滑图像，消除噪声。
- 计算图像中每个像素点的梯度强度和方向。
- 应用非极大值（Non-maximum Suppression）抑制，以消除边缘检测带来的杂散响应。
- 应用双阈值（Double-threshold）检测来确定真实的和潜在的边缘。
- 通过抑制孤立的弱边缘最终完成边缘检测。

1）图像降噪。梯度算子可以用于增强图像，本质上是通过增强边缘轮廓来实现的，也就是说是可以检测到边缘的。因为噪声就是灰度变化很大的地方，容易被识别为伪边缘，所以需要先去除噪声。

2）计算图像梯度得到可能边缘。计算图像梯度能够得到图像的边缘，因为梯度是灰度变化明显的地方，而边缘也是灰度变化明显的地方。当然这一步只能得到可能的边缘，因为灰度变化的地方可能是边缘，也可能不是边缘，这一步得到的是所有可能的边缘的集合。

3）非极大值抑制。通常灰度变化的地方都比较集中，将局部范围内梯度方向上灰度变化最大地保留下来，其他的不保留，这样可以剔除掉一大部分的点，将有多个像素宽的边缘变成一个单像素宽的边缘。

4）双阈值筛选。通过非极大值抑制后，仍然有很多的可能边缘点，进一步设置一个双阈值，即低阈值（low）和高阈值（high）。灰度变化大于 high 的时候，设置为强边缘像素；低于 low 的时候，剔除该像素；在 low 和 high 之间的像素设置为弱边缘，其邻域内有强边缘像素就保留该像素，否则就剔除该像素。这样就保留了强边缘轮廓。有些边缘可能不闭合，需要用满足 low 和 high 之间的点进行补充，用高斯导数来做滤波，获得梯度的幅值与方向，沿梯度方向进行非极大抑制处理。在施加非极大值抑制之后，剩余的像素可以更准确地表示图像中的实际边缘。然而，这时仍然存在由于噪声和颜色变化引起的一些边缘像素。为了解决这些杂散响应，必须用弱梯度值过滤边缘像素，并保留具有高梯度值的边缘像素，这可以通过选择高低阈值来实现。如果边缘像素的梯度值高于高阈值，则将其标记为强边缘像素；如果边缘像素的梯度值小于高阈值并且大于低阈值，则将其标记为弱边缘像素；如果边缘像素的梯度值小于低阈值，则会被抑制。这个过程中的阈值的选择取决于给定输入图像的内容。

5）强边缘点可以认为是真的边缘，弱边缘点则可能是真的边缘，也可能是噪声或颜色变化引起的。为得到精确的结果，后者引起的弱边缘点应该去掉。通常认为真实边缘引起的弱边缘点和强边缘点是连通的，而由噪声引起的弱边缘点则不会。图像中不存在噪声时，利用 Canny 进行边缘检测的示例如图 4－1－11 所示。图像中存在噪声时，利用 Canny 进行边缘检测的示例如图 4－1－12 所示。

a）原始图像

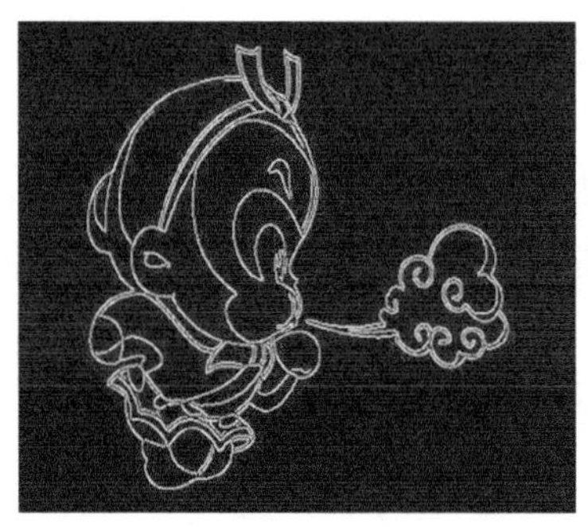

b）非极大值抑制

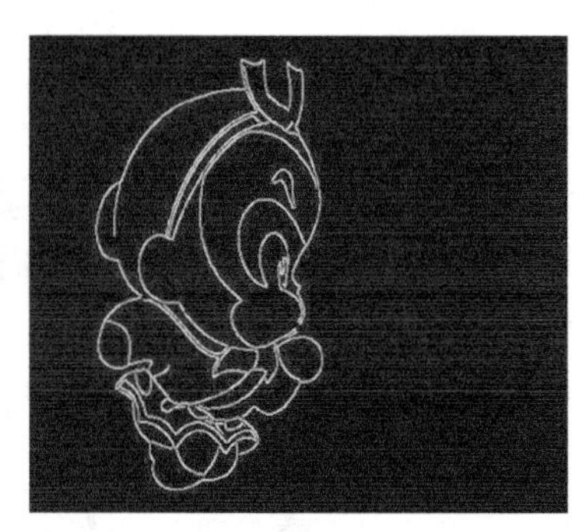

c）双阈值筛选

图 4－1－11 图像中不存在噪声时，利用 Canny 进行边缘检测的示例

a）原始图像

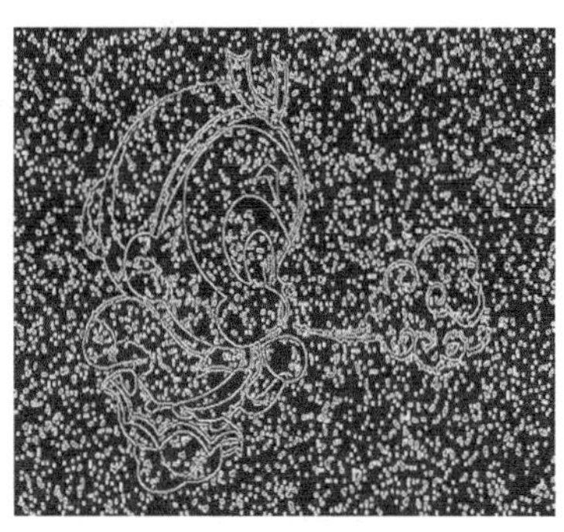

b）非极大值抑制

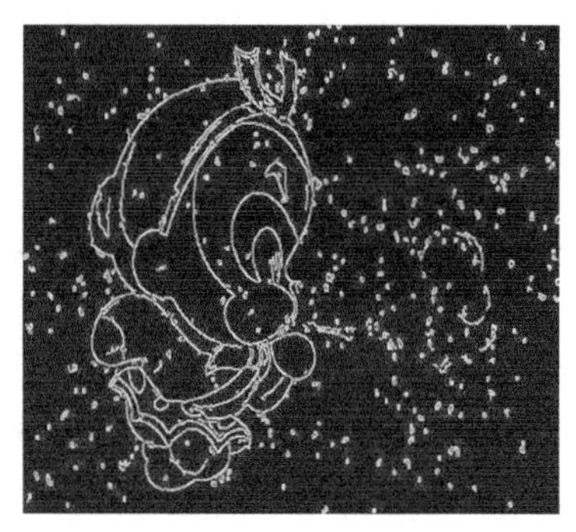

c）双阈值筛选

图 4－1－12 图像中存在噪声时，利用 Canny 进行边缘检测的示例

4.1.3 角点特征

1. 图像特征点

图像特征点指的是图像灰度值发生剧烈变化的点或者在图像边缘上曲率较大的点（即两个边缘的交点）。图像特征点在基于特征点的图像匹配算法中有着十分重要的作用，能够反映图像的本质特征，并能标识图像中的目标物体。通过特征点的匹配能够完成图像的匹配。

角点是图像很重要的特征，对图像的理解和分析有着很重要的作用。角点在保留图像重要特征的同时可以有效地减少信息的数据量，使其信息的含量更高，有效地提高了计算速度，有利于图像的可靠匹配，使得实时处理成为可能。

通过计算邻域内灰度极值、梯度极值、灰度变化极值等方法确定角点特征。常见的角点特征提取方法有 Harris、SIFT（Scale Invariant Feature Transform）、SURF（SpeedUp Features）、FAST（Features From Accelerated Segment Test）、BRIEF（Binary Robust Independent Element Feature）、ORB（Oriented FAST and Rotated BRIEF）等。

- Harris：用于检测角点，检测示例如图 4－1－13 所示。
- SIFT：用于检测斑点。
- SURF：用于检测角点。
- FAST：用于检测角点，检测示例如图 4－1－14 所示。
- BRIEF：用于检测斑点，检测示例如图 4－1－15 所示。
- ORB：代表带方向的 FAST 算法与具有旋转不变性的 BRIEF 算法。

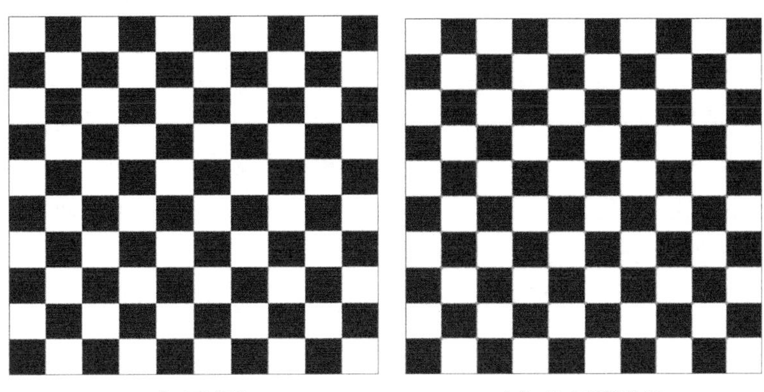

a） 原始图　　b） 角点检测结果

图4－1－13　Harris 角点检测法

a） 原始图　　b） 角点检测结果

图4－1－14　FAST 角点检测法

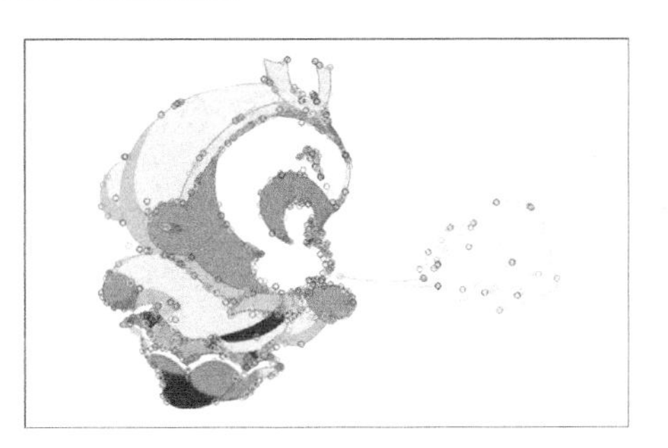

a） 原始图　　b） 斑点检测结果

图4－1－15　BRIEF 斑点检测法

2. Harris 角点检测法

Harris 角点检测法的思想是观察包含某像素的窗口向任意方向发生移动，若其灰度值差异变化大于设定的阈值，则认为该点是角点。该方法主要应用于图像匹配、图像拼接。

以目标像素点为中心，初始化一个滑动窗口（如 3×3 的滤波核），对它进行不同方向上的小范围移动（上下、左右、对角线），观察窗口内的像素灰度值变化情况。

若无论怎么移动（滑动窗口内部始终包含此像素点），内部的像素值均无变化，或者变化很小，那么表明该点是一个平坦点（Flat）。

若此区域内的像素值在移动的过程中，在某个方向上的变化较大（单一方向），表明该点是个边缘点（Edge）。

若此区域内的像素值在移动的过程中，对多个方向上的像素值变化都很明显，则说明该点是个角点（Corner）。

上述表述中的“明显”显然是主观上的定义，那么到底多大的变化才算明显呢？需要对变化结果值经过一定的处理后得到最终结果 T，并对它做一个阈值处理，假设此时的阈值为 K，那么当 $T>K$ 时，该像素点为角点。下面通过建立数学模型来具体地表示窗口内部像素的变化。

（1）灰度变化描述　当窗口发生 $[u, v]$ 移动时，那么滑动前与滑动后对应的窗口中的像素点的灰度值的变化描述如下：

$$E(u,v)=\sum_{x,y} w(x,y)[I(x+u,y+v)-I(x,y)]^2$$

式中，$[u,v]$ 为窗口 W 的偏移量；(x,y) 是窗口 W 所对应的像素坐标位置，窗口有多大就有多少个位置；$I(x,y)$ 为像素坐标位置 (x,y) 的图像灰度值；$I(x+u,y+v)$ 为像素坐标位置 $(x+u,y+v)$ 的图像灰度值；$w(x,y)$ 为窗口函数，最简单情形就是窗口 W 内的所有像素所对应的权重系数 w 均为 1。但有时候，会将 $w(x,y)$ 函数设置为以窗口 W 中心为原点的二元正态分布。如果窗口 W 中心点是角点时，移动前与移动后，该点的灰度变化贡献最大，而离窗口 W 中心（角点）较远的点的灰度变化几近平缓，可将这些点的权重系数设定为较小值，以示该点对灰度变化贡献较小，因此使用二元高斯函数来表示窗口函数。

根据上述表达式，当窗口在平坦区域上移动时，灰度值不会发生什么变换，即 $E(u,v)=0$。如果窗口在纹理比较丰富的区域上滑动，那么灰度值变化会很大。

（2）$E(u,v)$ 化简　首先来了解一下泰勒公式，任何一个函数表达式，均可用泰勒公式进行展开，以逼近原函数。

$$E(u,v)\approx\sum_{x,y} w(x,y)(I_x u+I_y v)^2\approx Au^2+2Buv+Cv^2$$

式中，$A=\sum_{x,y} w(x,y)I_x^2$；$B=\sum_{x,y} w(x,y)I_x I_y$；$C=\sum_{x,y} w(x,y)I_y^2$。

令

$$\boldsymbol{H}=\sum\begin{bmatrix} I_x^2 & I_x I_y \\ I_x I_y & I_y^2 \end{bmatrix}$$

则

$$E(u,v)\approx Au^2+2Buv+Cv^2\approx[u\ v]\underbrace{\begin{bmatrix} A & B \\ B & C \end{bmatrix}}_{H}\begin{bmatrix} u \\ v \end{bmatrix}$$

那么这时，成功将该模型的数值变化与 $\boldsymbol{H}$ 的变化相关联。在 u 和 v 不变的情况下，$E(u,\ v)$ 受 $\boldsymbol{H}$ 的影响较大。$\boldsymbol{H}$ 是一个实对称矩阵，可以正交相似对角化，所以有

$$\boldsymbol{H}=\boldsymbol{P}\begin{bmatrix}\lambda_1 & 0\\ 0 & \lambda_2\end{bmatrix}\boldsymbol{P}^{-1}$$

其中，P 是正交矩阵，具有性质 $\boldsymbol{P}^{\mathrm{T}}=\boldsymbol{P}^{-1}$。

则

$$E(u,\ v)=[u,\ v]\boldsymbol{P}\begin{bmatrix}\lambda_1 & 0\\ 0 & \lambda_2\end{bmatrix}\boldsymbol{P}^{\mathrm{T}}[u,\ v]^{\mathrm{T}}=[u',\ v']\begin{bmatrix}\lambda_1 & 0\\ 0 & \lambda_2\end{bmatrix}[u',\ v']^{\mathrm{T}}$$

$$E(u,\ v)=\lambda_1(u')^2+\lambda_2(v')^2=\frac{(u')^2}{\frac{1}{\lambda_1}}+\frac{(v')^2}{\frac{1}{\lambda_2}}$$

从上式可以看出 $E(u,\ v)$ 实际上就是一个椭圆，如图 4－1－16 所示。

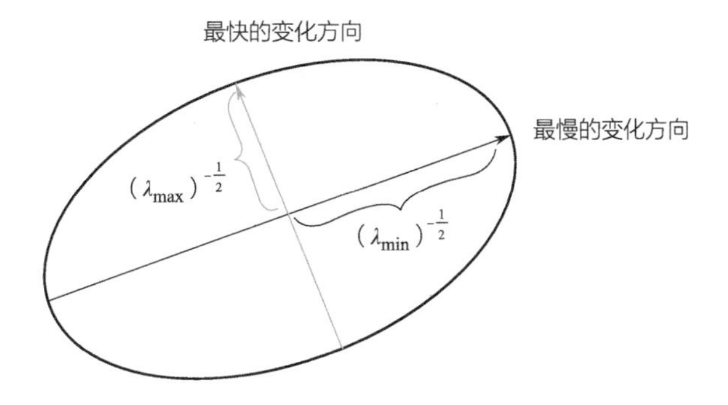

图 4－1－16　$E(u,v)$的变化情况

由图 4－1－16 可以求出

$$\boldsymbol{H}x_{\max}=\lambda_{\max}x_{\max}$$

$$\boldsymbol{H}x_{\min}=\lambda_{\min}x_{\min}$$

考虑 $E(u,\ v)$ 最小和最大变化的平移方向，$\boldsymbol{H}$ 的特征值和特征向量如下：$X_{\max}$为 E 值增幅最大的方向；$\lambda_{\max}$为 $X_{\max}$方向上增大的幅度；$X_{\min}$为 E 值增幅最小的方向；$\lambda_{\min}$为 $X_{\min}$方向上增大的幅度。

（3）Harris 角点检测法的具体流程

1）计算图像中每个点的梯度。

2）根据梯度创建局部窗口的 $\boldsymbol{H}$ 矩阵。

3）计算 $\boldsymbol{H}$ 的特征值。

4）查找具有较大响应的点（min > 阈值）。

5）选择 min 是局部最大值的点。

采用 Harris 实现角点检测的代码如下：

```
import cv2 as cv
from matplotlib import pyplot as plt
import numpy as np
image = cv.imread('Star.jpg')
print(image.shape)
height = image.shape[0]
width = image.shape[1]
channels = image.shape[2]
print("width: % s  height: % s  channels: % s" % (width,height,channels))
gray_img = cv.cvtColor(image,cv.COLOR_BGR2GRAY)
gray_img = np.float32(gray_img)
block_size = 3
sobel_size = 3
k = 0.06
corners_img = cv.cornerHarris(gray_img,block_size,sobel_size,k)
kernel = cv.getStructuringElement(cv.MORPH_RECT,(3,3))
dst = cv.dilate(corners_img,kernel)
for r in range(height):
for c in range(width):
pix = dst[r,c]
if pix > 0.05 * dst.max():
cv.circle(image,(c,r),5,(0,0,255),0)
image1 = cv.cvtColor(image, cv.COLOR_BGR2RGB)
plt.imshow(image1)
plt.title("result")
plt.show()
```

采用 Harris 角点检测法的检测结果如图 4-1-17 所示。

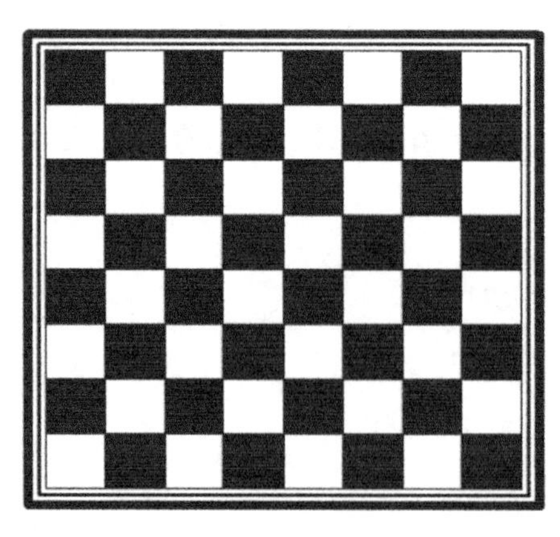

a）原始图

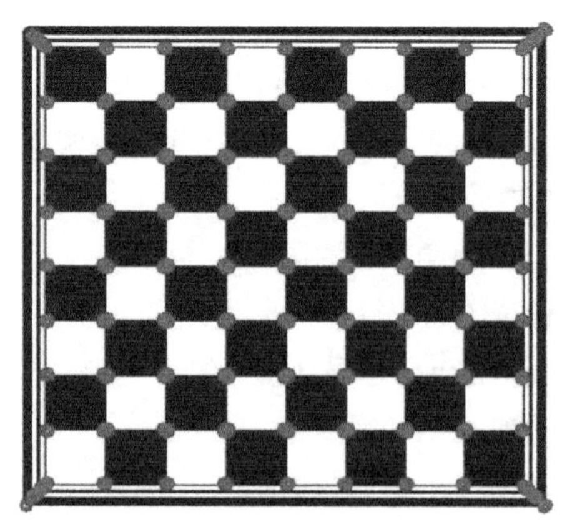

b）角点检测结果

图 4-1-17　Harris 角点检测法示例

4.1.4　形状特征

形状特征是指图像中目标的外形、周长、面积等特征。假设图像中目标的像素坐标为 (x_i, y_i)，则目标的质心坐标计算公式为

$$\begin{cases} \bar{x} = \dfrac{1}{N}\sum_{i=0}^{N-1} x_i \\ \bar{y} = \dfrac{1}{N}\sum_{i=0}^{N-1} y_i \end{cases}$$

目标的像素轮廓特征可描述为边缘点与质心的距离向量：

$$\text{Contour} = \{d_1, d_2, \cdots, d_N\}$$

$$d_i = \sqrt{(x_i - \bar{x})^2 + (y_i - \bar{y})^2}$$

目标的面积可定义为目标外轮廓的最小外接矩形，若矩形的长宽分别为 M 和 N，则其面积近似为

$$\text{Area} = M \times N$$

4.2　图像纹理特征

4.2.1　图像纹理特征定义

图像的纹理是一种反映图像中同质现象的视觉特征，它体现了物体表面具有缓慢变化或者周期性变化的表面结构组织排列属性。图像纹理特征是图像灰度发生局部重复性变化的一种模式，有自然图像纹理和人造图像纹理两种，分别如图4-2-1和图4-2-2所示。

图4-2-1　自然图像纹理

图4-2-2　人造图像纹理

图像纹理特征主要有以下用途：

- 纹理特征可用于分割图像的感兴趣区域并且对区域进行分类。
- 纹理特征提供了图像灰度或颜色的空间分布信息。
- 纹理特征刻画了局部邻域的灰度级空间分布信息。

不同于灰度、颜色等图像特征，图像纹理是通过像素及其周围空间邻域的灰度分布来表现的，即局部纹理信息。另外，局部纹理信息不同程度上的重复就是全局纹理信息。纹理特征体现全局特征的性质的同时，它也描述了图像或图像区域所对应景物的表面性质。但由于纹理只是一种物体表面的特性，并不能完全反映出物体的本质属性，所以仅利用纹理特征是无法获得高层次的图像内容的。与颜色特征不同，纹理特征不是基于像素点的特征，它需要在包含多个像素点的区域中进行统计计算。在模式匹配中，这种区域性的特征具有较大的优越性，不会由于局部的偏差而无法匹配成功。

对于在粗细、疏密等方面有较大差别的纹理图像，利用纹理特征检索是一种有效的方法。但当纹理之间的粗细、疏密等易于分辨的信息之间相差不大的时候，通常的纹理特征很难准确地反映出人的视觉能感觉出的不同纹理之间的差别。图像纹理特征应用示例如图 4-2-3 所示。

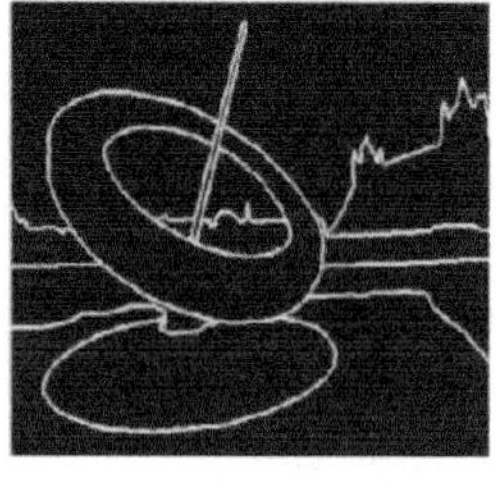

a）图像边界提取

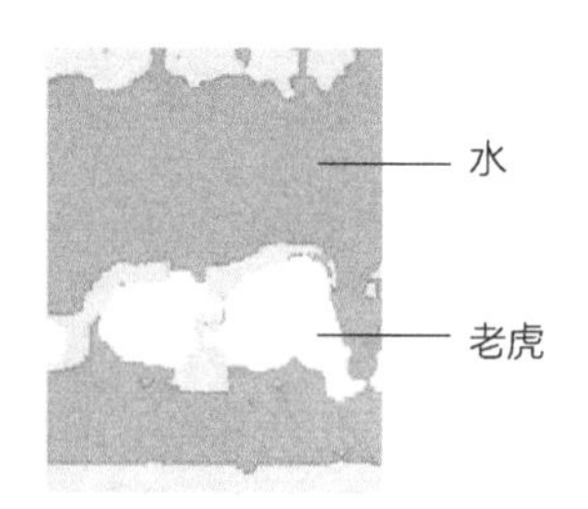

b）图像内容分类

图4-2-3 图像纹理特征应用示例

4.2.2 纹理特征分析

纹理特征分析指通过一定的图像处理技术提取出纹理特征参数，从而获得纹理的定量或定性描述的处理过程。图像纹理特征分析面临纹理分割和纹理分类两个问题，纹理分割是自动确定图像中不同纹理区域的边界，纹理分类是根据图像内容将图像分成特定类别的区域。

1. 纹理特征分析方法

常用的纹理特征提取方法一般有以下几类。

（1）统计方法　统计方法是基于像素点及其邻域的灰度属性，研究纹理区域中的统计特性，或像素点及其邻域内的灰度的一阶、二阶或高阶统计特性。

统计方法的典型代表是一种称为灰度共生矩阵（Gray Level Co-Occurrence Matrix，GLCM）的纹理特征分析方法，灰度共生矩阵的四个关键特征：能量、惯量、熵和相关性。

统计方法中另一种典型方法是从图像的自相关函数（即图像的能量谱函数）提取纹理特征，即通过对图像的能量谱函数的计算，提取纹理的粗细度及方向性等特征参数。

半方差图（Semivariogram）方法是一种基于变差函数的方法，由于变差函数反映图像数据的随机性和结构性，因而能很好地表达纹理图像的特征。

（2）几何法　所谓几何法，就是建立在纹理基元理论基础上的一种纹理特征分析方法。纹理基元理论认为，复杂的纹理可以由若干简单的纹理基元以一定的有规律的形式重复排列构成。在几何法中，比较有影响的算法有 Voronoi 棋盘格特征法。

（3）模型法　在模型法中，假设纹理是以某种参数控制的分布模型形成的，从纹理图像的实现来估计计算模型参数，以参数为特征或采用某种分类策略进行图像分割，因此模型参数的估计是该方法的核心问题。典型的方法是随机场模型法，如马尔可夫随机场（MRF）模型法、Gibbs 随机场模型法、分形模型和自回归模型。

（4）信号处理法　信号处理方法是建立在时域、频域分析，以及多尺度分析的基础之上的。这种方法对纹理图像中某个区域内实行某种变换后，再提取出保持相对平稳的特征值，并以此特征值作为特征，表示区域内的一致性及区域间的相异性。

信号处理中提取纹理特征主要是利用某种线性变换、滤波器或者滤波器组将纹理转换到变换域，然后应用某种能量准则提取纹理特征。因此，基于信号处理的方法也称为滤波方法。大多数信号处理方法的提出，都基于这样一个假设：频域的能量分布能够鉴别纹理。

信号处理的经典算法有灰度共生矩阵、Tamura 纹理特征、自回归纹理模型和小波变换等。

（5）结构分析方法　结构分析方法认为纹理是由纹理基元的类型和数目，以及基元之间的“重复性”的空间组织结构和排列规则来描述的，且纹理基元几乎具有规范的关系，假设纹理图像的基元可以分离出来，以基元特征和排列规则进行纹理分割。显然确定与抽取基本的纹理基元以及研究存在于纹理基元之间的“重复性”结构关系是结构方法要解决的问题。由于结构分析方法强调纹理的规律性，较适用于分析人造纹理。

2. 灰度共生矩阵

作为典型的统计性纹理特征分析方法之一，灰度共生矩阵计算简单，且可反映图像的邻域纹理信息。灰度共生矩阵是一种描述图像局部区域或整体区域的某像素与相邻像素或一定距离内的像素的灰度关系的矩阵。

$$\boldsymbol{P}=\begin{bmatrix} n_{(0,0)} & \cdots & n_{(0,N)} \\ \vdots & \vdots & \vdots \\ n_{(N-1,0)} & \cdots & n_{(N-1,N-1)} \end{bmatrix}$$

矩阵中的元素值表示灰度级之间联合条件概率密度 $P(i,j\mid d,\theta)$，即在给定空间距离 d 和方向 θ 时，灰度以 i 为起始点（行）、出现灰度级 j（列）的概率。图 4-2-4 所示是一个灰度共生矩阵示例，其中 i 和 j 分别表示两个像素的灰度等级，$n(i,j)$ 表示灰度等级 i 和 j 的像素对数，在 δ 定义的位置关系下出现的次数，如 $n(0,1)$，δ 定义为水平，则 $(0,1)$ 像素对水平排列在灰度图中出现的次数为 12。

灰度共生矩阵虽然提供了图像灰度方向、间隔和变化幅度的信息，但不能直接提供区别纹理的特性，常用的 9 种纹理特征统计属性为：均值（Mean）、方差（Variance）、标准差（Std）、同质性（Homogeneity）、对比度（Contrast）、非相似性（Dissimilarity）、熵（Entropy）、角二阶矩（Angular Second Moment）和相关性（Correlation）。

1）均值反映了图像纹理的规则程度。若纹理杂乱无章、难以描述，则该值比较小；若纹理规律性强，易于描述，则该值比较大。计算公式为

$$\text{Mean}=\sum_{i=0}^{Q_k}\sum_{j=0}^{Q_k}p(i,j)i$$

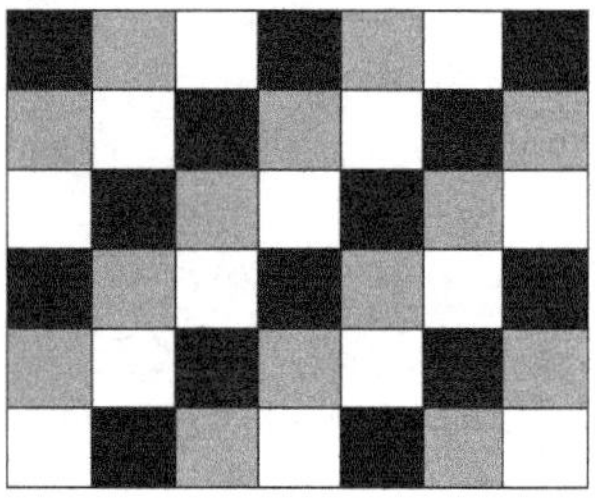

0	128	256	0	128	256	0
128	256	0	128	256	0	128
256	0	128	256	0	128	256
0	128	256	0	128	256	0
128	256	0	128	256	0	128
256	0	128	256	0	128	256

0	1	2	0	1	2	0
1	2	0	1	2	0	1
2	0	1	2	0	1	2
0	1	2	0	1	2	0
1	2	0	1	2	0	1
2	0	1	2	0	1	2

$$\boldsymbol{p}_{\delta}=\begin{bmatrix} n_{(0,0)} & n_{(0,1)} & n_{(0,2)} \\ n_{(1,0)} & n_{(1,1)} & n_{(1,2)} \\ n_{(2,0)} & n_{(2,1)} & n_{(2,2)} \end{bmatrix}$$

$$\boldsymbol{p}_{\delta}=\begin{bmatrix} 0 & 12 & 0 \\ 0 & 0 & 12 \\ 12 & 0 & 0 \end{bmatrix}$$

图4-2-4 灰度共生矩阵示例

2）方差和标准差反映了图像像素值与其均值的偏差程度。若图像灰度变化较大，则方差和标准差较大；反之则较小。方差计算公式为

$$\text{Variance}=\sum_{i=0}^{Q_k}\sum_{j=0}^{Q_k}p(i,j)(i-\text{Mean})^2$$

3）标准差计算公式为

$$\text{Std}=\sqrt{\sum_{i=0}^{Q_k}\sum_{j=0}^{Q_k}p(i,j)(i-\text{Mean})^2}$$

4）同质性反映了图像灰度的均匀性。若图像灰度均匀，则该值较大；反之则较小。计算公式为

$$\text{Homogeneity}=\sum_{i=0}^{Q_k}\sum_{j=0}^{Q_k}p(i,j)\frac{1}{1-(i-j)^2}$$

5）对比度反映了图像中局部灰度变化总量。若灰度变化较大，则该值较大；反之较小。计算公式为

$$\text{Contrast}=\sum_{i=0}^{Q_k}\sum_{j=0}^{Q_k}p(i,j)(i-j)^2$$

6）非相似性与对比度类似，反映了局部灰度的相似程度。计算公式为

$$\text{Dissimilarity}=\sum_{i=0}^{Q_k}\sum_{j=0}^{Q_k}p(i,j)\,|i-j|$$

7）熵是对图像信息量的度量，表征了图像中纹理的复杂程度，图像纹理越复杂，熵值越大。计算公式为

$$\text{Entropy}=\sum_{i=0}^{Q_k}\sum_{j=0}^{Q_k}p(i,j)\log p(i,j)$$

8）角二阶矩反映了图像中局部灰度的均匀性。均匀性好，则该值较大；否则较小。计算公式为

$$\mathrm{ASM} = \sum_{i=0}^{Q_k} \sum_{j=0}^{Q_k} p(i,j)^2$$

9）相关性描述了灰度共生矩阵中行和列的相似程度，反映了灰度值沿某一方向的延伸程度，延伸越长，相关性越大。计算公式为

$$\mathrm{Correlation} = \sum_{i=0}^{Q_k} \sum_{j=0}^{Q_k} \frac{(i-\mathrm{Mean})(j-\mathrm{Mean})\,p(i,j)^2}{\mathrm{Variane}}$$

4.2.3 纹理合成

纹理合成（Texture Systhesis）技术主要应用于计算机图形学等领域，用于模拟几何模型的表面细节，增强绘制模型的真实感。不同于传统的纹理映射（Texture Mapping）技术，纹理合成是从一个样本纹理中推导一个泛化的过程，并以此来生成具有那种纹理的任意的新图像，可有效解决纹理接缝和扭曲等问题。

根据合成原理的不同，常将纹理合成的方法划分为过程纹理合成（Procedural Texture Synthesis，PTS）和基于采样的纹理合成（Texture Synthesis from Samples，TSFS）。

PTS 通过对物理生成过程的仿真直接在曲面上生成纹理，如毛发、云雾、木纹等。这种方法可以逼真地生成纹理图案，前提是对该纹理的生成过程进行了准确的物理建模。这显然是非常困难的，因此对于较为复杂的纹理生成问题，PTS 不适用。

TSFS 通过分析给定样图的纹理特征来生成大面积纹理。TSFS 既能保证纹理的相似性和连续性，又避免了 PTS 中建立物理模型的烦琐过程。其传统的算法主要有特征匹配算法、基于马尔可夫链随机场模型的合成算法，以及基于纹理块拼接的纹理合成算法。近些年发展较快的是基于深度学习的纹理合成方法。

参考图像合成是由随机图像映射为与参考图像相同纹理分布的图像的过程。利用可调滤波（Steerable Filter）对图像进行分解，保留图像所有的信息，与原始图像相比，提供更多的独立通道信息，然后通过灰度直方图完成灰度分布的匹配，完成参考图像合成。

1. 可调滤波分解

高斯滤波是一种各向同性滤波，如果想要对特定方向进行滤波，可使用 Steerable 滤波。二维高斯函数 $G(x,y)=\mathrm{e}^{-(x^2+y^2)}$ 取一阶偏导可得

$$G_1^0 = \frac{\partial G(x,y)}{\partial x} = -2x\mathrm{e}^{-(x^2+y^2)} \qquad G_1^{\pi/2} = \frac{\partial G(x,y)}{\partial y} = -2y\mathrm{e}^{-(x^2+y^2)}$$

这就是两个轴向上的一阶 Steerable 滤波函数。那么，任意角度的一阶 Steerable 滤波函数为

$$G_1^\theta = \sin\theta G_1^0 + \cos\theta G_1^{\pi/2}$$

Steerable 滤波方向可调滤波器，通过在不同方向上产生模板，然后用不同方向上的模板去卷积图像，就能得到图像的边缘。产生的模板分不同阶，不同阶有不同的系数，系数分幅度系数和方向系数，最后的模板是不同方向上的系数相乘再相加。3 个尺度、4 个方向的可调滤波图像分解如图 4-2-5 所示。4 个尺度、4 个方向的可调滤波图像分解如图 4-2-6所示。

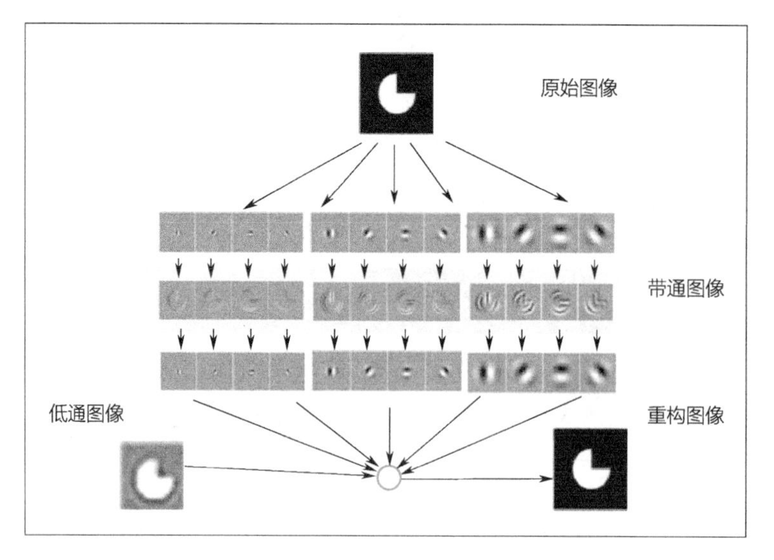

图4-2-5 3个尺度、4个方向的可调滤波图像分解

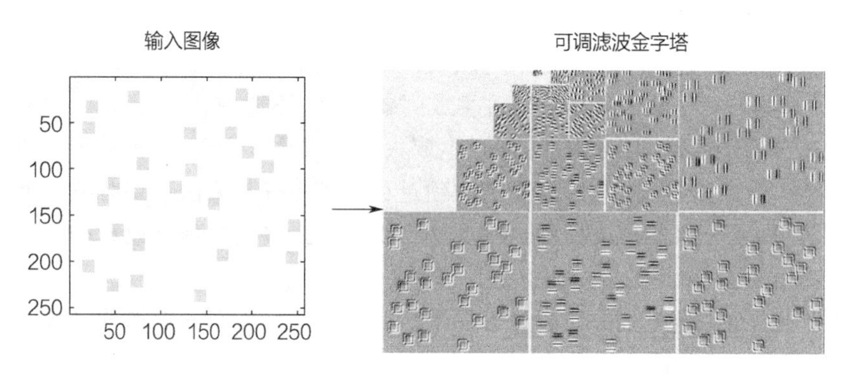

图4-2-6 4个尺度、4个方向的可调滤波图像分解

2. 直方图匹配

图像直方图表示图像的像素分布情况，反映了具有特定像素值的图像点数量。假设正常图像的像素强度在0~255之间变化，为了生成其直方图，只需要计算像素值为0的像素数量，然后计算像素值为1的像素数量，直到计算像素值为255的即可。图像直方图示例如图4-2-7所示。

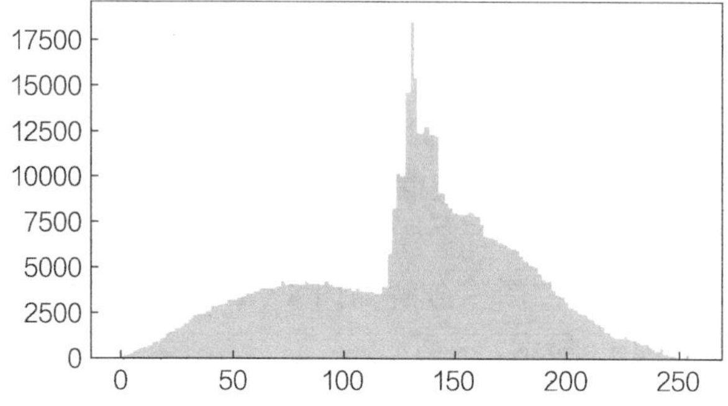

图4-2-7 图像直方图示例

直方图均衡化是图像处理领域中利用图像直方图对对比度进行调整的方法。这种方法通常用来增加许多图像的局部对比度，尤其是当图像的有用数据的对比度相当接近的时候，通过这种方法，亮度可以更好地在直方图上分布，这样就可以用于增强局部的对比度而不影响整体的对比度。直方图均衡化通过有效地扩展常用的亮度来实现这种功能，如图4-2-8所示。

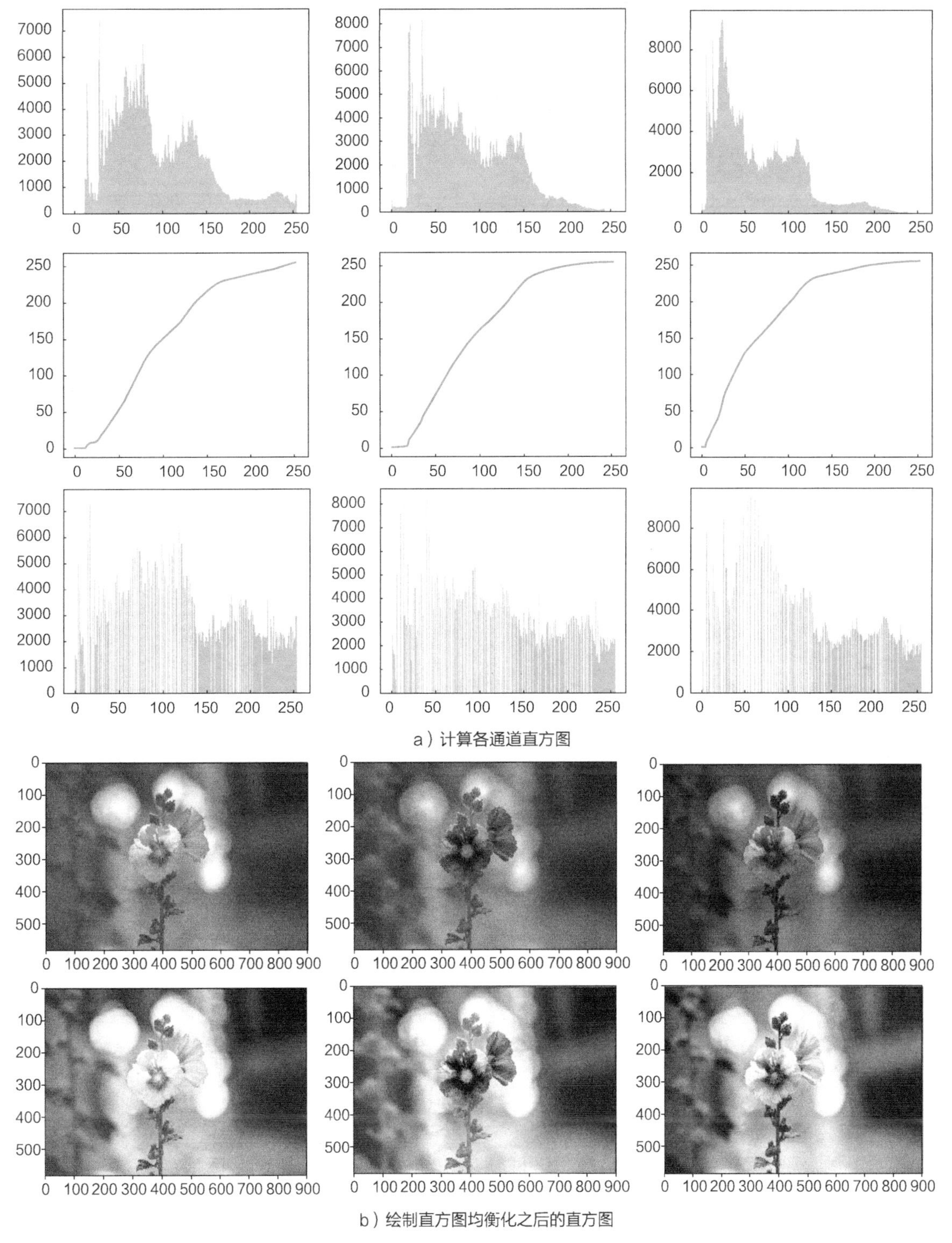

a）计算各通道直方图

b）绘制直方图均衡化之后的直方图

图4-2-8　直方图均衡化

c）原始图像与均衡化之后的图像对比

图4-2-8 直方图均衡化（续）

直方图匹配又称为直方图规定化，是指将一幅图像的直方图变成规定形状的直方图而进行图像增强的方法，即将某幅图像或某一区域的直方图匹配到另一幅图像上，使两幅图像的色调保持一致。可以在单波段图像直方图之间进行匹配，也可以对多波段图像进行同时匹配。

假设有两个图像，每个图像都有其特定的直方图。为了匹配图像 A 和 B 的直方图，需要首先均衡两个图像的直方图，然后使用均衡后的直方图将 A 的每个像素映射到 B，基于 B 修改 A 的每个像素，如图 4-2-9 所示。

a）原图 A

b）原图 B

c）映射后的图像

图4-2-9 直方图匹配实例

4.3 局部图像特征

1. 局部图像特征的概念和类型

局部图像特征是图像特征的局部表达，它反映了图像上具有的局部特性，适合于对图像进行匹配、检索等应用。与线特征、纹理特征、结构特征等全局图像特征相比，局部图像特征具有在图像中蕴含数量丰富、特征间相关度小，以及遮挡情况下不会因为部分特征的消失而影响其他特征的检测和匹配等特点。

常见的局部特征主要包括点特征、区域特征，如图 4-3-1 所示。图像的局部特征主要应用于三维重建、目标识别、特征匹配和图像拼接等。

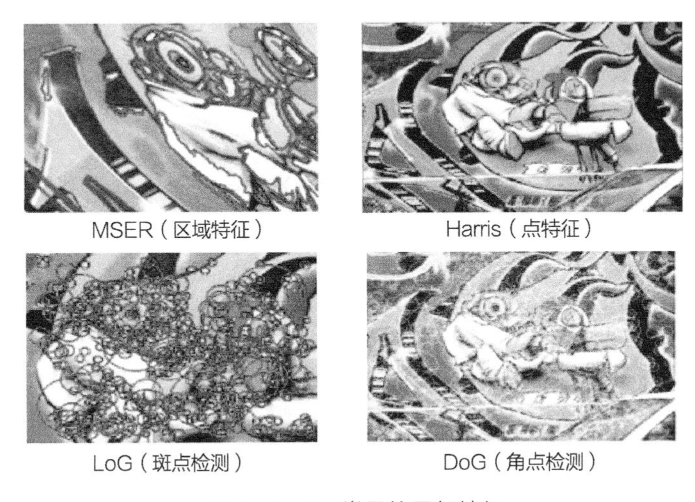

图 4-3-1　常见的局部特征

2. 局部特征检测与描述方法

局部特征检测与描述方法包括传统人工设计方法与基于深度学习方法等。特征检测与描述的发展趋势如图 4-3-2 所示。

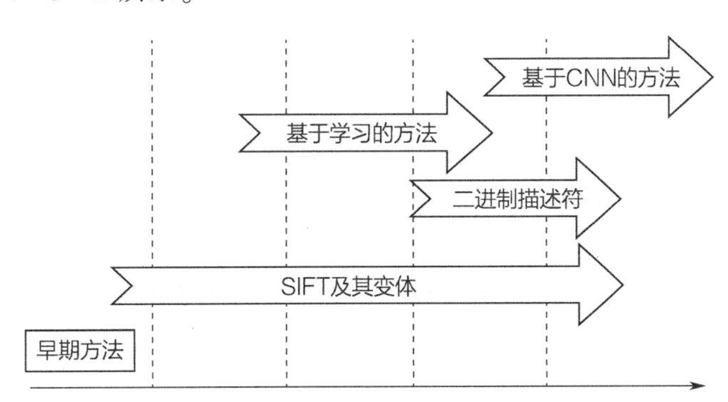

图 4-3-2　特征检测与描述的发展趋势

（1）人工设计的局部特征检测与描述方法　计算机视觉相关任务都需要先提取特征，然后基于所提取的特征进行分类、分割、视觉问答等。其中人工设计特征和典型的局部描述方法包括时空兴趣点特征（STIP）、方向梯度直方图（HOG）、光流方向直方图（HOF）、密集轨迹特征（DT）等。它基于图像的纹理信息、视觉形态和不同帧之间的运动信息等对不同的行为进行分类和识别。

人工设计的局部特征检测与描述方法发展过程如图 4-3-3 所示。

SIFT（Scale Invariant Feature Transform，尺度不变特征变换）于 1999 年由 D. Lowe 首次提出，是针对局部特征进行特征提取，在尺度空间寻找极值点，提取位置、尺度、旋转不变量，生成特征描述子。SIFT 的提出是局部图像特征描述子研究领域的一项里程碑。由于 SIFT 对尺度、旋转，以及一定视角和光照变化等图像变化都具有不变性，并且 SIFT 具有很强的可区分性，自它提出以来，很快在物体识别、宽基线图像匹配、三维重建、图像检索中得到了应用。

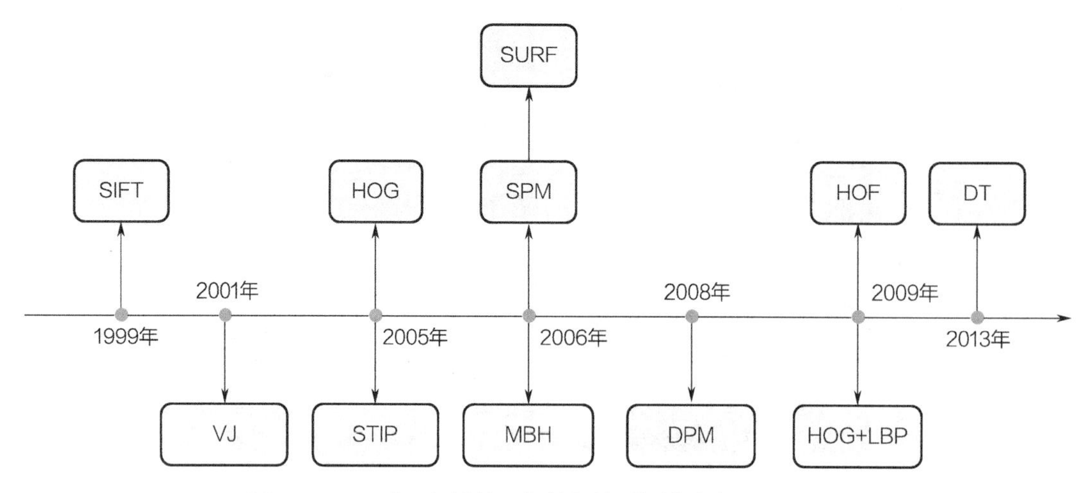

图4-3-3 人工设计的局部特征检测与描述方法发展过程

VJ（Viola Jones）检测器使用滑动窗口检测方式，为了达到实时效果使用了积分图、特征选择、检测级联三项技术。在VJ检测器中使用Haar小波作为图像的特征表示。积分图像使得VJ检测器中每个窗口的计算复杂度与其窗口大小无关。VJ检测器引入了多级检测范式（又称“检测级联”），通过减少对背景窗口的计算，更多地对人脸目标进行计算，从而减少了计算开销。

HOG（Histogram of Oriented Gradient，方向梯度直方图）最初是由N. Dalal和B. Triggs在2005年提出的。HOG被认为是对尺度不变特征变换的重要改进。为了平衡特征不变性（包括平移、尺度、光照等）和非线性（在区分不同目标类别上），将HOG设计为在密集的均匀间隔单元网格上进行计算，并使用重叠局部对比度归一化（在“块”上）来提高精度。HOG可以用来检测各种目标类，但主要用来进行人脸检测。为了检测不同大小的目标，HOG检测器在保持检测窗口大小不变的情况下，对输入图像进行多次重标。

STIP（Spatial Temporal Interest Point，时空兴趣点特征）提出了检测视频数据特征点，即时空特征点，并将该特征应用于行为识别。其算法为：首先对视频进行时间和空间上的尺度变换，即通过不同尺度的高斯滤波函数将视频转为线性尺度空间表示，得到3D Harris的时空域表达形式；其次进行时空尺度自适应调整，通过尺度归一化来去除尺度因子对兴趣点的影响，归一化时空尺度的极大值（拉普拉斯极大值）就是角点函数的极大值，采用类似EM（Expectation-Maximum）的算法计算能达到极大值的尺度，同时在该尺度下重新计算兴趣点的位置，直到位置与尺度收敛；最后，对这些时空兴趣点去除噪声，进行分类并分别用向量表示，用马氏距离的k-means进行聚类。

SURF（Speeded Up Robust Features，加速稳健特征）是对SIFT的改进，它利用Haar-like features小波来近似SIFT方法中的梯度操作，同时利用积分图技术进行快速计算，SURF的速度是SIFT的3～7倍，大部分情况下它和SIFT的性能相当，因此它在很多领域得到了应用，尤其适用于对运行时间要求高的场合。

LBP（Local Binary Pattern，局部二值模式）是一种用来描述图像局部纹理特征的算子，它具有旋转不变性和灰度不变性等显著的优点。它由T. Ojala、M. Pietikäinen和D. Harwood在1994年提出。它用于纹理特征提取，提取的特征是图像局部的纹理特征。

HOF（Histogram of Optical Flow，光流方向直方图）与HOG类似，是对光流方向进行加权统计，得到光流方向信息直方图。对于空间运动物体在观察成像平面上的像素运动的瞬时速度，利用图像序列中像素在时间域上的变化及相邻帧之间的相关性找到上一帧跟当前帧之间存在的对应关系，从而计算出相邻帧之间物体的运动信息的一种方法。光流是由场景中前景目标本身的移动、相机的运动，或者两者的共同运动所产生的。其计算方法可以分为三类：基于区域或者基于特征的匹配方法、基于频域的方法、基于梯度的方法。

DT（Dense Trajectory，密集轨迹特征）利用光流场来获得视频序列中的一些轨迹，再沿着轨迹提取HOF、HOG、MBH、trajectory四种特征，利用FV（Fisher Vector）方法对特征进行编码，再基于编码结果训练SVM分类器。

（2）基于深度学习的局部特征检测与描述方法　传统的特征提取和特征描述方式需要人工去手动提取特征点，然后设计特征描述符。目前随着深度学习的发展，越来越多地使用学习的方式来提取特征点或者是计算特征点的描述符，下面介绍MatchNet和L2Net这两种方法。

1）MatchNet。X. Han、T. Leung、Y. Jia等人于2015年在CVPR发表的论文中提出了MatchNet这个概念。该文提出一种基于深度学习的图块匹配方法，其思路是利用孪生网络分别提取两个图块的特征信息，然后利用全连接层计算图块之间的相似度，最后利用预测两个值分别表示图块匹配或不匹配的概率。

MatchNet首先通过采样的方式获取训练的样本，样本是两个图块，并对图块进行预处理，将图像的灰度值进行归一化。然后，分别用两个结构相同权重共享的卷积神经网络对两个图块进行特征提取，提取得到的特征会通过一个瓶颈层（Bottleneck）将特征维度进行压缩。接着，将两个图块提取的特征图级联结起来送入度量网络中，度量网络是由三个全连接层构成。最后，通过一个Softmax层输出两个预测值，分别表示两个图块匹配或不匹配的概率。

MatchNet训练时的架构如图4-3-4所示。

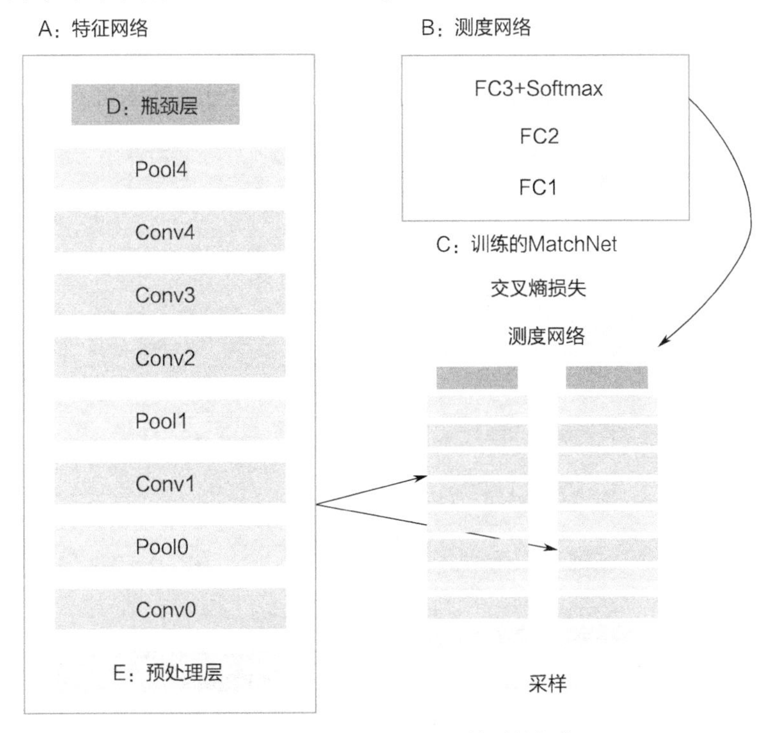

图4-3-4　MatchNet训练时的架构

MatchNet 训练时的架构主要包括以下几个部分。

A：特征网络（Feature Network）。特征网络用于提取输入图块（patch）的特征，主要根据 AlexNet 改变而来，较之有些许变化。卷积和池化（pool）层的两段分别有预处理层（Preprocess Layer）和瓶颈层（Bottleneck Layer），各自起到归一化数据和降维，以及防止过拟合的作用，其中激活函数为 ReLU。

B：测度网络（Metric Network）。测度网络主要用于特征比较（Feature Comparison），3 层FC 加上 Softmax，输出得到图像块相似度概率。

C：训练的 MatchNet（MatchNet in Training）。在训练阶段，特征网络用作“双塔”，共享参数。双塔的输出串联在一起作为度量网络的输入。在预测的时候，这两个子网络 A 和 B 方便地用在两阶段预测管道（Two-Stage Pipeline）。

D：瓶颈层（Bottleneck Layer）。用来减少特征表示向量的维度，尽量避免过拟合。在特征提取网络和全连接层之间，控制输入到全连接层的特征向量的维度。

E：预处理层（Preprocessing Layer）。输入图像块预处理，归一化到（-1，1）之间。

2）L2Net。Yurun Tian、Bin Fan、Fuchao Wu 等人于 2017 年在 CVPR 上发表的论文中提出了 L2Net 这个概念。该网络架构提出了一种新的采样策略。

- 使网络在少数的 epoch 迭代中，接触百万量级的训练样本。
- 基于局部图像块匹配问题，强调度量描述子的相对距离。
- 在中间特征图上加入额外的监督。
- 描述符具有紧实性。

L2Net 网络框架如图 4-3-5 所示。图 4-3-5a 图是基本架构，其中利用的是全卷积网络，同时特征图降维是利用卷积层的跨距设置为 2 实现的。每个卷积后面都跟着一个 BN 层，BN 层的参数不会在训练过程中去更新（w 和 b 固定为 1 和 0）。网络最后使用 Local Response Normalization（LRN）层输出一个单位特征向量。输入是 32×32 大小的图像块，输出是 128d 的特征向量。同时参考 DeepPatchMatch 和 DeepCompare，实现了 Central Surround（CS）L2Net，如图 4-3-5b 所示。左边分支输入是原始的图像块，右边分支输入是在原始图像块的基础

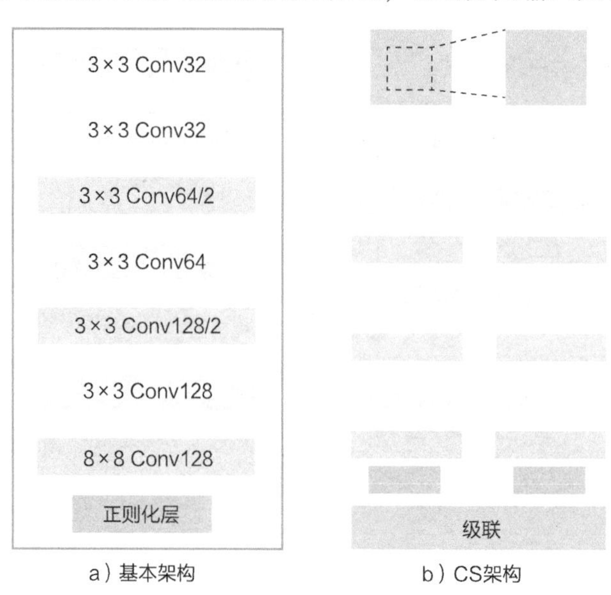

图 4-3-5 L2Net 网络框架

上中间剪切，然后调整到同样大小，然后经过同样的网络，把最后特征向量拼接在一起，得到最后的特征向量。

CS 这种操作的好处是为了处理特征比例不变性的问题，但是有个疑问就是 CNN 框架是也可以处理这种比例情况的，估计是效果不太好。

3. SIFT 特征

尺度不变特征转换（Scale Invariant Feature Transform，SIFT）方法是人工设计特征提取方法中的里程碑算法，提取的特征向量具有尺度、旋转、平移、光照等良好不变性，常用于特征匹配、图像拼接、目标识别等领域。

在计算机视觉任务中。SIFT 可以帮助定位图像中的局部特征，即图像的“关键点”。这些关键点是比例尺和旋转不变量，可用于各种计算机视觉应用，如图像匹配、物体检测、场景检测等，还可以将通过 SIFT 生成的关键点用作模型训练期间的图像特征。与边缘特征或单一特征相比，SIFT 特征的主要优势在于它们不受图像大小或方向的影响。

SIFT 算法具有如下特点。

- 图像的局部特征对旋转、尺度缩放、亮度变化保持不变，对视角变化、仿射变换、噪声也保持一定程度的稳定性。
- 独特性好，信息量丰富，适用于海量特征库进行快速、准确的匹配。
- 多量性，即使是很少几个物体也可以产生大量的 SIFT 特征。
- 高速性，经优化的 SIFT 匹配算法甚至可以达到实时性。
- 扩展性，可以很方便地与其他的特征向量进行联合。

SIFT 是通过一个特征向量来描述关键点周围区域的情况。SIFT 在不同的尺度空间上查找关键点，并计算出关键点的方向。SIFT 的原理如图 4 - 3 - 6 所示。

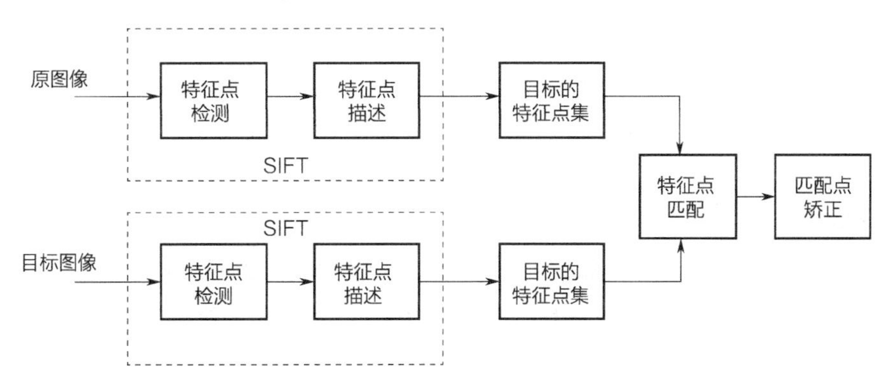

图 4 - 3 - 6　SIFT 原理

SIFT 算法实现特征匹配需要解决以下三个关键问题。

1）提取关键点。关键点是一些十分突出的，不会因光照、尺度、旋转等因素而消失的点，如角点、边缘点、暗区域的亮点及亮区域的暗点。此步骤是搜索所有尺度空间上的图像位置，通过高斯微分函数来识别潜在的具有尺度和旋转不变的关键点。

2）定位关键点并确定特征方向。在每个候选的位置上，通过一个拟合精细的模型来确定位置和尺度。关键点的选择依据它们的稳定程度，然后基于图像局部的梯度方向分配给每个关键点位置一个或多个方向。后面的所有对图像数据的操作都相对于关键点的方向、尺度和位置进行变换，从而提供对于这些变换的不变性。

3）通过各关键点的特征向量，进行两两比较找出相互匹配的若干对特征点，建立景物间的对应关系。

下面介绍如何解决上述三个关键问题。

（1）尺度空间构建　构造尺度空间的传统方法是构造一个高斯金字塔，原始图像作为最底层，然后对图像进行高斯模糊再下采样（2 倍）作为下一层图像（即尺度越大图像越模糊），循环迭代下去。

对图像和高斯函数进行卷积运算能够对图像进行模糊，使用不同的高斯函数可得到不同模糊程度的图像，一幅图像的高斯尺度空间可由其和不同的高斯函数卷积得到。一个图像的尺度空间 $L(x,y,\sigma)$ 定义为原始图像 $I(x,y)$ 与一个可变尺度的二维高斯函数 $G(x,y,\sigma)$ 的卷积运算。二维空间高斯函数表达式为

$$G(x,y,\sigma)=\frac{1}{2\pi\sigma^2}e^{-(x^2+y^2)/2\sigma^2}$$

图像的尺度空间就是二维高斯函数与原始图像卷积运算后的结果。尺度空间的表达式为

$$L(x,y,\sigma)=G(x,y,\sigma)*I(x,y)$$

式中，σ 称为尺度空间因子，它是高斯正态分布的标准差，反映了图像被模糊的程度，其值越大，图像越模糊，对应的尺度空间也就越大；$L(x,y,\sigma)$ 代表着图像的高斯尺度空间。

尺度空间的构建过程是：首先建立高斯金字塔和 DoG（Difference of Gaussian）金字塔；然后在 DoG 金字塔里面进行极值检测，以初步确定特征点的位置和所在尺度空间。

1）建立高斯金字塔。为了得到在不同尺度空间下的稳定特征点，将图像 $I(x,y)$ 与不同尺度因子下的高斯函数 $G(x,y,\sigma)$ 进行卷积操作，构成高斯金字塔。在高斯金字塔中，两个变量很重要，即第几个八度（o）和八度中的第几层（s）。将这两个变量合起来（o,s）就构成了高斯金字塔的尺度空间。高斯金字塔有 o 阶，一般为 4 阶，每一阶有 s 层尺度图像，s 一般为 5 层。在高斯金字塔的构成中要注意，第 1 阶的第 1 层是放大 2 倍的原始图像，其目的是为了得到更多的特征点。在同一阶中，相邻两层的尺度因子比例系数是 k，则第 1 阶第 2 层的尺度因子是 $k\sigma$，然后其他层以此类推即可；第 2 阶的第 1 层由第一阶的中间层尺度图像进行子抽样获得，其尺度因子是 $k^2\sigma$，然后第 2 阶的第 2 层的尺度因子是第 1 层的 k 倍即 $k^3\sigma$。第 3 阶的第 1 层由第 2 阶的中间层尺度图像进行子抽样获得。其他阶的构成以此类推。

2）建立 DoG 金字塔。DoG 即相邻两尺度空间函数之差，用 $D(x,y,\sigma)$ 表示，则

$$D(x,y,\sigma)=(G(x,y,k\sigma)-G(x,y,\sigma))*I(x,y)=L(x,y,k\sigma)-L(x,y,\sigma)$$

可见，DoG 金字塔通过高斯金字塔中相邻尺度空间函数相减即可得到。如图 4-3-7 所示，DoG 金字塔的第 1 层的尺度因子与高斯金字塔的第 1 层是一致的，其他阶也一样。

3）DoG 空间的极值检测。在上面建立的 DoG 尺度空间金字塔中，为了检测到 DoG 空间的最大值和最小值，DoG 尺度空间中的中间层（最底层和最顶层除外）的每个像素点需要跟同一层的相邻 8 个像素点，以及它上一层和下一层的 9 个相邻像素点，总共 26 个相邻像素点进行比较，以确保在尺度空间和二维图像空间都检测到局部极值，如图 4-3-8 所示。

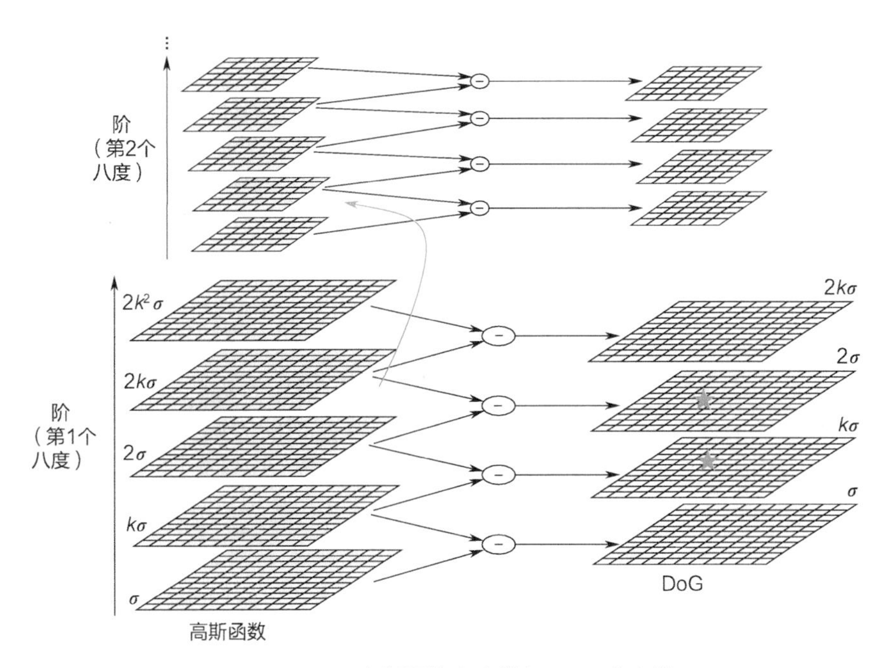

图4－3－7　高斯图像金字塔与 DoG 金字塔

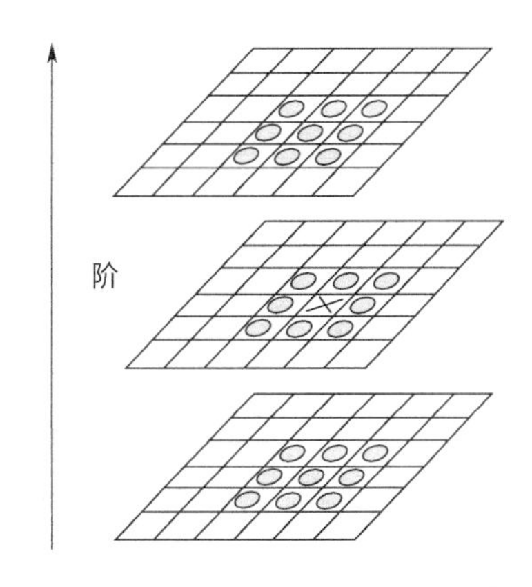

图4－3－8　DoG 空间局部极值检测

在图4－3－8 中，标记为叉号的像素如果比相邻26 个像素的 DoG 值都大或都小，则该点将作为一个局部极值点，记下它的位置和对应尺度。

可以通过高斯差分图像看出图像上的像素值变化情况（如果没有变化，也就没有特征。特征必须是变化尽可能多的点）。DoG 图像描绘的是目标的轮廓。

（2）关键点的精确定位　利用已知的离散空间点插值得到的连续空间极值点的方法叫作子像素插值（Sub-Pixel Interpolation）。为了提高关键点的稳定性，需要对尺度空间 DoG 函数进行曲线拟合，这就需要将离散值转换为连续值，人们很容易会想到泰勒展开式。尺度空间函数 $D(x,y,\boldsymbol{\sigma})$，在局部极值点（$x_0,y_0,\boldsymbol{\sigma}$）处的泰勒展开式为

$$\boldsymbol{D}(\boldsymbol{X})=\boldsymbol{D}+\frac{\partial \boldsymbol{D}^{\mathrm{T}}}{\partial \boldsymbol{X}}\boldsymbol{X}+\frac{1}{2}\boldsymbol{X}^{\mathrm{T}}\frac{\partial^2 \boldsymbol{D}}{\partial \boldsymbol{X}^2}\boldsymbol{X}$$

式中，$\boldsymbol{X}=[x,y,\sigma]^{\mathrm{T}}$，$\boldsymbol{D}$ 为 $D(x_0,y_0,\sigma)$，$\frac{\partial \boldsymbol{D}}{\partial \boldsymbol{X}}=\begin{bmatrix}\frac{\partial D}{\partial \sigma}\\ \frac{\partial D}{\partial y}\\ \frac{\partial D}{\partial x}\end{bmatrix}$，$\frac{\partial^2 \boldsymbol{D}}{\partial \boldsymbol{X}^2}=\begin{bmatrix}\frac{\partial^2 D}{\partial \sigma^2} & \frac{\partial^2 D}{\partial \sigma y} & \frac{\partial^2 D}{\partial \sigma x}\\ \frac{\partial^2 D}{\partial \sigma y} & \frac{\partial^2 D}{\partial y^2} & \frac{\partial^2 D}{\partial yx}\\ \frac{\partial^2 D}{\partial \sigma x} & \frac{\partial^2 D}{\partial yx} & \frac{\partial^2 D}{\partial x^2}\end{bmatrix}$，求导并让方程等于零，可以得到极值点的偏移量为

$$\hat{\boldsymbol{X}}=-\frac{\partial^2 \boldsymbol{D}^{-1}}{\partial \boldsymbol{X}^2}\frac{\partial \boldsymbol{D}}{\partial \boldsymbol{X}}$$

其中，$\boldsymbol{X}=(x,y,\sigma)^{\mathrm{T}}$ 代表相对插值中心的偏移量，当它在任一维度上的偏移量大于 0.5 时，意味着插值中心已经偏移到它的邻近点上，所以必须改变当前关键点的位置。同时，在新的位置上反复插值直到收敛。也有可能超出所设定的迭代次数或者超出图像边界的范围，此时这样的点应该删除。

（3）特征点提纯　此时的极值点是比较精确的了，但还不够准确。有些极值点不是想要的，当中有一大部分是边缘区域产生的极值点。因为物体的边缘轮廓在灰度图中存在着灰度值的突变，这样的点在计算中就会被误以为是特征值。

仔细分析，边缘区域在纵向上灰度值突变很大，但是在横向上的变化就很小。好比用黑笔在白纸上水平画一条线段，从垂直方向看，黑色线与白色区域的突变很大，但从水平方向看，黑色线上某一点的水平临近点仍然是黑点，突变程度非常小。

由于这一特殊性质，利用黑塞（Hesse）矩阵来求曲率。在这里构造一个 2×2 的黑塞矩阵 $\boldsymbol{H}=\begin{bmatrix}D_{xx} & D_{xy}\\ D_{xy} & D_{yy}\end{bmatrix}$，通过该黑塞矩阵来计算主曲率。由于 D 的主曲率与 $\boldsymbol{H}$ 矩阵的特征值成比例，这里不具体求特征值，而是求其比例 Ratio。设 α 是最大幅值特征 β 是次小的，$\gamma=\frac{\alpha}{\beta}$，Radio 可以利用下面公式计算出来：

$$\mathrm{Tr}(\boldsymbol{H})=D_{xx}+D_{yy}=\alpha+\beta$$

$$\mathrm{Det}(\boldsymbol{H})=D_{xx}D_{yy}-(D_{yy})^2=\alpha\beta$$

$$\mathrm{Radio}=\frac{\mathrm{Tr}(\boldsymbol{H})^2}{\mathrm{Det}(\boldsymbol{H})}=\frac{(\alpha+\beta)^2}{\alpha\beta}=\frac{(\gamma\beta+\beta)^2}{\gamma\beta^2}=\frac{(\gamma+1)^2}{\gamma}$$

当 $\frac{\mathrm{Tr}(\boldsymbol{H})}{\mathrm{Det}(\boldsymbol{H})}>\mathrm{Ratio}$ 时，认为该点是位于边界上的不稳定点，舍去该点。

（4）确定特征点主方向　利用特征点邻域像素的梯度方向分布特性为每个特征点指定方向参数，使算子具备旋转不变性。通过尺度不变性求极值点，可以使其具有缩放不变的性质。而利用关键点邻域像素的梯度方向分布特性，可以为每个关键点指定方向参数，从而使描述子对图像旋转具有不变性。通过求每个极值点的梯度来为极值点赋予方向。像素点的梯度可表示为

$$\mathrm{grad}\ I(x,y)=\left[\frac{\partial I}{\partial x},\frac{\partial I}{\partial y}\right]$$

梯度模值可表示为

$$m(x,y)=\sqrt{(L(x+1,y)-L(x-1,y))^2+(L(x,y+1)-L(x,y-1))^2}$$

梯度方向为

$$\theta(x,y)=\operatorname{atan2}((L(x,y+1)-L(x,y-1))/(L(x+1,y)-L(x-1,y)))$$

上式为 (x,y) 处的梯度值和方向。L 为所用的尺度为每个特征点各自所在的尺度，(x,y) 要确定是哪一阶的哪一层。在实际计算过程中，在以特征点为中心的邻域窗口内采样，并用梯度方向直方图统计邻域像素的梯度方向。梯度方向直方图的范围是 0°~360°，每 10°一个柱，总共 36 个柱。梯度方向直方图的峰值则代表了该特征点处邻域梯度的主方向，即作为该特征点的方向。在梯度方向直方图中，当存在另一个相当于主峰值 80% 能量的峰值时，则认为这个方向是该特征点的辅方向。一个特征点可能会被指定具有多个方向（一个主方向，一个及一个以上辅方向），这可以增强匹配的鲁棒性。

通过上面的三个式子，图像的特征点已检测完毕，每个特征点有三个信息：位置、对应尺度、方向。

（5）生成 SIFT 特征向量　将坐标轴旋转为特征点的方向，以确保旋转不变性，以特征点为中心取 8×8 的窗口（特征点所在的行和列不取）。在图 4-3-9a 中央黑点为当前特征点的位置，每个小格代表特征点域所在尺度空间的一个像素，箭头方向代表该像素的梯度方向，箭头长度代表梯度模值，图中圈内代表高斯加权的范围（越靠近特征点的像素，梯度方向信息贡献越大）。然后，在每个 4×4 的图像小块上计算 8 个方向的梯度方向直方图，绘制每个梯度方向的累加值，形成一个种子点。如图 4-3-9b 所示，一个特征点由 2×2=4 个种子点组成，每个种子点有 8 个方向向量信息，可产生 2×2×8=32 个数据，形成 32 维的 SIFT 特征向量，即特征点描述子，所需的图像数据块为 8×8。这种邻域方向性信息联合的思想增强了算法抗噪声的能力，同时对含有定位误差的特征匹配也提供了较好的容错性。实际计算过程中，为了增强匹配的稳健性，建议对每个特征点使用 4×4=16 个种子点来描述，每个种子点有 8 个方向向量信息，这样对于一个特征点就可以产生 4×4×8=128 个数据，最终形成 128 维的 SIFT 特征向量，所需的图像数据块为 16×16。此时，SIFT 特征向量已经去除了尺度变化、旋转等几何变形因素的影响，再继续将特征向量的长度归一化，则可以进一步去除光照变化的影响。

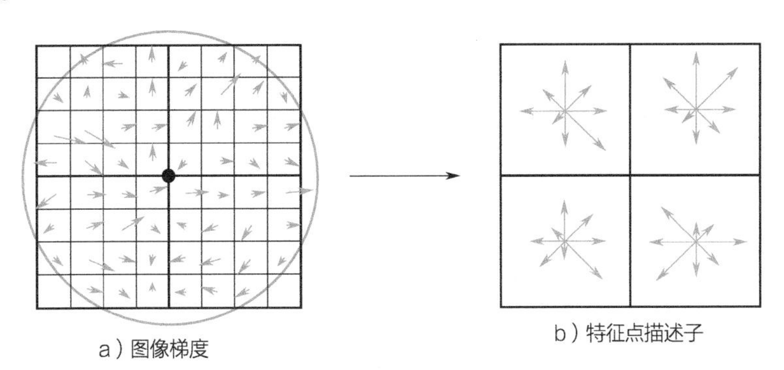

图 4-3-9　SIFT 图像梯度及特征点描述子

（6）SIFT 特征向量的匹配　当两幅图像的 SIFT 特征向量，即特征点描述子生成后，下一步就是进行特征向量的匹配。首先，进行相似性度量。一般采用各种距离函数作为特征的相似性度量，如欧氏距离、马氏距离等，多采用欧氏距离作为两幅图像间的相似性度量。获取 SIFT 特征向量后，采用优先 k-d 树进行优先搜索来查找每个特征点的两个近似最近邻特征点。在这两个特征点中，如果最近的距离除以次近的距离少于某个比例阈值，则接受这一对匹配点。降低这个比例阈值，SIFT 匹配点数目会减少，但更加稳定。其次，消除错配。通过相似性度量得到潜在匹配对，其中不可避免会产生一些错误匹配，因此需要根据几何约束和其他附加约束消除错误匹配，提高鲁棒性。常用的去外点方法是 RANSAC 随机抽样一致性算法，常用的几何约束是极线约束关系。

利用 OpenCV 采用 SIFT 算法提取图像角点的代码如下：

```
import cv2
imgpath ='Sun Wukong.jpg'
img = cv2.imread(imgpath)
gray = cv2.cvtColor(img, cv2.COLOR_BGR2GRAY)
sift = cv2.xfeatures2d.SIFT_create()
keypoints, descriptor = sift.detectAndCompute(gray, None)
img = cv2.drawKeypoints(image = img, outImage = img, keypoints = keypoints,
    flags = cv2.DRAW_MATCHES_FLAGS_DEFAULT, color = (51, 163, 236))
cv2.imshow('sift_keypoints', img)
while(True):
if cv2.waitKey(120) & 0xff = = ord("q"):
break
cv2.destroyAllWindows()
```

输出结果如图 4-3-10 所示。

图 4-3-10 采用 SIFT 算法提取图像的角点示例

第5章
目标检测

5.1 目标检测简介

第5章导学

目标检测是指从复杂的图像（视频）背景中定位出目标，并分离背景，对目标进行分类，找到感兴趣的目标，从而更好地完成后续的跟踪、信息处理与响应等任务。目标检测在很多领域都有应用，如对人脸、车辆等的检测，在一些交叉领域也有应用，如自动驾驶领域交通标志的识别、工程领域里材质表面的缺陷检测、农作物病害检测和医学图像检测等。对目标检测的研究很有实际价值。目标检测的应用如图5-1-1所示。

图5-1-1 目标检测的应用

目标检测（Object Detection）的任务是找出图像中所有感兴趣的目标（物体），确定它们的类别和位置。由于各类物体有不同的外观、形状和姿态，加上成像时光照、遮挡等因素的干扰，目标检测一直是计算机视觉领域具有挑战性的核心问题之一。

5.2 目标检测算法

目前学术和工业界出现的目标检测算法分成两类：传统的目标检测算法和基于深度学习的目标检测算法。

5.2.1 传统的目标检测算法

VJ、HOG+SVM、DPM、NMS 及这些方法的诸多改进和优化版等都属于传统的目标检测算法，都是基于图像处理的计算机视觉算法。传统的目标检测算法流程如图 5-2-1 所示。其应用示例如图 5-2-2 所示。

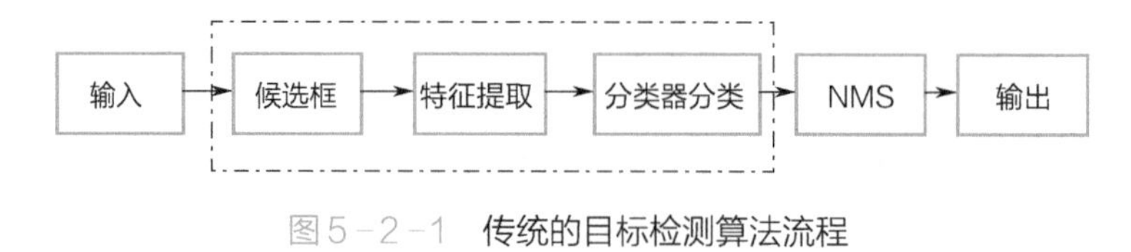

图 5-2-1 传统的目标检测算法流程

图 5-2-2 传统的目标检测算法应用示例

1. VJ 目标检测算法

2001 年，P. Viola 和 M. Jones 在没有任何约束（如皮肤颜色分割）的情况下，第一次实现了实时人脸检测。该检测器能够在保证检测正确率的情况下，比当时其他算法都要快十倍甚至上百倍。该检测算法后来被称为 VJ 检测器。

VJ 检测器采用最直接的检测方法，即滑动窗口（Slide Window），即查看一张图像中所有可能的窗口尺寸和位置并判断是否有窗口包含人脸。这一过程所需的计算量远远超出了当时计算机的算力。VJ 检测器结合了积分图像、特征选择和检测级联三种重要技术，大大提高了检测速度。

1）积分图像。这是一种计算方法，以加快盒滤波或卷积过程。与当时的其他目标检测算法一样，在 VJ 检测器中使用 Haar 小波作为图像的特征表示。积分图像使得 VJ 检测器中每个窗口的计算复杂度与其窗口大小无关。

2）特征选择。VJ 检测器没有使用一组手动选择的 Haar 基过滤器，而是使用 Adaboost 算法从一组巨大的随机特征池（大约 18 万维）中选择一组对人脸检测最有帮助的小特征。

3）检测级联。VJ 检测器中引入了一个多级检测范例（又称“检测级联”，Detection Cascades），通过减少对背景窗口的计算，而增加对人脸目标的计算，从而减少了计算成本。

2. HOG+SVM 检测算法

2006 年，HOG+SVM 方法出现，主要用于行人的检测，实现步骤如图 5-2-3 所示。

HOG（Histogram of Oriented Gradient，方向梯度直方图）是应用在计算机视觉和图像处理领域中用于目标检测的特征描述器。

输入图像 → Gamma矫正 → 计算图像梯度 → 计算梯度直方图 → Block特征归一化 → 得到HOG特征 → SVM

图5-2-3 HOG+SVM实现步骤

（1）HOG特征提取过程

1）对图片进行灰度化以及Gamma变换。采用Gamma校正法对输入图像进行颜色空间的标准化（归一化），目的是调节图像的对比度，降低图像局部的阴影和光照变化所造成的影响，同时可以抑制噪声的干扰。

2）计算梯度图。计算每一个点在 x 和 y 方向上的梯度值，并利用梯度值计算梯度角，每个像素点会转化为一个HOG特征值，也就是梯度图。

3）将图像划分成多个小的连通区域，把它称为细胞单元（Cell），分别统计每个细胞单元中各像素点的梯度或边缘方向直方图。

4）多个细胞单元组成一个块（Block），特征归一化。每一个细胞单元会得到一个18维的特征，然后假设每4个细胞单元组合成一个块，块的维度就是4×18维，维度没有变化。这样组合的意义在于组合后将特征进行归一化处理。

5）多个块串联并归一化。多个块串联时也会进行归一化处理。

需要说明的是，HOG+SVM一般都用OpenCV来实现，而且HOG特征通常维度较大，一般需要采用PCA（主成分分析）降维。

（2）HOG的优点

1）HOG能较好地捕捉局部形状信息，对几何和光学变化都有很好的不变性。

2）HOG特征向量中隐含了该块与检测窗口之间的空间位置关系。

（3）HOG的缺点

1）很难处理遮挡问题，人体姿势动作幅度过大或物体方向改变也不易被检测。

2）HOG不具有旋转不变性、尺度不变性。

3）由于梯度的性质，HOG对噪声点相当敏感。

SVM（Support Vector Machine，支持向量机）是一种二分类模型，它将示例的特征向量映射为空间中的一些点。SVM的目的就是要画出一条线，能较好地区分这两类点。

SVM适合中小型数据样本、非线性、高维的分类问题，实现步骤如下。

1）提取HOG特征。

2）训练SVM分类器。

3）利用滑动窗口提取目标区域，进行分类。

4）利用NMS算法进行候选框的筛选与合并。

5）输出最后检测的结果。

3. DPM算法

DPM（Deformable Parts Model）算法由Felzenszwalb于2010年提出，是一种基于部件的检测方法，对目标的形变具有很强的鲁棒性。目前DPM已成为分类、分割、姿态估计等算法的核心部分。DPM算法采用了改进后的HOG特征、SVM分类器和滑动窗口（Sliding Windows）检测思想，针对目标的多视角问题，采用了多组件（Component）的策略，针对目标本身的形变问题，采用了基于图结构（Pictorial Structure）的部件模型策略。此外，将样本所属的模型类别、部件模型的位置等作为潜变量（Latent Variable），采用多示例学习（Multiple-Instance Learning）来自动确定。

DPM V3 版本的目标检测模型由两个组件构成，即每一个组件由一个根模型和若干部件模型组成。图 5-2-4a 和图 5-2-4b 是某一个组件的根模型和部件模型的可视化效果，每个单元内都是 SVM 分类模型系数对梯度方向的加权叠加，梯度方向越亮的方向可以解释为行人具有此方向梯度的可能性越大。如图 5-2-4a 所示，根模型比较粗糙，大致呈现了一个直立的正面/背面行人。如图 5-2-4b 所示，部件模型为矩形框内的部分，共有 6 个部件，分辨率是根模型的两倍，这样能获得更好的效果，可以明显地看到头、手臂等部位。为了降低模型的复杂度，根模型和部件模型都是轴对称的。图 5-2-4c 所示为部件模型的偏离损失，越亮的区域表示偏离损失代价越大。部件模型的理想位置的偏离损失为 0。

a）根模型　　b) 部件模型　　c) 部件模型的偏离损失

图5-2-4　DPM 算法模型

DPM 首先采用类似 HOG 进行特征的提取，区别在于，DPM 中只保留了 HOG 中的细胞单元，假设一个 8×8 的细胞单元，将该细胞单元与其对角线临域的 4 个细胞单元做归一化操作。提取有符号的 HOG 梯度，在 0°~360°将产生 18 个梯度向量；提取无符号的 HOG 梯度，0°~180°将产生 9 个梯度向量。因此，一个 8×8 的细胞单元将会产生（18+9）×4=108 维特征，维度比较高。Felzenszwalb 给出了其优化思想：首先，只提取无符号的 HOG 梯度，将会产生 4×9=36 维特征，将其看成一个 4×9 的矩阵，分别将行和列分别相加，最终将生成 4+9=13 个特征向量；为了进一步提高精度，将提取的 18 维有符号的梯度特征也加进来，这样，一共产生 13+18=31 维梯度特征，实现了很好的目标检测。具体过程如图 5-2-5 所示。

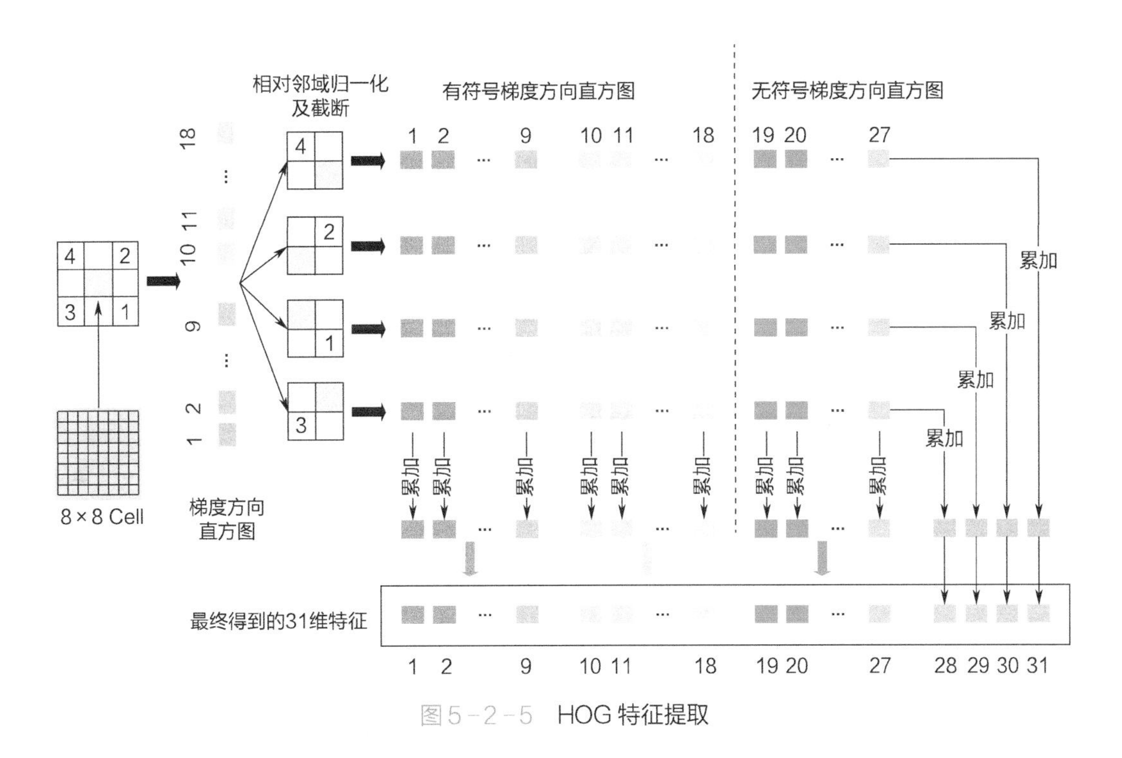

图5-2-5 HOG 特征提取

DPM 检测流程如图 5-2-6 所示。

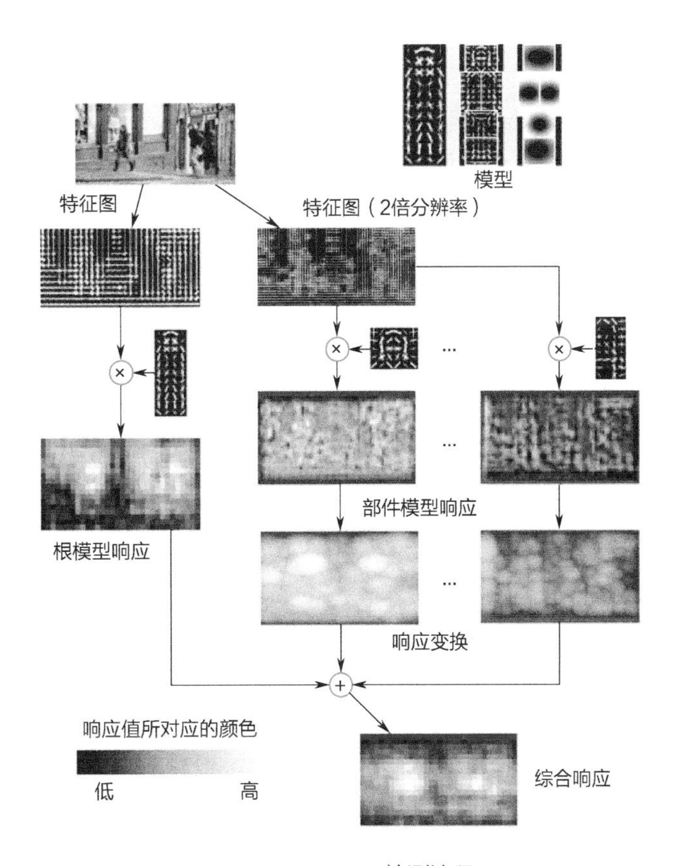

图5-2-6 DPM 检测流程

由图可知，对于任意一张输入图像，提取其 DPM 特征图，然后将原始图像进行高斯金字塔上采样，提取其 DPM 特征图。对于原始图像的 DPM 特征图和训练好的根模型做卷积操作，从而得到根模型的响应图。对于 2 倍图像的 DPM 特征图，和训练好的部件模型做卷积操作，从而得到部件模型的响应图。然后，对其精细高斯金字塔的下采样操作。这样，根模型的响应图和部件模型的响应图就具有相同的分辨率了。再对其进行加权平均，得到最终的响应图。亮度越大表示响应值越大。响应值得分公式为

$$\text{score}(x_0,y_0,l_0) = R_{0,l_0}(x_0,y_0) + \sum_{i=1}^{n} D_{i,l_0-\lambda}[2(x_0,y_0)+v_i] + b$$

式中，x_0,y_0,l_0 分别为锚点的横坐标、纵坐标和尺度；$R_{0,l_0}(x_0,y_0)$ 为根模型的响应分数；$D_{i,l_0-\lambda}[2(x_0,y_0)+v_i]$为部件模型的响应分数；$b$ 为不同模型组件之间的偏移系数，加上这个偏移量使其与根模型对齐；$2(x_0,y_0)$ 表示组件模型的像素为原始的 2 倍；v_i 为锚点和理想检测点之间的偏移系数。

部件模型的详细响应得分公式为

$$D_{i,j}(x,y) = max_{\mathrm{d}x,\mathrm{d}y}[R_{i,j}(x+\mathrm{d}x,y+\mathrm{d}y) - d_i \cdot \phi_d(\mathrm{d}x,\mathrm{d}y)]$$

式中，x,y 为训练的理想模型的位置；$R_{i,j}(x+\mathrm{d}x,y+\mathrm{d}y)$ 为组件模型的匹配得分；$d_i \cdot \phi_d(\mathrm{d}x,\mathrm{d}y)$ 为组件的偏移损失得分；d_i 为偏移损失系数；$\phi_d(\mathrm{d}x,\mathrm{d}y)$ 为组件模型的锚点和组件模型的检测点之间的距离。

该公式表明，组件模型的响应越高，各个组件和其相应的锚点距离越小，则响应分数越高，越有可能是待检测的物体。

4. 非极大值抑制算法

（1）起源　目前常用的目标检测算法，无论是 One-Stage 的 SSD 系列算法、YOLO 系列算法还是 Two-Stage 的基于 RCNN 系列的算法，非极大值抑制都是其中必不可少的一个组件。在现有的基于 Anchor 的目标检测算法中，都会产生数量巨大的候选矩形框，这些矩形框有很多是指向同一目标的，因此就存在大量冗余的候选矩形框。非极大值抑制算法的目的正是在于此，它可以消除多余的框，找到最佳的物体检测位置。

非极大值抑制（Non-Maximum Suppression，NMS）算法的思想是搜索局部极大值，抑制非极大值元素。针对不同的应用场景和检测算法，由于矩形框的表征方式不同，NMS 算法具有各种变体。

（2）经典 NMS　经典 NMS 第一次应用到目标检测是在 RCNN 算法中，其严格按照搜索局部极大值，抑制非极大值元素的思想来实现的，具体的实现步骤如下。

1）设定目标框的置信度阈值，常用的阈值在 0.5 左右。

2）根据置信度降序排列候选框列表。

3）选取置信度最高的框 A 添加到输出列表，并将其从候选框列表中删除。

4）计算 A 与候选框列表中的所有框的 IoU 值，删除大于阈值的候选框。

5）重复上述过程，直到候选框列表为空，返回输出列表。

其中，IoU（Intersection over Union）为交并比，IoU 相当于两个区域交叉的部分除以两个区域的并集部分得出的结果，即 $\text{IoU} = \dfrac{\text{Area of Overlap}}{\text{Area of Union}}$。

一般来说，$\text{IoU} > 0.5$ 就可以被认为是一个不错的结果。

下面通过一个具体例子来说明经典 NMS 究竟做了什么。图 5-2-7 的左图是包含一个检测目标的示例图片，其中的矩形框代表了经过目标检测算法后生成的大量的带置信度的边界框（Bounding Box），矩形框左下角的浮点数代表该边界框的置信度。在这里，使用 Python 实现经典 NMS 算法，并应用到该示例中去。当 NMS 的阈值设为 0.2 时，最后的效果如图 5-2-7 中的右图所示。

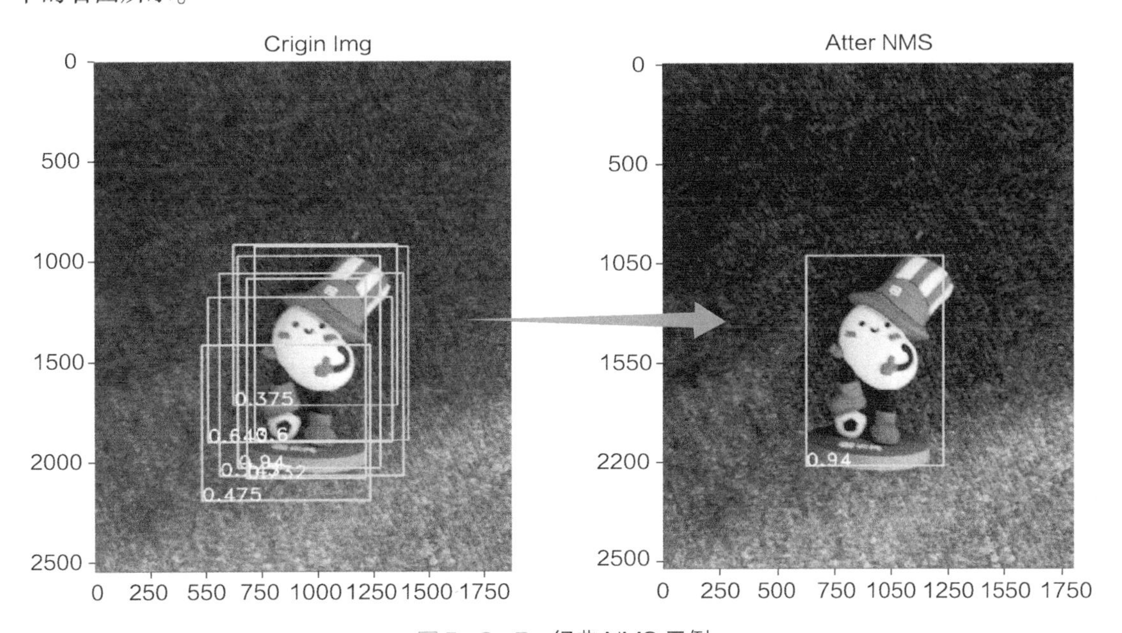

图 5-2-7 经典 NMS 示例

5.2.2 基于深度学习的目标检测算法

深度学习的目标检测算法相对于传统的目标检测算法能够提取更加高层和更好的表达目标的特征，还能将特征的提取、选择和分类集合在一个模型中。其发展历程如下。

- 2012 年，卷积神经网络（CNN）崛起，深度学习和计算机视觉结合。
- 2013 年，出现了 Overfeat，用卷积网络同时进行图像识别、定位和检测。
- 2014 年，Felzenszwalb 提出了 R-CNN（Region-CNN）检测算法，即 Two-Stage 目标检测算法出现。
- 2014 年，SPPNet（Spatial Pyramid Pooling Convolutional Network）诞生；
- 2015 年，R-CNN 的快速版 Fast RCNN、Faster RCNN 及 YOLO 出现。
- 2016 年，SSD（Single Shot MultiBox Detector）出现。
- 2017 年—2018 年，Pyramid Network、Retina-Net 等出现。

对常见的基于深度学习的目标检测算法进行分类概括，如图 5-2-8 所示。

1. 基于 Two-Stage 的目标检测

基于 Two-Stage 的目标检测分两步进行目标检测：首先生成候选区域（Region Proposal）并且用卷积神经网络（CNN）提取图像特征，然后放入分类器分类并修正位置。下面介绍几种 Two-Stage 的目标检测方法。

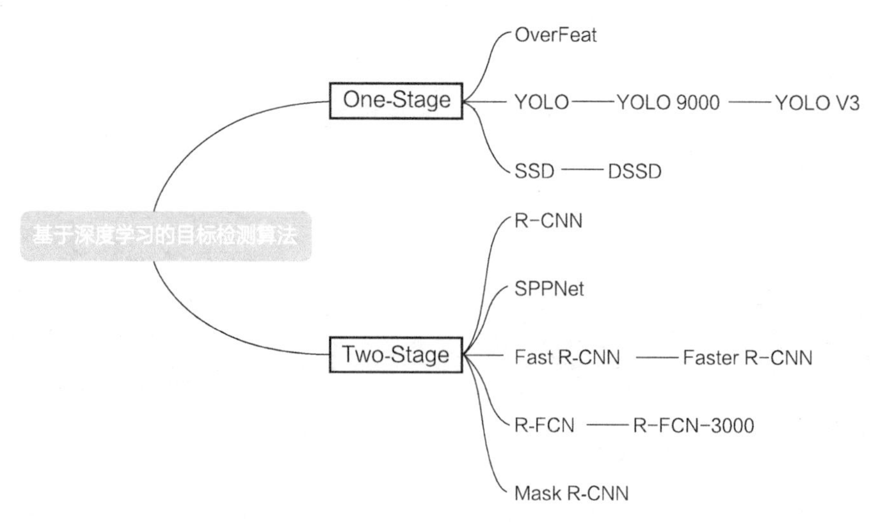

图5-2-8 基于深度学习的目标检测算法分类

（1）R-CNN（Region-Based CNN）是第一个成功将深度学习应用到目标检测上的算法。R-CNN是基于卷积神经网络（CNN）、线性回归和支持向量机（SVM）等算法实现目标检测技术。R-CNN 遵循传统目标检测的思路，同样采用提取框，对每个框提取特征、图像分类、非极大值抑制四个步骤进行目标检测。只不过在提取特征这一步，将传统的特征（如 SIFT、HOG 特征等）换成了深度卷积网络提取的特征。

用 R-CNN 实现物体检测的基本步骤（见图5-2-9）如下。

1）输入一张图像。

2）提取大约 2000 个自下而上的候选区域。

3）使用大型卷积神经网络（CNN）计算每个候选区域的特征向量。

4）使用特定类别的线性 SVM 对每个区域进行分类。

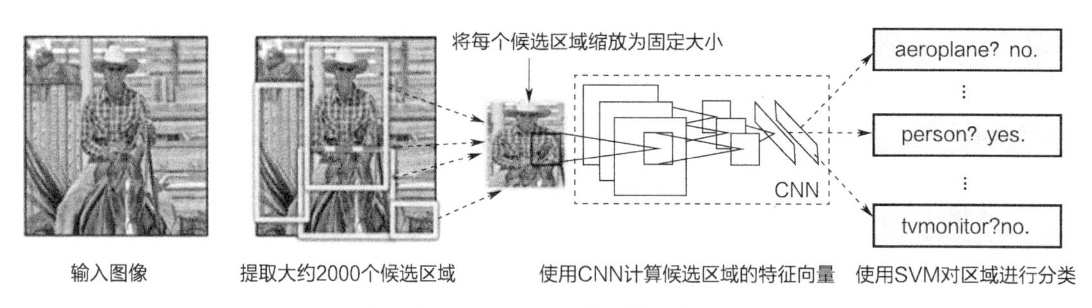

图5-2-9 R-CNN 检测基本步骤

R-CNN 在 PASCAL VOC 2010 上的 mAP 为 53.7%。对比其他网络中使用相同的候选区域方法，采用空间金字塔和 bag-of-visual-words 方法的模型，其 mAP 只有 35.1%。流行的可变部件的模型的性能也只有 33.4%。在 200 个类别的 ILSVRC2013 检测数据集上，R-CNN 的 mAP 为 31.4%，比最佳结果 24.3%有了很大改进。

（2）Fast R-CNN　Fast R-CNN 是一种快速的基于区域的卷积网络方法，用于目标检测。Fast R-CNN 建立在以前使用深卷积网络有效地分类目标的成果上，Fast R-CNN 采用了多项创新提高了训练和测试速度，同时也提高了检测准确度。Fast R-CNN 训练 VGG 16 网络比

R-CNN快9倍，测试时快213倍，并在PASCAL VOC上得到了更高的准确度。与SPPNet相比，Fast R-CNN训练VGG 16网络快3倍，测试速度快10倍，并且更准确。

Fast R-CNN的架构如图5-2-10所示。Fast R-CNN网络将整个图像和一组候选区域作为输入。网络首先使用几个卷积层（Conv）和最大池化层来处理整个图像，以产生卷积特征图。然后，对于每个候选区域，RoI池化层从特征图中提取固定长度的特征向量。每个特征向量被送入一系列全连接（FC）层中，其最终分支成两个同级输出层：一个输出K个类别加上1个包含所有背景类别的Softmax概率估计；另一个层输出K个类别，每一个类别输出4个实数值。每组4个值表示K个类别中一个类别的修正后检测框位置。

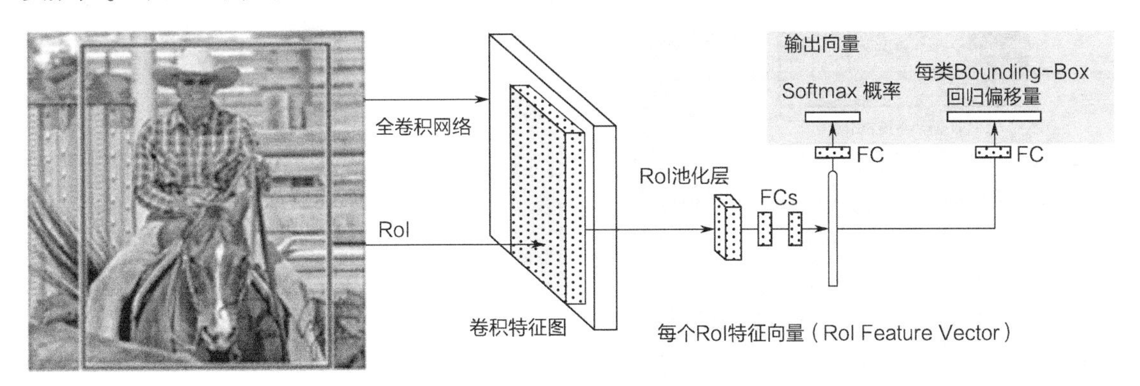

图5-2-10 Fast R-CNN的架构

由图5-2-10可知，输入图像和多个感兴趣区域（RoI）被输入到全卷积网络中。每个RoI被池化到固定大小的特征图中，然后通过全连接层（FC）映射到特征向量。网络对于每个RoI具有两个输出向量：Softmax概率和每类边界框（Bounding-Box）回归偏移量。该架构是使用多任务损失进行端到端的训练。

2. 基于One-Stage的目标检测

由于Two-Stage算法网络结构的特点使其运行速度存在瓶颈，于是一些研究人员开始转换思路，直接将目标检测转化到回归上，一步完成特征提取、分类回归、判定识别步骤，因此以YOLO为代表的One-Stage算法逐渐发展起来。

YOLO（You Only Look Once）是继R-CNN、Fast R-CNN和Faster R-CNN之后，Ross Girshick针对DL目标检测速度问题提出的另一种框架。其核心思想是生成RoI + Two-Stage目标检测算法用一套One-Stage算法替代，直接在输出层回归边界框的位置和所属类别。

之前的物体检测方法首先产生大量可能包含待检测物体的先验框（Prior Bounding Box），然后用分类器判断每个先验框对应的边界框里是否包含待检测物体，以及物体所属类别的概率或者置信度，同时需要后处理修正边界框，最后基于一些准则过滤掉置信度不高和重叠度较高的边界框，进而得到检测结果。这种基于先产生候选区再检测的方法虽然有相对较高的检测准确率，但运算速度较慢。

YOLO创造性地将物体检测任务直接当作回归问题（Regression Problem）来处理，将候选区和检测两个阶段合二为一。只需一眼就能知道每张图像中有哪些物体以及物体的位置。

实际上，YOLO并没有真正去掉候选区，而是采用了预定义候选区域的方法，也就是将图片划分为7×7个网格，每个网格允许预测出2个边界框，总共49×2个边界框，可以理解为 98 个候选区域，它们粗略地覆盖了图片的整个区域，YOLO 以降低 map 为代价，大幅提升了时间效率，如图 5－2－11 所示。

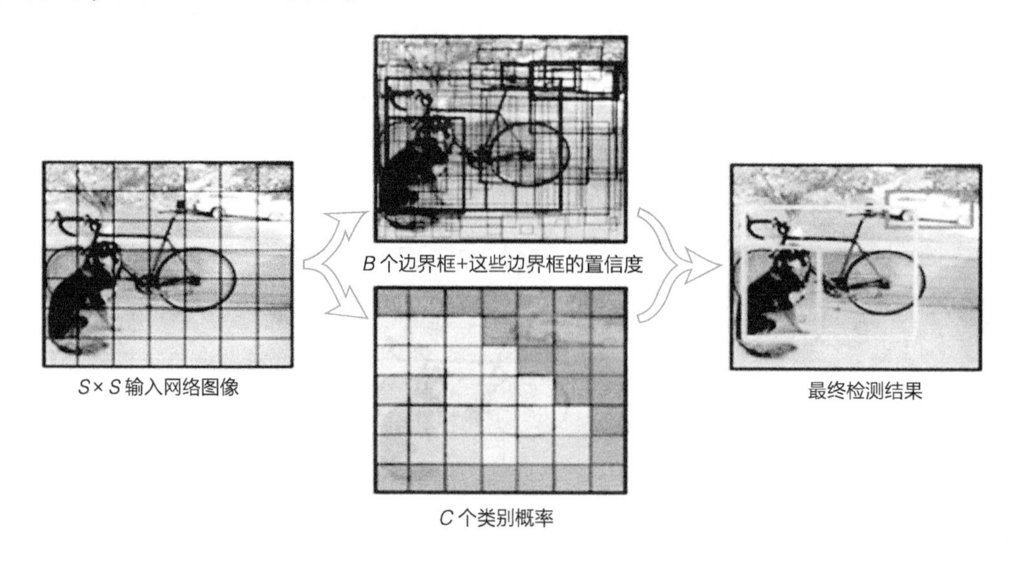

图 5－2－11　YOLO 算法过程

每个网格单元预测这些框的 2 个边界框和置信度分数。这些置信度分数反映了该模型对框是否包含目标的可靠程度，以及它预测框的准确程度。置信度的定义为

$$\Pr(\text{Object})\times \text{IoU}_{\text{pred}}^{\text{truth}}$$

如果该单元格中不存在目标，则置信度分数应为零；否则，希望置信度分数等于预测框与真实值之间联合部分的交集（IoU）。

每个边界框包含 5 个预测：x、y、w、h 和置信度。(x,y) 坐标表示边界框相对于网格单元边界框的中心，宽度和高度是相对于整张图像预测的，置信度预测表示预测框与实际边界框之间的 IoU。

每个网格单元还预测 C 个条件类别概率 $\Pr(\text{Class}i\mid\text{Object})$。这些概率以包含目标的网格单元为条件。每个网格单元只预测一组类别概率，而不管边界框的数量 B 是多少。

1）网络结构。YOLO v1 网络由卷积层、最大池化层、全连接层组成。具体的网络结构如图 5－2－12 所示。

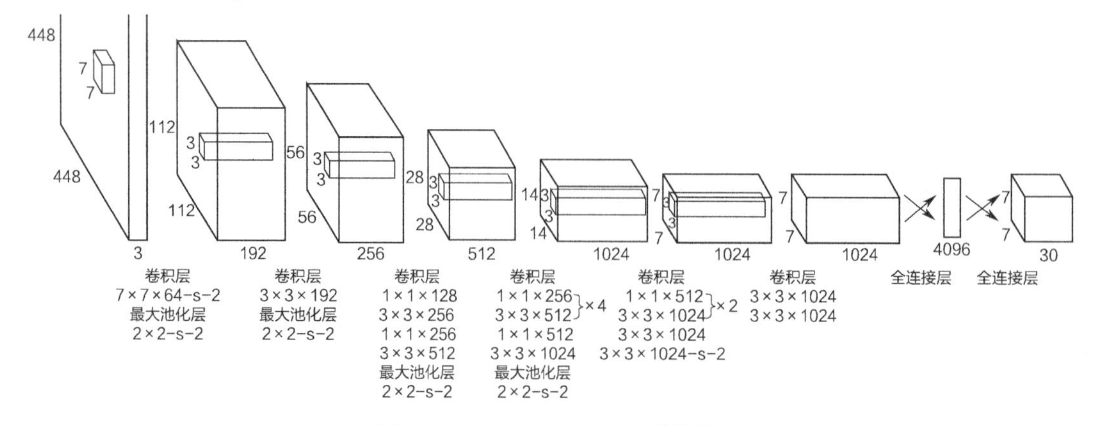

图 5－2－12　YOLO v1 网络结构

通过上面的结构图可以很直接地看出 YOLO v1 的网络结构，用了一系列的卷积层、最大池化下采样层以及全连接层，在这里说明一下全连接层。

通过第一个 Conv. Layer 时，需要进行三个处理：转置（Transpose）处理（不一定要进行）；展平处理（Flateen），因为要和全连接层连接，所以要进行展平处理；全连接 FC，通过一个节点个数为 4096 的全连接层进行连接，此时得到一个 4096 维的向量。

通过第二个 Conv. Layer 时，需要进行两个处理：通过一个节点个数为 1470 的全连接层，因为要得到一个 7 ×7 ×30 的特征矩阵，所以需要 1470；进行重组（Reshape）处理，把向量调整为 7 ×7 ×30 的矩阵。

为了快速实现目标检测，YOLO v1 训练了快速版本。快速 YOLO 使用较少卷积层（9 层而不是 24 层）的神经网络，在这些层中使用较少的滤波器。除了网络规模之外，YOLO 和快速 YOLO 的所有训练和测试参数都是相同的，网络的最终输出是 7 ×7 ×30 = 1470 的预测张量。

2）训练过程与细节。

①训练采用前 20 个卷积层、平均池化层、全连接层进行了大约一周的预训练。

②输入数据为 224 ×224 像素和 448 ×448 像素大小的图像。

③采用相对坐标通过图像宽度和高度来规范边界框的宽度和高度，使它们落在 0 和 1 之间，边界框 x 和 y 坐标参数化为特定网格单元位置的偏移量，边界也在 0 和 1 之间。

④损失函数。损失函数由坐标预测、是否包含目标物体置信度、类别预测构成，具体的计算表达式为

$$
\begin{aligned}
\lambda_{\text{coord}} \sum_{i=0}^{S_2} \sum_{j=0}^{B} l_{ij}^{\text{obj}} [(x_i - \hat{x}_i)^2 + (y_i - \hat{y}_i)^2] + \lambda_{\text{coord}} \sum_{i=0}^{S_2} \sum_{j=0}^{B} l_{ij}^{\text{obj}} \left[\left(\sqrt{W_i} - \sqrt{\hat{W}_i}\right)^2 + \left(\sqrt{h_i} - \sqrt{\hat{h}_i}\right)^2 \right] \\
+ \sum_{i=0}^{S_2} \sum_{j=0}^{B} l_{ij}^{\text{obj}} [(C_i - \hat{C}_i)^2] \\
+ \lambda_{\text{noobj}} \sum_{i=0}^{S_2} \sum_{j=0}^{B} l_{ij}^{\text{noobj}} (C_i - \hat{C}_i)^2 \\
+ \sum_{i=0}^{S_2} l_i^{\text{obj}} \sum_{c \in \text{classes}} (p_i(c) - \hat{p}_i(c))^2
\end{aligned}
$$

表达式的前两项进行坐标预测，其中 l_i^{obj} 表示目标是否出现在网格单元 i 中，表示 l_{ij}^{obj} 网格单元 i 中的第 j 个边界框是否负责这个目标；第三项表示含检测目标的框的置信度预测；第四项表示不含检测目标的框的置信度预测；第五项进行类别预测，l_i^{obj} 判断是否有目标中心落到网格单元 i 中。

如果目标存在于该网格单元中，则损失函数仅惩罚分类错误。如果预测器“负责”实际边界框（即该网格单元中具有最高 IoU 的预测器），则它也仅惩罚边界框坐标错误。

⑤学习率。学习率（Learning Rate）作为监督学习及深度学习中重要的超参数，其决定着目标函数能否收敛到局部最小值及何时收敛到最小值。合适的学习率能够使目标函数在合适的时间内收敛到局部最小值。YOLO 的模型的第一个迭代周期，慢慢地将学习率从 0. 001 提高到 0. 01，然后继续以 0. 01 的学习率训练 75 个迭代周期，用 0. 001 的学习率训练 30 个迭代周期，最后用 0. 0001 的学习率训练 30 个迭代周期。

⑥避免过拟合策略。使用 Dropout 和数据增强来避免过拟合。在第一个连接层之后，弃权

层使用0.5的比例，防止层之间的互相适应。对于数据增强，引入高达原始图像20%大小的随机缩放和转换，在HSV色彩空间中使用高达1.5的因子来随机调整图像的曝光度和饱和度。

3）YOLO的优点。

- YOLO检测物体速度非常快，其增强版GPU中能跑45fps（Frame per Second），简化版的为155fps。
- YOLO在训练和测试时都能看到一整张图的信息（而不像其他算法看到局部图片信息），因此YOLO在检测物体时能很好地利用上下文信息，从而不容易在背景上预测出错误的物体信息。
- YOLO可以学到物体泛化特征。

4）YOLO的缺点。

- 容易产生定位错误。
- 对小物体检测效果不好，尤其是密集的小物体，因为一个网格单元只能检测两个物体。
- 由于损失函数的问题，定位误差是影响检测效果的主要原因，尤其是大小物体处理上还有待加强。

5.3 人脸检测

人脸检测（Face Recognition）的研究可以追溯到20世纪六七十年代，经过几十年的曲折发展已日趋成熟。人脸检测问题最初来源于人脸识别。人脸检测是指对于任意一幅给定的图像，采用一定的策略对其进行搜索以确定其中是否含有人脸，如果有则返回人脸的位置、大小和姿态。早期的人脸识别研究主要针对具有较强约束条件的人脸图像（如无背景的图像），往往假设人脸位置一直或者容易获得，因此人脸检测问题并未受到重视。随着电子商务等应用的发展，人脸识别成为最有潜力的生物身份验证手段，这种应用背景要求自动人脸识别系统能够对一般图像具有一定的识别能力，由此所面临的一系列问题使得人脸检测开始受到研究者的重视。人脸检测的应用背景已经远远超出了人脸识别系统的范畴，在基于内容的检索、数字视频处理、视频检测等方面有着重要的应用价值。

人脸检测目前主要应用于人脸实名认证、刷脸闸机通行、智慧人脸考勤、智能视频监控、刷脸移动支付、智能相册分类、互动娱乐美颜、人脸注册登录等方面。

5.3.1 人脸检测算法

人脸检测算法按发展进程分为三类，分别是模板匹配技术、AdaBoost框架，以及深度学习框架。下面对这几部分进行介绍。

1. 模板匹配技术

早期的人脸检测算法使用了模板匹配技术，即用一个人脸模板图像与被检测图像中的各个位置进行匹配，确定这个位置处是否有人脸，此后机器学习算法被用于该问题，包括神经网络、支持向量机等。以上都是针对图像中某个区域进行人脸和非人脸二分类的判别。

早期有代表性的成果是Rowley等人提出的方法，他们用神经网络进行人脸检测，用20×20

像素的人脸和非人脸图像训练了一个多层感知器模型。

2. AdaBoost 框架

Boosting 是一种框架算法，主要是通过对样本集的操作获得样本子集，然后用弱分类算法在样本子集上训练生成一系列的基分类器。它可以用来提高其他弱分类算法的识别率，也就是将其他的弱分类算法作为基分类算法放于 Boosting 框架中，通过 Boosting 框架对训练样本集的操作，得到不同的训练样本子集，用该样本子集去训练生成基分类器；每得到一个样本集就用该基分类算法在该样本集上产生一个基分类器，这样在给定训练轮数 n 后，就可产生 n 个基分类器，然后 Boosting 框架算法将这 n 个基分类器进行加权融合，产生一个最后的结果分类器。在这 n 个基分类器中，每个单个的分类器的识别率不一定很高，但它们联合后的结果有很高的识别率，这样便提高了该弱分类算法的识别率。在产生单个的基分类器时可用相同的分类算法，也可用不同的分类算法，这些算法一般是不稳定的弱分类算法，如神经网络（BP）、决策树（C4.5）等。

AdaBoost 算法的全称是自适应 Boosting（Adaptive Boosting），是一种二分类器。AdaBoost 算法由 Freund 等人于 1995 年提出，是 Boosting 算法的一种实现，它用弱分类器的线性组合构造强分类器。弱分类器的性能不用太好，只需要比随机猜测强，依靠它们可以构造出一个非常准确的强分类器。AdaBoost 的成功不仅在于它是一种有效的学习算法，还在于：

- 它让 Boosting 从最初的猜想变成一种真正具有实用价值的算法。
- AdaBoost 算法采用的一些技巧，如打破原有样本分布，也为其他统计学习算法的设计带来了重要的启示。
- 相关理论研究成果极大地促进了集成学习的发展。

继 AdaBoost 框架之后，Boost 算法是基于 PAC（Probably Approximately Correct）学习理论而建立的一套集成学习算法（Ensemble Learning）。其根本思想在于通过多个简单的弱分类器，构建出准确率很高的强分类器。PAC 学习理论证实了这一方法的可行性。

3. 深度学习框架

卷积神经网络在图像分类问题上取得成功之后很快被用于人脸检测问题，在精度上大幅度超越之前的 AdaBoost 框架，当前已经有一些高精度、高效的算法。直接用滑动窗口加卷积网络对窗口图像进行分类的方案计算量太大，使用卷积网络进行人脸检测的方法解决了这个问题。

（1）Cascade CNN　Cascade CNN 是比较经典的人脸检测 Cascade 框架，它包含 6 个 CNN：3 个二分类人脸分类网络、3 个 bbox 校正网络。

Cascade CNN 可以认为是传统技术和深度网络相结合的一个代表，和 VJ 人脸检测器一样，其包含了多个分类器，这些分类器采用级联结构进行组织，两者不同的地方在于 Cascade CNN 采用卷积网络作为每一级的分类器。

构建多尺度的人脸图像金字塔，12-Net 将密集地扫描这整幅图像（不同的尺寸），快速地剔除掉超过 90% 的检测窗口，剩下来的检测窗口送入 12-Calibration-Net 调整它的尺寸和位置，让它更接近潜在的人脸图像的附近。

采用非极大值抑制（NMS）算法合并高度重叠的检测窗口，保留下来的候选检测窗口将会被归一化到 24×24 作为 24-Net 的输入，这将进一步剔除掉剩下来的将近 90% 的检测窗口。

和之前的过程一样，通过 24-Calibration-Net 矫正检测窗口，并应用 NMS 进一步合并减少检测窗口的数量将通过之前所有层级的检测窗口对应的图像区域归一化到 48 ×48，送入 48-Net 进行分类得到进一步过滤的人脸候选窗口。然后利用 NMS 进行窗口合并，送入 48-Calibration-Net 矫正检测窗口作为最后的输出。

（2）DenseBox　DenseBox 是一种适合人脸这类小目标的检测。这种方法使用全卷积网络，在同一个网络中直接预测目标矩形框和目标类别置信度。通过在检测的同时进行关键点定位，进一步提高了检测精度。DenseBox 的检测流程如下。

- 对待检测图像进行缩放，将各种尺度的图像送入卷积网络中处理，以检测不同大小的目标。
- 经过多次卷积和池化操作之后，对特征图像进行上采样然后再进行卷积，得到最终的输出图像，这张图像包含了每个位置出现目标的概率，以及目标的位置和大小信息。
- 由输出图像得到目标矩形框。
- 采用非最大抑制算法得到最终的检测结果。

（3）Faceness-Net　Faceness-Net 是一个典型的由粗到精的工作流，借助多个基于 DCNN 网络的 Facial parts 分类器对人脸进行打分，然后根据每个部件的得分进行规则分析得到可能的人脸区域，最后通过一个 Refine 网络得到最终的人脸检测结果。

（4）MTCNN　MTCNN 顾名思义是多任务的方法，它将人脸区域检测和人脸关键点检测放在了一起。同 Cascade CNN 一样，MICNN 也是基于 Cascade 框架，但是整体思路更加巧妙合理，MTCNN 总体来说分为三个部分：PNet、RNet 和 ONet。

（5）SSH　SSH 最大的特色就是尺度不变性（Scale-Invariance）。比如，MTCNN 这样的方法在预测的时候，是对不同尺度的图片分别进行预测，而 SSH 只需要处理一个尺度的图片即可。实现方法就是对 VGG 网络不同层的卷积层输出做 3 个分支（M1，M2，M3），每个分支都使用类似的流程进行检测和分类，通过针对不同尺度特征图进行分析，变相地实现了多尺度的人脸检测。

5.3.2　基于 OpenCV 实现人脸检测

图像分类是根据各自在图像信息中所反映的不同特征，把不同类别的目标区分开来的图像处理方法。它利用计算机对图像进行定量分析，把图像或图像中的每个像元或区域划归为若干个类别中的某一种，以代替人的视觉判读。对于一个给定的图像，预测它属于哪个分类标签（或者给出属于一系列不同标签的可能性）。对于只涉及两个类别的二分类任务，通常将其中一个类称为正类（正样本），另一个类称为负类（反类、负样本）。

在人脸检测中，主要任务是构造能够区分包含人脸实例和不包含人脸实例的分类器。这些实例被称为正类（包含人脸图像）和负类（不包含人脸图像）。目前人脸检测的方法主要有两大类型：基于知识的人脸检测和基于统计特征的人脸检测。

基于知识的人脸检测方法主要利用先验知识将人脸看作器官特征的组合，根据眼睛、眉毛、嘴巴、鼻子等器官的特征及它们相互之间的几何位置关系来检测人脸。主要包括模板匹配、人脸特征、形状与边缘、纹理特性、颜色特征等方法。

基于统计特征的人脸检测方法将人脸看作一个整体的模式——二维像素矩阵，采用统计的观点通过大量人脸图像样本构造人脸模式空间，根据相似度量来判断人脸是否存在。主要包括主成分分析与特征脸、神经网络方法、支持向量机、隐马尔可夫模型、Adaboost 算法等。

在这里介绍分类器的基本构造方法，以及如何调用 OpenCV 中训练好的分类器实现人脸检测。OpenCV 提供了已经训练好的 Haar 级联分类器用于人脸定位。Haar 特征反映的是图像的灰度变化，它将像素划分为模块后求差值。Haar 特征用黑白两种矩形框组合成特征模板，在特征模板内，用白色矩形像素块的像素和减去黑色矩形像素块的像素和来表示该模板的特征。经过上述处理后，人脸部的一些特征就可以使用矩形框的差值简单地表示了。例如，眼睛的颜色比脸颊的颜色要深，鼻梁两侧的颜色比鼻梁的颜色深，唇部的颜色比唇部周围的颜色深。

关于 Harr 特征中的矩形框，有如下三个变量。

- 矩形位置：矩形框要逐像素地划过（遍历）整个图像获取每个位置的差值。
- 矩形大小：矩形的大小可以根据需要做任意调整。
- 矩形类型：包含垂直、水平、对角等不同类型。

上述三个变量保证了能够细致全面地获取图像的特征信息。变量的个数越多，特征的数量也会越多。例如，仅一个 24×24 大小的检测窗口内的特征数量就接近 20 万个。由于计算量过大，该方案并不实用，除非能提出简化特征的方案。

Viola 和 Jones 两位学者提出了使用积分图像快速计算 Haar 特征的方法。他们提出通过构造积分图（Integral Image），让 Haar 特征能够通过查表法和有限次简单运算快速获取，极大地减少了运算量。同时，通过构造级联分类器让不符合条件的背景图像（负样本）被快速地抛弃，从而能够将算力运用在可能包含人脸的对象上。

Lienhart 和 Maydt 两位学者提出对 Haar 特征库进行扩展。他们将 Haar 特征进一步划分为四类：

- 4 个边特征。
- 8 个线特征。
- 2 个中心点特征。
- 1 个对角特征。

OpenCV 自带的级联分类器存储在 OpenCV 根文件夹的 data 文件夹下，该文件夹包含 haarcascades、hogesendew 和 lbpescaden 三个子文件夹，分别存储的是 Haar 级联分类器、HOG 级联分类器、LBP 级联分类器。其中，Haar 级联分类器多达 20 多种，提供了对多种对象的检测功能。部分级联分类器见表 5-3-1。

表 5-3-1　部分级联分类器

XML 文件名	级联分类器类型
haarcascade_eye.xml	眼睛检测
haarcascade_eye_tree_eyeglasses.xml	眼镜检测
haarcascade_mcs_nose.xml	鼻子检测
haarcascade_mcs_mouth.xml	嘴巴检测
haarcascade_smile.xml	表情检测
hogcaseade_pedestrians.xml	行人检测
lbpcaseeade_frontaltace.xml	正面人脸检测
lbpeaseeade_profiletacc.xml	人脸检测
lbpeaseade_silverware.xml	金属检测

在 OpenCV 中，利用 cv2. CascadeClassifier. detectMultiScale( ) 函数可以检测出图片中所有的人脸。该函数的语法格式为

```
obj = cv2.CascadeClassifier.detectMultiScale(image[,scaleFactor[,minNeighbors[,
flags[,minSize[,maxSize]]]]])
```

函数中各参数含义如下。

- image：表示待检测图像，通常情况下为灰度图像。
- scaleFactor：表示在前后两次相继的扫描中，搜索窗口的缩放比例。
- minNeighbors：表示构成检测目标的相邻矩形的最小个数。默认值为 3，意味着有 3 个以上的检测标记存在时，才被认为人脸存在。可以将该值设置得更大些，使得一些人脸无法被检测到，这样可以提高检测的准确率。
- flags：当被设置为 CV_HAAR_DO_CANNY_PRUNING 时，表示使用 Canny 边缘检测器来拒绝一些区域。
- minSize：表示目标的最小尺寸，小于这个尺寸的目标将被忽略。
- maxSize：表示目标的最大尺寸，大于这个尺寸的目标将被忽略。
- obj：返回值，目标对象的矩形框向量组。

适当调整第 4、5、6 这三个参数可以用来排除检测结果中的干扰项。下面举例说明使用函数 cv2. CascadeClassifier. detectMultiScale( ) 检测一幅图像内的人脸。

利用 OpenCV 实现人脸检测的代码如下。

```
import cv2
image = cv2.imread('face-test.jpg')
faceCascade = cv2.CascadeClassifier('haarcascade_frontalface_default.xml')
gray = cv2.cvtColor (image,cv2.COLOR_BGR2GRAY)
faces = faceCascade.detectMultiScale(
gray,
scaleFactor =1.15,
minNeighbors =5,
minSize = (5,5)
)
print(faces)
print("从图像中已经检测到{0}个人脸!".format(len(faces)))
for(x,y,w,h) in faces:
cv2.circle(image,(int((x+x+w)/2),int((y+y+h)/2)),int(w/2),(0,255,0),2)
cv2.imshow("rest",image)
cv2.imwrite("rest.jpg",image)
cv2.waitKey(0)
cv2.destroyAllWindows()
```

5.3.3 基于 OpenCV 实现人脸识别

利用 OpenCV 获取人脸，采集人脸数据，将收集到的人脸数据加载到内存，搭建属于自己的卷积神经网络，并用人脸数据训练自己的网络，将训练好的网络保存成模型，最后再用 OpenCV 获取实时人脸，用先前训练好的模型来识别人脸。

OpenCV 提供了 LBPH（局部二值模式直方图）、Eigenfaces、Fisherfaces 三种人脸识别方法。下面简单介绍这几种人脸识别方法。

1. LBPH 人脸识别

LBPH（Local Binary Patterns Histogram，局部二进制编码直方图）是建立在 LBPH 基础之上的人脸识别算法。其基本思想如下：首先以每个像素为中心，判断与周围像素灰度值大小的关系，对其进行二进制编码，从而获得整幅图像的 LBP 编码图像；再将 LBP 图像分为若干个区域，获取每个区域的 LBP 编码直方图，继而得到整幅图像的 LBP 编码直方图，通过比较不同人脸图像 LBP 编码直方图达到人脸识别的目的。

在 OpenCV 中，可以用函数 cv2.face.LBPHFaceRecognizer_create()生成 LBPH 识别器实例模型，然后应用 cv2.face_FaceRecognizer.train()函数完成训练，最后用 cv2.face_FaceRecognizer.predict()函数完成人脸识别。下面分别介绍这三个函数。

（1）函数 cv2.face.LBPHFaceRecognizer_create()　函数 cv2.face.LBPHFaceRecognizer_create()的语法格式为

```
result = cv2.face.LBPHFaceRecognizer_create([,radius[,neighbors[,grid_x[,
grid_y[,threshold]]]]])
```

其中各参数的含义如下。

- radius：半径值，默认为 1。
- neighbors：邻域点的个数，默认为 8 邻域，根据需要可以计算更多的邻域点。
- grid_x：将 LBP 特征图像划分为一个个单元格时，每个单元格在水平方向上的像素个数。该参数值默认为 8，即将 LBP 特征图像在行方向上以 8 个像素为单位分组。
- grid_y：将 LBP 特征图像划分为一个个单元格时，每个单元格在垂直方向上的像素个数。该参数值默认为 8，即将 LBP 特征图像在列方向上以 8 个像素为单位分组。
- threshold：在预测时所使用的阈值。如果大于该阈值，就认为没有识别到任何目标对象。

（2）函数 cv2.face_FaceRecognizer.train()　函数 cv2.face_FaceRecognizer.train()用于对每个参考图像计算 LBPH，得到一个向量，每个人脸都是整个向量集中的一个点。该函数的语法格式为

```
None = cv2.face_FaceRecognizer.train(src,labels )
```

其中各个参数的含义如下。

- src：训练图像，用来学习的人脸图像。

- labels：标签，人脸图像所对应的标签。
- None：该函数没有返回值。

（3）函数 cv2. face_ FaceRecognizer. predict( ) 函数 cv2. face_ FaceRecognizer. predict( )用于对一个待测人脸图像进行判断，寻找与当前图像距离最近的人脸图像。与哪个人脸图像最近，就将当前待测图像标注为其对应的标签。如果待测图像与所有人脸图像的距离都大于函数 cv2. face. LBPHFaceRecognizer_ create( )中参数 threshold 所指定的距离值，则认为没有找到对应的结果，即无法识别当前人脸。函数 cv2. face_ FaceRecognizer. predict( )的语法格式为

```
label,confidence = cv2.face_FaceRecognizer.predict(src)
```

其中各参数的含义如下。

- src：需要识别的人脸图像。
- label：返回的识别结果标签。
- confidence：返回的置信度评分。置信度评分用来衡量识别结果与原有模型之间的距离。0 表示完全匹配。通常情况下，认为小于 50 的值是可以接受的，如果该值大于 80 则认为差别较大。

利用 OpenCV 的 LBPH 模块实现一个简单的人脸识别。具体代码如下：

```
import cv2
import numpy as np
images = []
images.append(cv2.imread("pic1.png",0))
images.append (cv2. imread ("pic2.png",0))
images.append (cv2. imread ("pic3.png", 0))
images.append (cv2. imread ("pic4.png", 0))
labels = [0,0,1,1]
recognizer = cv2.face.LBPHFaceRecognizer_create()
recognizer.train (images, np.array(labels))
predict_image = cv2.imread ("pic5. png", 0)
label,confidence = recognizer.predict (predict_image)
print("label = ",label)
print ("confidence = ", confidence)
```

2. Eigenfaces 人脸识别

Eigenfaces（特征脸）在人脸识别历史上具有里程碑式意义，其被认为是第一种有效的人脸识别算法。1987 年，Sirovich and Kirby 为了减少人脸图像的表示（降维）采用了 PCA（主成分分析）的方法；1991 年，Matthew Turk 和 Alex Pentland 首次将 PCA 应用于人脸识别。

Eigenfaces 是一种基于统计特征的方法，将人脸图像视为随机向量，并用统计方法辨别不同人脸特征模式。Eigenfaces 的基本思想是，运用统计的观点，寻找人脸图像分布的基本元素，即人脸图像样本集协方差矩阵的特征向量，以此近似地表征人脸图像，这些特征向量称为特脸。

Eigenfaces 使用主成分分析（Principal Component Analysis，PCA）方法将高维的人脸数据处理为低维数据（降维）后，再进行数据分析和处理，获取识别结果。

在 OpenCV 中，首先通过函数 cv2. face. EigenFaceRecognizer_ create( )生成特征脸识别器实例模型，然后应用 cv2. face_ FaceRecognizer. train( )函数完成训练，用 cv2. face_ FaceRecognizer. predict( )函数完成人脸识别。

（1）函数 cv2. face. EigenFaceRecognizer_ create( )　函数 cv2. face. EigenFaceRecognizer_ create( )的语法格式为

```
result =cv2.face.EigenFaceRecognizer_create(1,num_components[,threshold]])
```

函数中的两个参数都是可选参数，具体参数含义如下。

- num_ components：在 PCA 中要保留的分量个数。该参数值通常要根据输入数据来具体确定，并没有固定数值。在一般程序中，该值取 80 即可。
- threshold：进行人脸识别所采用的阈值。

（2）函数 cv2. face_ FaceRecognizer. train( )　函数 cv2. face_ FaceRecognizer. train( )对每个参考图像进行 EigenFaces 计算，得到一个向量。每个人脸都是整个向量集中的一个点。该函数的语法格式为

```
None =cv2.face_FaceRecognizer.train(src,labels)
```

其中各个参数的含义如下。

- src：训练图像，用来学习的人脸图像。
- labels：人脸图像所对应的标签。
- None：该函数没有返回值。

（3）函数 cv2. face_ FaceRecognizer. predict( )　函数 cv2. face_ Face Recognizer. predict( )在对一个待测人脸图像进行判断时，会寻找与当前图像距离最近的人脸图像。与哪个人脸图像最接近，就将待测图像识别为其对应的标签。该函数的具体格式为

```
label,confidence =cv2.face_ FaceRecognizer.predict(src)
```

其中各个参数的含义如下。

- src：需要识别的人脸图像。
- label：返回的识别结果标签。
- confidence：返回的置信度评分。置信度评分用来衡量识别结果与原有模型之间的距离。0 表示完全匹配。该参数的值通常在 0 ~ 20000 之间，只要低于 5000，都被认为是相当可靠的识别结果。

在 OpenCV 中使用 Eigenfaces 进行人脸识别的具体应用示例代码如下：

```
import cv2
import numpy as np
images =[]
images.append (cv2.imread("pic1.png",0))
```

```
images.append(cv2.imread("pic4.png",0))
images.append(cv2.imread("e11.png",0))
images.append(cv2.imread("pic3.png",0))
labels=[0,0,1,1]
recognizer=cv2.face.EigenFaceRecognizer_create()
recognizer.train(images, np.array(labels))
predict_image=cv2. imread ("test.png", 0)
label,confidence= recognizer.predict (predict_image)
print ("label=",label)
print ("confidence=",confidence)
```

3. Fisherfaces 人脸识别

PCA 方法是 Eigenfaces 方法的核心，它找到了最大化数据总方差特征的线性组合。Eigenfaces 的缺点在于在操作过程中会损失许多特征信息。因此，在一些情况下，如果损失的信息正好是用于分类的关键信息，必然会导致无法完成分类。

Fisherfaces 采用 LDA（Linear Discriminant Analysis，线性判别分析）实现人脸识别。线性判别识别最早由 Fisher 在 1936 年提出，是一种经典的线性学习方法，也被称为 Fisher 判别分析法。

线性判别分析在对特征降维的同时考虑类别信息。其思路是：在低维表示下，相同的类应该紧密地聚集在一起，不同的类应该尽可能分散开，并且它们之间的距离尽可能地远。做线性判别分析时，首先将训练样本集投影到一条直线 A 上，让投影后的点满足同类间的点尽可能靠近、异类间的点尽可能远离的要求。

做完投影后，将待测样本投影到直线 A 上，根据投影点的位置判定样本的类别，这样就完成了识别。

在 OpenCV 中，通过函数 cv2. face. FisherFaceRecognizer_ create( ) 生成 Fisherfaces 识别器实例模型，然后应用 cv2. face_ FaceRecognizer. train( ) 函数完成训练，用 cv2. face_ FaceRecognizer. predict( ) 函数完成人脸识别。

（1） 函数 cv2. face. FisherFaceRecognizer_ create （）　函数 cv2. face. FisherFaceRecognizer_ create( ) 的语法格式为

```
retval = cv2. face. FisherFaceRecognizer _ create ([, num _ components [, threshold]])
```

其中各参数的含义如下。

- num_ components：使用 Fisherfaces 准则进行线性判别分析时保留的成分数量。可以采用默认值为 0，让函数自动设置合适的成分数量。
- threshold：进行识别时所用的阈值。如果最近的距离比设定的阈值 threshold 还要大，函数会返回 -1。

（2） 函数 cv2. face_ FaceRecognizer. train( )　函数 cv2. face_ FaceRecognizer. train( ) 对每个参考图像进行 Fisherfaces 计算，得到一个向量。每个人脸都是整个向量集中的一个点。该函

数的语法格式为

```
None = cv2.face_FaceRecognizer.train(src,labels)
```

其中各个参数的含义如下。

- src：训练图像，即用来学习的人脸图像。
- labels：人脸图像所对应的标签。
- None：该函数没有返回值。

（3）函数 cv2. face_ FaceRecognizer. predict( )　函数 cv2. face_ FaceRecognizer. predict( )在对一个待测人脸图像进行判断时，寻找与其距离最近的人脸图像。与哪个人验图像最接近，就将待测图像识别为其对应的标签。该函数的语法格式为

```
label,confidence = cv2.face_FaceRecognizer.predict(src)
```

其中各参数的含义如下。

- src：需要识别的人脸图像。
- label：返回的识别结果的标签。
- confidence：返回的置信度评分。置信度评分用来衡量识别结果与原有模型之间的距离。0 表示完全匹配。该值通常在 0 ~ 20000 之间，若低于 5000，就认为是相当可靠的识别结果。需要注意的是，该评分值的范围与 Eigenfaces 方法的评分值范围一致，与 LBPH 方法的评分值范围不一致。

在 OpenCV 中使用 Fisherfaces 进行人脸识别的具体应用示例代码如下：

```
import cv2
import numpy as np
images = []
imagea = cv2.imread("pic1.png", 0)
imageb = cv2.imread("pic4.png", 0)
imagec = cv2.imread("pic2.png", 0)
imaged = cv2.imread("pic3.png", 0)
images.append(image_a)
images.append(image_b)
images.append(image_c)
images.append(image_d)
labels = [0,0,1,1]
recognizer = cv2.face.FisherFaceRecognizer_create()
recognizer.train(images, np.array(labels))
predict_image = cv2.imread("pic5.png", 0)
label, confidence = recognizer.predict(predict_image)
print("label = ", label)
print("confidence = ", confidence)
```

5.4 增强现实

1. 增强现实概述

增强现实（Augmented Reality，AR）是一种实时计算摄像机影像的位置及角度并加上相应视觉特效的技术。这种技术的目的是把原本在现实世界的一定时间、空间范围内很难体验到的实体信息（视觉信息、声音、味道、触觉等）通过计算机技术模拟后叠加，在屏幕上把虚拟影像套在现实场景中，从而达到超越现实的感官体验。

增强现实技术包含了多媒体、三维建模、实时视频显示及控制、多传感器融合、实时跟踪及注册、场景融合等新技术与新手段。AR 系统具有三个突出的特点：

- 真实世界和虚拟世界的信息集成。
- 具有实时交互性。
- 是在三维尺度空间中增添定位虚拟物体。

AR 技术不仅在与 VR（虚拟现实）技术相似的应用领域，如尖端武器和飞行器的研制与开发、数据模型的可视化、虚拟训练、娱乐与艺术等领域具有广泛的应用，由于其具有能够对真实环境进行增强显示输出的特性，在医疗研究与解剖训练、精密仪器制造和维修、军用飞机导航、工程设计和远程机器人控制等领域的应用，具有比 VR 技术更加明显的优势。

增强现实的发展历程如图 5－4－1 所示。

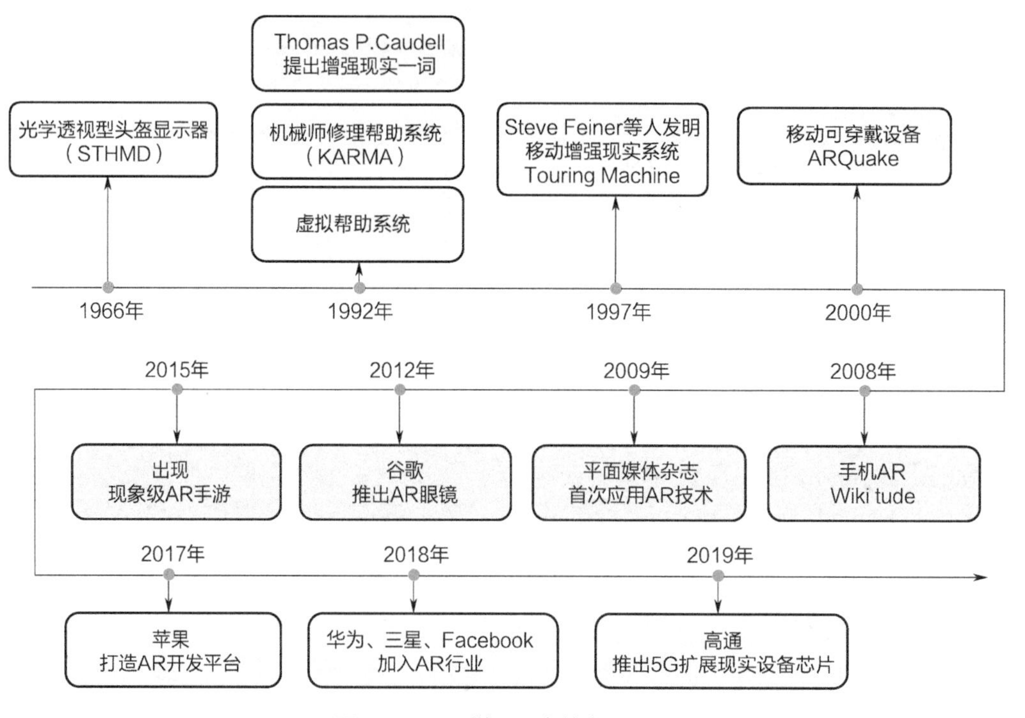

图 5－4－1 增强现实的发展历程

2. 增强现实的应用

（1）教育 AR 应用程序正在以更具互动性的方式改变教学方式，产生新型教学形式和内容。将“AR＋教育”的探索式理念融合到产品中，让学生有身临其境的感觉，用科技为学生带来寓教于乐的互动学习新体验。通过智能手机、电视、平板计算机、教学一体机及其他移动终端进行文字、图片、声音、视频的多维传达，将知识内容真实立体地呈现给用户。AR在教育方面的应用示例如图5-4-2所示。

图5-4-2　AR在教育方面的应用示例

（2）健康医疗　健康医疗也是AR应用的主要领域之一，AR在医学教育培训、病患分析、手术治疗等方面都有成功的应用。AR在健康医疗方面的应用示例如图5-4-3所示。

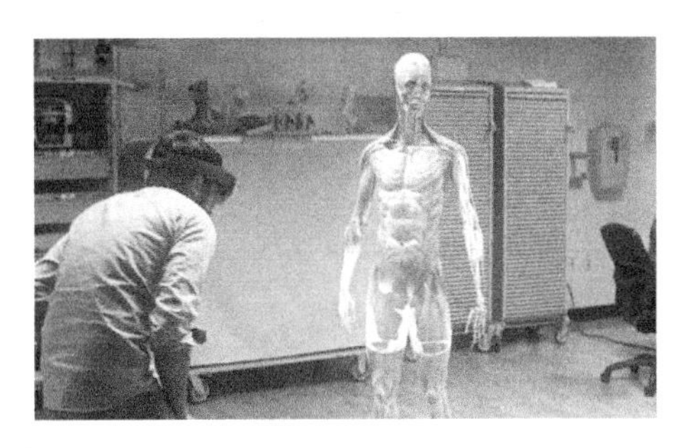

图5-4-3　AR在健康医疗方面的应用示例

（3）企业培训　增强现实在技术培训领域的应用引起了众多企业的关注，已经推出混合现实工具用于员工培训，测试员工在真实工厂环境中的操作能力。AR在企业培训方面的应用示例如图5-4-4所示。

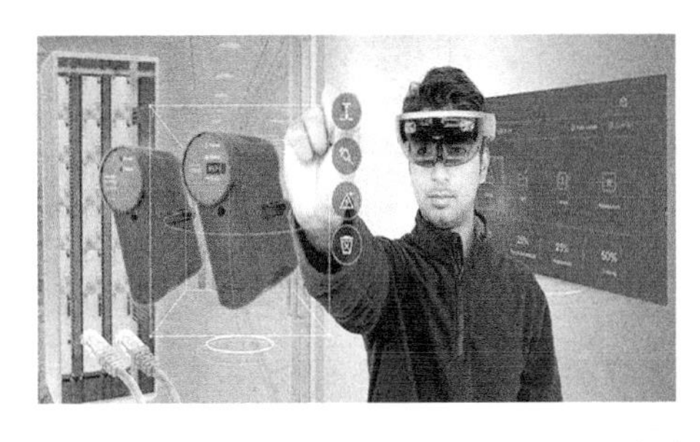
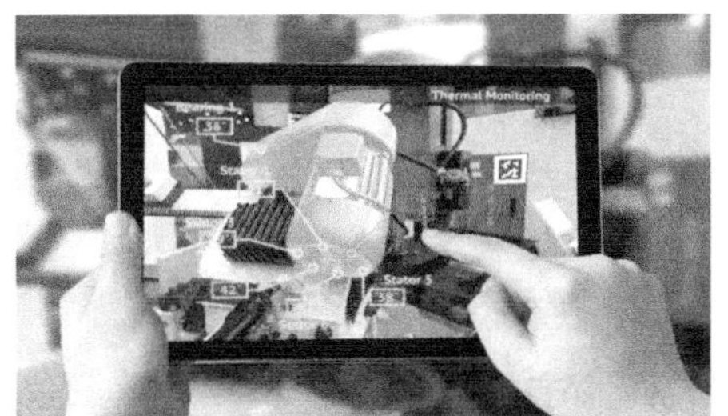

图5-4-4　AR在企业培训方面的应用示例

（4）零售购物　增强现实技术可以让消费者实时查看有关零售店内产品的信息，还可以使用计算机视觉技术和店内跟踪来帮助顾客找到需要的商品。对各种商品生产商而言，实体店零售商的货架将成为AR促销的新战场。AR在零售购物方面的应用示例如图5-4-5所示。

图5-4-5 AR在零售购物方面的应用示例

（5）虚拟试衣镜　在商场购买服装时，试衣是一个烦琐的过程，目前越来越多的商店已经采用AR技术进行试衣体验。AR在虚拟试衣镜方面的应用示例如图5-4-6所示。

图5-4-6 AR在虚拟试衣镜方面的应用示例

（6）基于地理位置的广告营销　基于地理位置的广告早已不是新鲜事，但结合AR的地理位置广告还是一件新事物。目前，市场上已经推出了可以让开发人员构建包含地理位置触发元素的AR应用程序。AR在基于地理位置广告营销方面的应用示例如图5-4-7所示。

图5-4-7 AR在基于地理位置广告营销方面的应用示例

（7）室内设计　室内设计是件非常复杂的工作，需要考虑空间及各种家具的尺寸、材质、颜色等因素。而AR让普通人也可以轻松地参与室内装潢与家居布置。AR在室内设计方面的应用示例如图5-4-8所示。

（8）抬头显示器　抬头显示（HUD）是AR在汽车市场上的突破性应用，可以将汽车行驶信息及交通信息投射在风窗玻璃上，在行驶过程中，驾驶员不需要转移视线。AR在抬头显示器方面的应用示例如图5-4-9所示。

图 5-4-8　AR 在室内设计方面的应用示例

图 5-4-9　AR 在抬头显示器方面的应用示例

(9) 博物馆　传统的博物馆也正在使用最新科技来吸引游客，通过历史与科技的结合，打造不一样的参观体验。AR 在博物馆中的应用示例如图 5-4-10 所示。

图 5-4-10　AR 在博物馆中的应用示例

第6章
目标跟踪

6.1 目标跟踪概述

第6章导学

目标跟踪是对视频中特定目标进行连续定位追踪的过程。目标跟踪是计算机视觉领域的重要应用分支，在智能安防、社区监控、目标行为分析、交通监控、公安刑侦、辅助医疗、视频压缩、军事侦察、目标打击等方面有着举足轻重的作用，目标跟踪应用案例如图6-1-1所示。

图6-1-1 目标跟踪应用案例

目标跟踪与目标检测的区别：

- 目标检测是自动化目标跟踪的前提，为目标跟踪提供要追踪的目标模板图像。
- 目标检测只能完成目标的框定，无法实现不同视频帧之间的目标关联，进而不能实现同个视频中的多目标跟踪，以及不同视频中目标的持续追踪。
- 目标跟踪旨在挖掘连续图像帧中目标的局部及全部关联性，实现对目标的持续追踪，并实现其运动轨迹的预测和绘制。

图6-1-2显示了目标检测和目标跟踪的区别。

a）目标检测

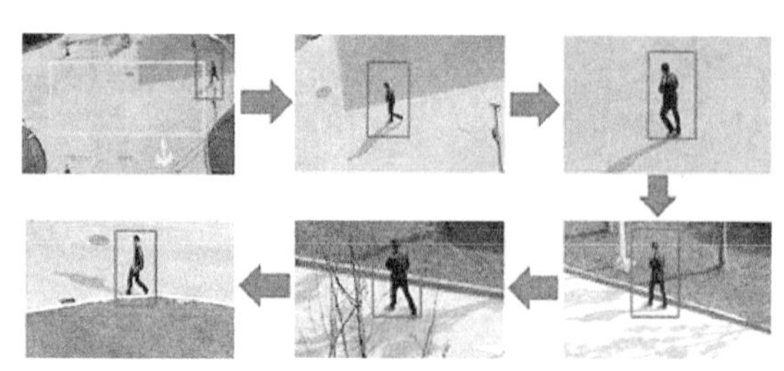
b）目标跟踪

图6-1-2 目标检测和目标跟踪

1. 目标跟踪的实现流程

目标跟踪的实现流程一般为特征提取、运动模型构建、外观模型构建及模型在线更新。

（1）特征提取　提取的特征要适用于目标跟踪的特征一般要求，既能较好地描述跟踪目标又能快速计算。常见的图像特征有灰度特征、颜色特征、纹理特征、Har-like 矩形特征、兴趣点特征、超像素特征等。图像特征示例如图 6－1－3 所示。

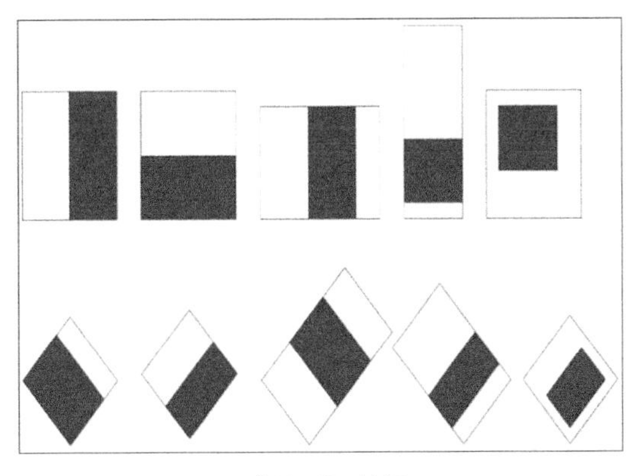

a）Har-like 特征

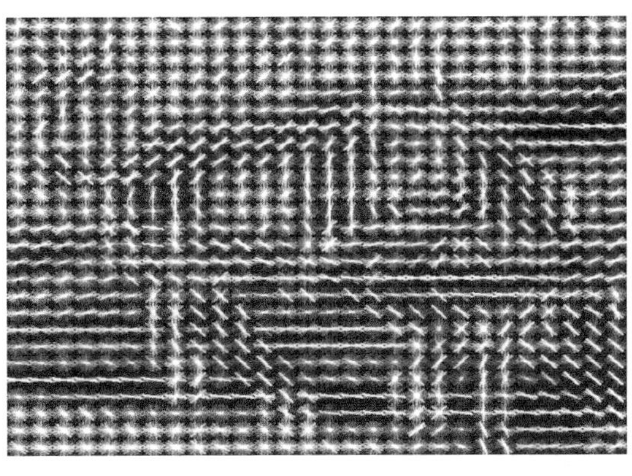

b）HoG 特征

图 6－1－3　图像特征示例

（2）运动模型构建　运动模型旨在描述帧与帧的目标运动状态之间的关系，显式或隐式地在视频帧中预测目标图像区域，并给出一组可能的候选区域。经典的运动模型构建算法有均值漂移（Mean Shift）、滑动窗口（Slide Window）、卡尔曼滤波（Kalman Filtering）、粒子滤波（Particle Filtering）等。Mean Shift 算法如图 6－1－4 所示。

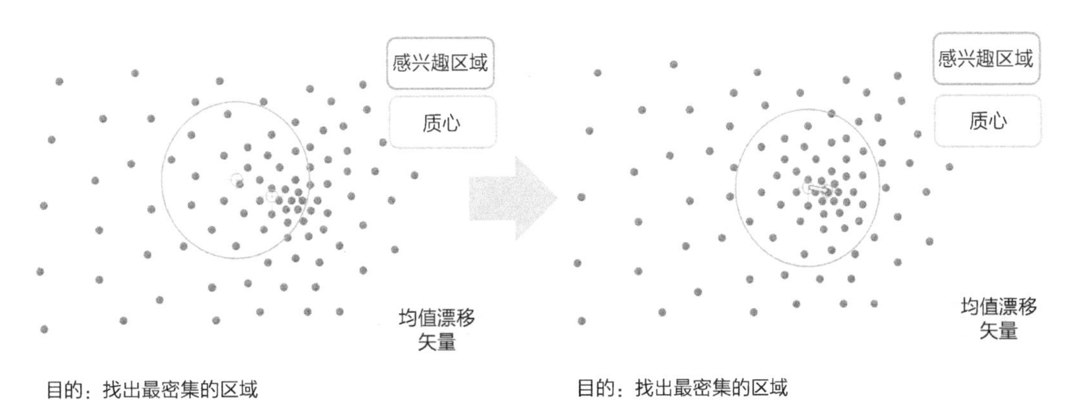

图 6－1－4　Mean Shift 算法

（3）外观模型构建　外观模型的作用是在当前帧中判决候选图像区域为被跟踪目标的可能性。提取图像区域的视觉特征，输入外观模型进行匹配或决策，最终确定被跟踪目标的空间位置。在视觉跟踪的四个基本组成中，外观模型处于核心地位，如何设计一个鲁棒性强的外观模型是在线视觉跟踪算法的关键。外观模型构建示例如图 6－1－5 所示。

图6-1-5 外观模型构建示例

（4）模型在线更新 为捕捉目标（和背景）在跟踪过程中的变化，目标跟踪需要有在线更新机制，在跟踪过程中不断更新外观模型。常见的外观模型更新方式有模板更新、增量子空间学习算法及在线分类器等。如何设计一个合理的在线更新机制，既能捕捉目标（和背景）的变化又不会导致模型退化，是目标跟踪研究的一个关键问题。图6-1-6所示为模型在线更新示例。

图6-1-6 模型在线更新示例

2. 目标跟踪的应用

（1）智能安防监控 主要用于人员监控、公共场所的人流分析等。具体应用示例如图6-1-7所示。

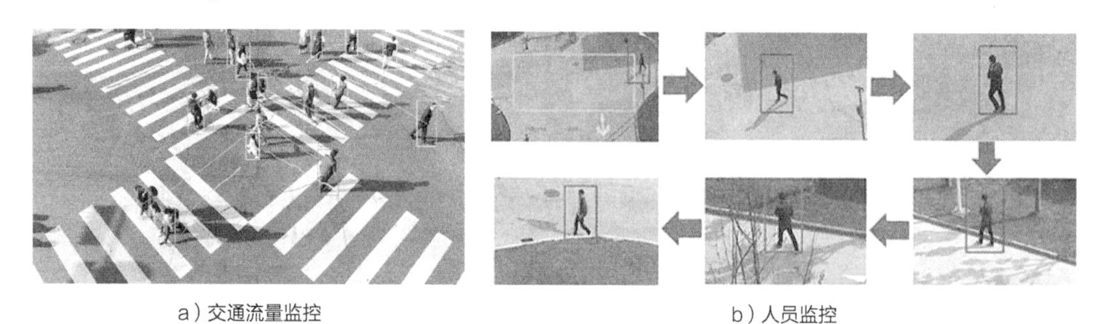

a）交通流量监控

b）人员监控

图6-1-7 智能安防监控示例

（2）交通监控 主要用于交通违法违规记录与跟踪、嫌疑车辆的搜寻与追踪等。具体应用示例如图6-1-8所示。

a）搜寻

b）交通违法监控

图6-1-8 交通监控示例

（3）军事目标跟踪 主要用于军事侦察、武器攻击锁定等。具体应用示例如图6-1-9所示。

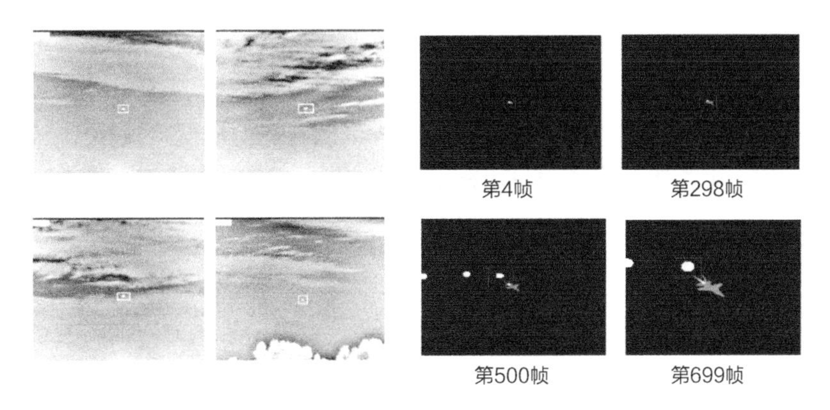

图6-1-9 军事目标跟踪示例

3. 目标跟踪的发展趋势

目标跟踪的方法经历了从经典算法到基于相关滤波算法，再到基于深度学习的跟踪算法的过程。目标跟踪方法根据观测模型是生成式模型还是判别式模型，可以被分为生成式方法（Generative Method）和判别式方法（Discriminative Method）。近年来，判别式方法逐渐占据了主流地位。以相关滤波（Correlation Filter）和深度学习（Deep Learning）为代表的判别式方法也取得了令人满意的效果。下面介绍这几种模型。

（1）生成式跟踪 通过在线学习方式建立目标模型，然后使用模型搜索重建误差最小的图像区域，完成目标定位。该类方法未考虑目标的背景信息，图像信息没有得到较好的运用。该方法在当前帧对目标区域建模，下一帧寻找与模型最相似的区域为目标的预测位置。比较著名的算法有卡尔曼滤波、粒子滤波、Mean Shift等。

（2）判别式跟踪 该类方法将目标跟踪看作是一个二元分类问题，同时提取目标和背景信息用来训练分类器，将目标从图像序列背景中分离出来，从而得到当前帧的目标位置。该方法采用了图像特征+机器学习的思路，当前帧以目标区域为正样本、背景区域为负样本，机器学习方法训练分类器，下一帧用训练好的分类器找最优区域。此类方法与生成式方法最大的区别是分类器采用机器学习，训练中用到了背景信息，因此，分类器可专注区分前景和背景，跟踪效果优于生成式方法。典型的核相关滤波（Kernel Correlation Filter，KCF）算法流程如图6-1-10所示。

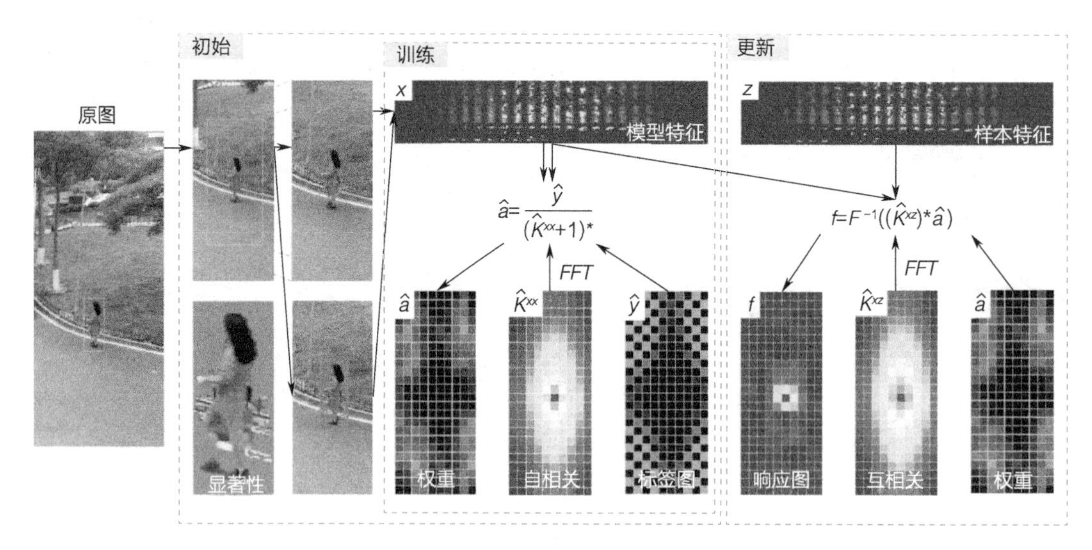

图6-1-10　KCF 算法流程

(3) 基于深度学习的跟踪　该类方法通过预先训练目标的深度特征模型，融入相关滤波进行在线目标跟踪。此类方法已成为目前跟踪领域的发展趋势。

6.2　目标跟踪方法

近年来，目标跟踪发展迅速，以基于相关滤波（Correlation Filter）的和基于深度学习的跟踪方法为主。

6.2.1　基于相关滤波的跟踪算法

基于核相关滤波的跟踪算法，如 MOSSE、CSK、KCF、BACF、SAMF，将通信领域的相关滤波（衡量两个信号的相似程度）引入目标跟踪中。基于相关滤波的跟踪算法始于 2012 年 P. Martins 提出的 CSK 方法，他提出了一种基于循环矩阵的核跟踪方法，并且从数学上完美解决了密集采样（Dense Sampling）问题，利用傅里叶变换快速实现了检测。在训练分类器时，一般认为离目标位置较近的是正样本，而离目标较远的是负样本。利用快速傅里叶变换，CSK 方法的跟踪帧率能达到 100 ~ 400 帧/s，奠定了相关滤波系列方法在实时性应用中的基石。

1. MOSSE

MOSSE 的全称是 Minimum Output Sum of Squared Error。2010 年，David S. Bolme 等人在 CVPR 上发表了 Visual Object Tracking using Adaptive Correlation Filters 一文，首次将相关滤波器引入目标跟踪当中。该算法大幅提高了目标跟踪的性能。论文的实验结果可达到每秒 669 帧的速度。相比同期的跟踪算法，这可以算是一个极大的飞跃。MOSSE 开拓了相关滤波跟踪的先河，为提高滤波器模板的鲁棒性，MOSSE 利用目标的多个样本作为训练样本，以生成更优的滤波器。

MOSSE 算法的基本思想：首先根据第一帧图像框选的目标构建一个响应，该响应在所绘制的目标框的中心处的响应值最大，向四周缓慢衰减（二维高斯分布）。然后希望找到一个滤波器使得图像和这个滤波器进行相关运算之后刚好得到的就是这个响应，那么就可以根据最大响应值得到目标的位置。当新的一帧图像进来时，用之前得到的滤波器与新的图像进行相关运算，即可得到新的目标位置。

MOSSE 以最小化平方和误差为目标函数，用 m 个样本求最小二乘解：

$$\min\left(\sum_{i=1}^{m}(\hat{x}_i \cdot \hat{w}^* - y_i)^2\right)$$

得到 $\hat{w}$ 为

$$\hat{w} = \frac{\sum_i \hat{x}_i \cdot \hat{y}_i^*}{\sum_i \hat{x}_i \cdot \hat{x}_i^*}$$

$\hat{x}_i$，$\hat{y}_i$ 的获取方法是对跟踪框进行随机仿射变换，获取一系列的训练样本 x_i，而 y_i 则是由高斯函数产生，并且其峰值位置是在 x_i 的中心位置。原始图像中心仿射变换后对应高斯图位置的值为样本的 y_i。

MOSSE 给出了在线更新机制：

$$\hat{w}_t = \frac{A_t}{B_t}$$

$$A_t = \eta\,\hat{x}_t \cdot \hat{y}_t^* + (1-\eta)A_{t-1}$$

$$B_t = \eta\,\hat{x}_t \cdot \hat{x}_t^* + (1-\eta)B_{t-1}$$

MOSSE 使用峰值旁瓣比（Peak to Sidelobe Ratio，PSR）评估跟踪置信度。通过相关滤波相应峰值 $g_{\max}$、11×11 峰值窗口以外旁瓣的均值 μ_{sl} 和标准差 σ_{sl} 计算得到：

$$\mathrm{PSR} = \frac{g_{\max} - \mu_{\mathrm{sl}}}{\sigma_{\mathrm{sl}}}$$

2. CSK

CSK（Exploiting the Circulant Structure of Tracking-by-detection with Kernels）算法针对 MOSSE 算法中采用稀疏采样造成样本冗余的问题，扩展了岭回归、基于循环移位的近似密集采样方法及核方法。

1）CSK 为求解滤波模板的目标函数增加了正则项。

$$\min\left(\sum_{i=1}^{m}(f(x_i) - y_i)^2\right) + \lambda\ \|\boldsymbol{w}\|^2$$

$$\boldsymbol{w} = (\boldsymbol{X}^{\mathrm{T}}\boldsymbol{X} + \lambda\boldsymbol{I})^{-1}\boldsymbol{X}^{\mathrm{T}}y$$

式中，x_i 是训练样本，$\boldsymbol{X}$ 是 x_i 构成的样本矩阵；y_i 是样本的响应值；$\boldsymbol{w}$ 是待求的滤波模板；λ 为正则化系数。增加正则项的目的是为了防止过拟合，使滤波器的泛化能力更强。

2）CSK 的训练样本是通过循环移位产生的。密集采样得到的样本与循环移位产生的样本很像，可以用循环移位来近似。循环矩阵第一行是实际采集的目标特征，其他行把最后的矢量周期性依次往前移产生虚拟目标特征，使用单通道一维的数据表示去进行讲解，可以直接扩展到二维的情况。通过左乘一个单位矩阵和右乘一个单位矩阵来实现，其中，左乘一个单位矩阵是行变换，右乘一个单位矩阵是列变化。循环移位的目的就是得到更多的样本，每乘一次都是一个新的样本，制造样本的数量。循环矩阵以图像的形式展示如图 6－2－1 所示。

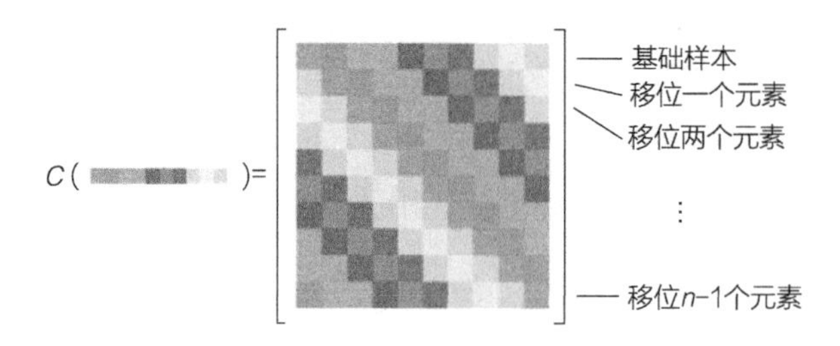

图6-2-1 循环矩阵以图像的形式展示

二维图像情况下的循环矩阵如图6-2-2所示。

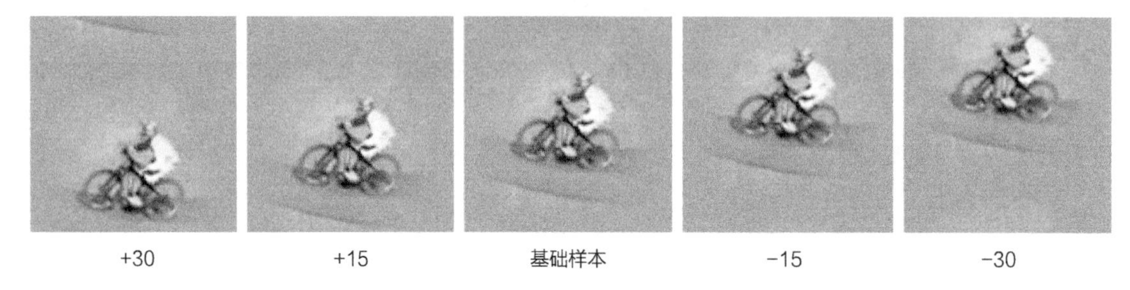

图6-2-2 二维图像情况下的循环矩阵

结合循环矩阵的特性将样本集进行化简，得到最终的闭合解：

$$\hat{\boldsymbol{w}}=\frac{\hat{\boldsymbol{x}}\cdot\hat{\boldsymbol{y}}}{\hat{\boldsymbol{x}}\cdot\hat{\boldsymbol{x}}^{*}+\lambda}$$

3）CSK引入核方法。核函数：

$$k(\boldsymbol{x}_i,\ \boldsymbol{y}_i)=<\varphi(\boldsymbol{x}_i),\ \varphi(\boldsymbol{x}_j)>$$

$$\boldsymbol{w}=\sum_i\alpha_i\varphi(\boldsymbol{x}_i)$$

则目标函数转化为

$$\min\sum_i(K_i\boldsymbol{\alpha}-\boldsymbol{y}_i)^2+\lambda\boldsymbol{\alpha}^{\mathrm{T}}\boldsymbol{K}\boldsymbol{\alpha}$$

进而得到

$$\hat{\boldsymbol{\alpha}}=\frac{\hat{\boldsymbol{y}}}{\hat{\boldsymbol{k}}+\lambda}\quad \hat{\boldsymbol{g}}=\hat{\boldsymbol{k}}\cdot\hat{\boldsymbol{\alpha}}$$

其中，

$$k(\boldsymbol{x}_i,\ \boldsymbol{y}_i)=\exp\left(-\frac{1}{\sigma^2}(\|\boldsymbol{x}_i\|^2+\|\boldsymbol{x}_j\|^2-2\boldsymbol{F}^{-1}(\hat{\boldsymbol{x}}\cdot\hat{\boldsymbol{x}}))\right)$$

3. 相关滤波跟踪

相关滤波方法根据当前帧与先前帧的信息训练得到相关滤波器，然后将其与输入帧进行相关性计算，输出的置信度即为预测的跟踪结果，得分最高的区域认为是跟踪的目标。其解决思路如下：

设计一个滤波模板，利用该模板与目标候选区域做相关运算，最大输出响应的位置即为当前帧的目标位置。

$$\boldsymbol{y}=\boldsymbol{x}*\boldsymbol{w}$$

式中，$\boldsymbol{y}$ 为输出响应；$\boldsymbol{x}$ 为输入图像；$\boldsymbol{w}$ 为滤波模板。利用相关定理将相关变换转化为频域中的点积：

$$\hat{\boldsymbol{y}}=\hat{\boldsymbol{x}}\cdot\hat{\boldsymbol{w}}$$

式中，$\hat{\boldsymbol{x}}$、$\hat{\boldsymbol{y}}$、$\hat{\boldsymbol{w}}$ 分别为 $\boldsymbol{x}$、$\boldsymbol{y}$、$\boldsymbol{w}$ 的傅里叶变换，相关滤波的主要任务是寻找最优的 $\boldsymbol{w}$。

相关滤波跟踪的基本流程如图 6-2-3 所示。

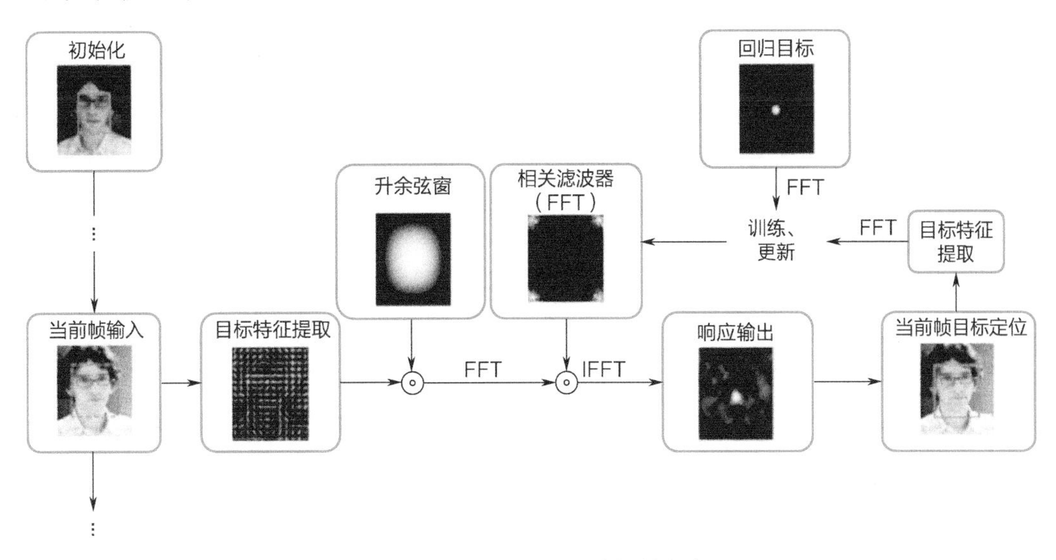

图6-2-3 相关滤波跟踪的基本流程

6.2.2 基于深度学习的跟踪方法

基于深度学习的跟踪方法是利用深度学习模型提取目标特征，然后计算目标图像特征与候选特征的相关性，将高响应的目标确定为跟踪的目标图像。图 6-2-4 所示为 YOLO v3 目标检测示例。

图6-2-4 YOLO v3 目标检测示例

1. SORT

SORT（Simple Online and Realtime Tracking）是一种简单的在线实时多目标跟踪算法，主要利用卡尔曼滤波来传播目标物体到未来帧中，再通过 IoU 作为度量指标来建立关系。匈牙利匹配则主要解决最优匹配问题，计算检测结果与轨迹预测之间的代价矩阵。在 SORT 算法中，计算两者交并比（IoU），并由（1-IoU）构建代价矩阵作为匈牙利匹配算法的输入，求解检测结果与预测轨迹的最优匹配，实现目标的关联。

SORT 算法的实现流程如下：

1）对视频序列进行目标检测，获取目标检测框的位置和类别。

2）卡尔曼滤波基于初始轨迹预测当前帧的轨迹状态。

3）计算预测轨迹框与当前帧检测框的交并比，由算式（1-IoU）构建代价矩阵，输入匈牙利算法求解最优匹配结果，最终实现轨迹与检测数据的关联。

4）卡尔曼滤波根据匹配的检测信息更新轨迹状态。

5）未匹配的轨迹在 SORT 算法中直接删去，未匹配的检测结果再经由卡尔曼滤波初始化为新的轨迹。

SORT 算法流程如图 6-2-5 所示。

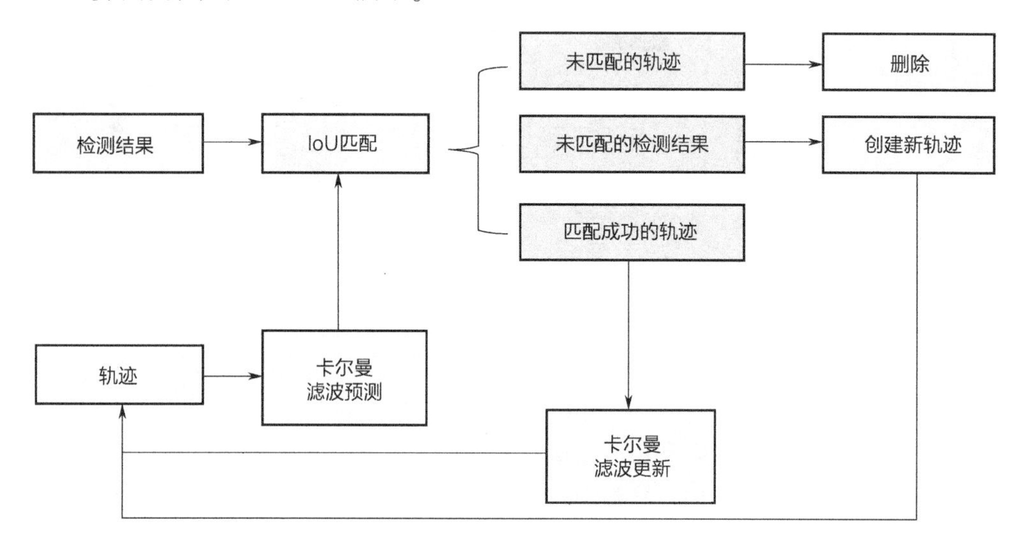

图 6-2-5　SORT 算法实现流程

SORT 的目标跟踪过程如图 6-2-6 所示。

T1　　T2　　T3

图 6-2-6　SORT 目标跟踪过程

2. DeepSORT

DeepSORT 通过融入外观信息来提高 SORT 的性能。具体来说，引入了一个预训练好的行人重识别（Re-ID）网络来提取目标边界框的外观特征描述符，从而能够在较长的遮挡时间内跟踪对象，有效地减少了 ID Switch（ID 转换）的次数。

SORT 的计算思路是首先使用马氏距离度量目标与跟踪候选目标之间的相似性：

$$d'(i, j) = (\boldsymbol{d}_j - \boldsymbol{y}_i)^{\mathrm{T}} \boldsymbol{S}_i^{-1} (\boldsymbol{d}_j - \boldsymbol{y}_i)$$

式中，$\boldsymbol{d}_j$ 表示第 j 个检测框的位置；$\boldsymbol{y}_i$ 表示第 i 个追踪器对目标的预测位置；$\boldsymbol{S}_i$ 表示检测位置与平均追踪位置之间的协方差矩阵。

马氏距离通过计算检测位置和平均追踪位置之间的标准差度量状态测量的不确定性。如果某次关联的马氏距离小于指定的阈值 t，则表示关联成功。

$$b = I(d'(i, j) < t)$$

在相机存在运动时，马氏距离的关联方法失效，造成出现 ID Switch 现象。因此，引入第二种度量，即计算第 i 个追踪器的最近 100 个成功关联的特征集与当前帧第 j 个检测结果的特征向量间的最小余弦距离：

$$c(i, j) = \alpha \cdot d'(i, j) + (1 - \alpha) d''(i, j)$$

此外，DeepSORT 算法在 SORT 算法的基础上增加了级联匹配（Matching Cascade）和新轨迹的确认（Confirmed），级联匹配的核心思想就是由小到大对消失时间相同的轨迹进行匹配，保证对最近出现的目标赋予最大的优先权，解决长时间部分遮挡的问题。具体应用示例如图 6－2－7 所示。

图6－2－7 级联匹配示例

3. YOLO v3 + DeepSORT 深度学习跟踪方法

DeepSORT 算法是对 SORT 算法的改进。SORT 算法使用简单的卡尔曼滤波处理逐帧数据的关联性，并使用匈牙利算法进行关联度量，这种简单的算法在高帧速率的情况下获得了良好的性能。但由于 SORT 忽略了被检测物体的表面特征，因此只有在物体状态估计不确定性较低时才会准确。在 DeepSORT 中，使用更可靠的度量来代替关联度量，并使用 CNN 在大规模行人数据集中进行训练并提取特征，以增加网络对遗失和障碍的鲁棒性。

YOLO v3 + DeepSORT 深度学习跟踪方法首先利用 YOLO v3 实现图像中的目标检测，该模型借鉴残差网络结构，形成更深的网络层次，以及多尺度检测，提升 mAP（Mean Average Precision，平均 AP 值）及小物体检测效果，如图 6－2－8 所示。

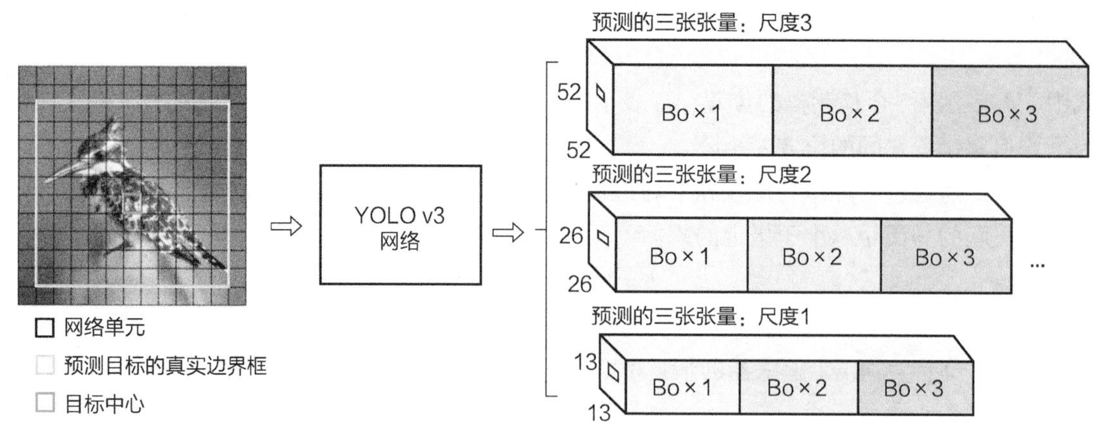

图6-2-8 采用 YOLO v3 实现图像中的目标检测

YOLO v3 较先前网络的改进之处：

- 在基本的图像特征提取方面，YOLO v3 采用了 Darknet-53 的网络结构，借鉴残差网络（Residual Network）的做法，在一些层之间设置了快捷链路。
- YOLO v3 更进一步采用了三个不同尺度的特征图来进行对象检测，检测到不同尺度的目标细粒度特征。
- 将 Softmax 函数用逻辑回归（Logistic）替代，实现多目标的检测。

6.2.3 跨镜追踪

跨镜追踪（Person Re-Identification，ReID）技术是当前计算机视觉研究的热门方向，主要解决跨摄像头跨场景下行人的再识别与检索。跨镜追踪是多目标跟踪、行人跨镜重识别、空间定位技术的综合应用，它利用同一场景、不同摄像头获取的视频数据进行目标持续的跟踪与定位，并在不同场景、不同摄像头获取的视频数据中进行目标跟踪与定位。

ReID 技术能够根据行人的穿着、体态、发型等信息认知行人，与人脸识别技术结合能够适用于更多新的应用场景，提供更加丰富的服务，将人工智能的认知水平提高到一个新的阶段。

1）行人检测。任务是在给定图片中检测出行人位置的矩形框。该技术跟之前的人脸检测、汽车检测比较类似，是较为基础的技术，也是很多检测技术的一个前置技术。

2）行人分割及背景替换。行人分割比行人检测更精准，预估每个行人在图片里的像素概率，把这个像素分割出来，标识是人或是背景。

3）骨架关键点检测及姿态识别。一般可识别出人体的几个关键点，如头部、肩部、手掌、脚掌等，应用到行人姿态识别任务中，适用于互动娱乐场景。

4）行人跟踪技术。该技术主要是研究人在单个摄像头里行进的轨迹，每个人后面拖了一根线，这根线表示这个人在摄像头里行进的轨迹。该技术和 ReID 技术结合在一起可以形成跨镜头的细粒度的轨迹跟踪。

5）动作识别。动作识别是基于视频的内容理解，技术更加复杂，它与人类的认知更加接近，应用场景也更多。但这个技术目前并不成熟。动作识别可以有非常多的应用，例如，对公共场合突发事件的智能认知，识别出像偷窃、聚众斗殴这样的行为之后可以采取智能措施，如自动报警。该项技术有非常大的社会价值。

6）行人属性结构化。把行人的属性提炼出来，例如，其衣服的颜色、裤子的类型、背包的颜色等。

ReID 技术示例如图6-2-9所示。

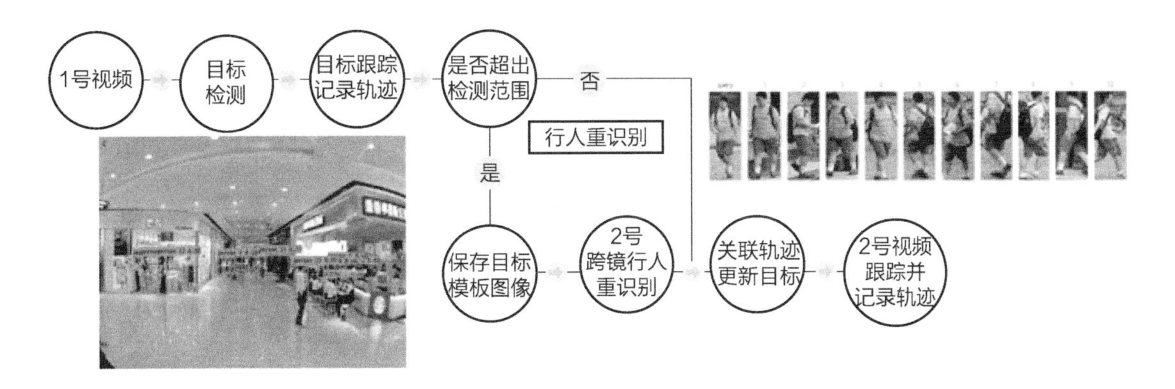

图6-2-9　ReID 技术示例

第 7 章 目标识别

7.1 目标识别概述

第 7 章导学

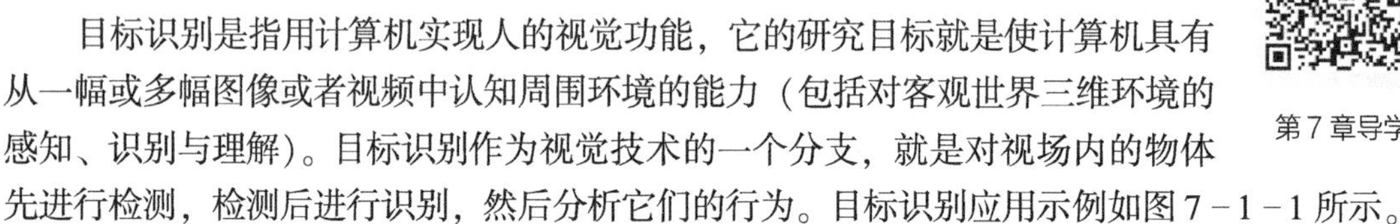

目标识别是指用计算机实现人的视觉功能，它的研究目标就是使计算机具有从一幅或多幅图像或者视频中认知周围环境的能力（包括对客观世界三维环境的感知、识别与理解）。目标识别作为视觉技术的一个分支，就是对视场内的物体先进行检测，检测后进行识别，然后分析它们的行为。目标识别应用示例如图 7-1-1 所示。

图 7-1-1　目标识别应用示例

1. 目标识别的任务

目标识别的任务就是识别出图像中有什么物体，并报告出这个物体在图像表示的场景中的位置和方向。对一个给定的图片进行目标识别，首先要判断有没有目标，如果没有目标，则检测和识别结束，如果有目标，就要进一步判断有几个目标，及目标分别所在的位置，然后对目标进行分割，判断哪些像素点属于该目标。

2. 目标识别的过程

目标识别的过程如图 7-1-2 所示。

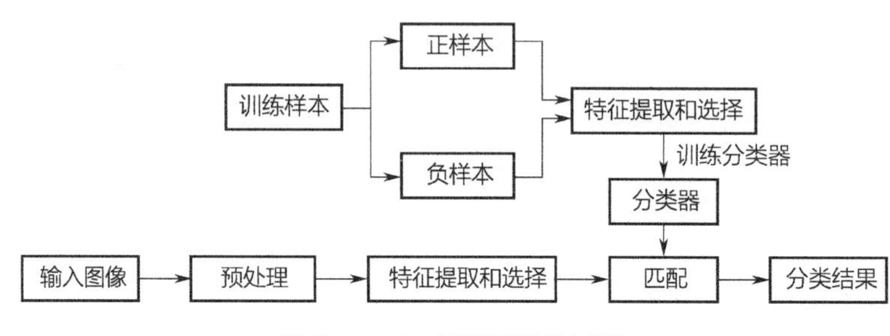

图 7-1-2　目标识别的过程

（1）训练样本 训练样本包括正样本和负样本，其中正样本是指待检目标样本（如人脸或汽车等），负样本指其他不包含目标的任意图像（如背景等）。所有的样本图像都被归一化为同样的尺寸大小（例如 20×20 像素）。

（2）预处理 预处理是尽可能在不改变图像承载的本质信息的前提下，使得每张图像的表观特性（如颜色分布、整体明暗、尺寸大小等）尽可能一致，便于后续处理。瞳孔、虹膜和视网膜上的一些细胞的行为类似于某些预处理步骤，如自适应调节入射光的动态区域等。预处理和特征提取之间的界线不完全分明，有时两者是交叉在一起的。它主要完成模式的采集、模数转换、滤波、消除模糊、减少噪声、纠正几何失真等预处理操作。

预处理经常与具体的采样设备和所处理的问题有关。例如，从图像中将汽车车牌的号码识别出来，就需要先将车牌从图像中找出来，再对车牌进行划分，将每个数字分别划分开，做到这一步以后，才能对每个数字进行识别。以上工作都应该在预处理阶段完成。

从理论上说，像预处理这种先验式的操作是不应该有的，因为它并不为任何目的服务，所以完全可以随意为之而没有“应该怎么做”的标准。大部分情况下，预处理是根据实验结果来定，这是因为计算机视觉目前没有一个整体的理论框架，无法从全局的高度来指导每一个步骤应该如何进行。在物体识别中用到的典型的预处理方法不外乎直方图均衡及滤波几种。使用高斯模糊可以使得到的梯度计算更为准确，而使用直方图均衡可以克服一定程度的光照影响。值得注意的是，有些特征本身已经带有预处理的属性，因此不需要再进行预处理操作。

预处理通常包括五种基本运算。

- 编码：实现模式的有效描述，使之适合计算机运算。
- 阈值或者滤波运算：按需要选出某些函数。
- 模式改善：排除或修正模式中的错误或不必要的函数值。
- 正规化：使某些参数值适应标准值或标准值域。
- 离散模式运算：离散模式处理中的特殊运算。

（3）特征提取 由图像或波形所获得的数据量是相当大的。例如，一个文字图像可以有几千个数据，一个心电图波形也可能有几千个数据。为了有效地实现分类识别就要对原始数据进行变换，得到最能反映分类本质的特征，这就是特征提取的过程。一般把原始数据组成的空间叫作测量空间，把分类识别赖以进行的空间叫作特征空间，通过变换可把在维数较高的测量空间中表示的模式变为在维数较低的特征空间中表示的模式。特征提取是物体识别的第一步，也是识别方法的一个重要组成部分。好的图像特征使得不同的物体对象在高维特征空间中有着较好的分离性，从而能够有效地减轻识别算法后续步骤的负担，达到事半功倍的效果。常用的特征提取方法如下。

1）颜色特征。颜色特征描述了图像或图像区域所对应的景物的表面性质，常用的颜色特征有颜色直方图、颜色矩（颜色分布）、颜色集、颜色聚合向量和颜色相关图等。

2）纹理特征。纹理通常被定义为图像的某种局部性质，或是对局部区域中像素之间关系的一种度量。纹理特征提取的一种有效方法是以灰度级的空间相关矩阵即共生矩阵为基础的特征提取，其他还有基于图像灰度差值直方图的特征提取和基于图像灰度共生矩阵的特征提取。

3）形状特征。形状是物体的基本特征之一，用形状特征区别物体非常直观。利用形状特征检索图像可以提高检索的准确性和效率。形状特征分析在模式识别和视觉检测中具有重要的作用。通常情况下，形状特征有两类表示方法：一类是形状轮廓特征；另一类是形状区域特征。形状轮廓特征主要有直线段描述、样条拟合曲线、傅里叶描述子、内角直方图及高斯参数曲线等；形状区域特征主要有形状的无关矩、区域的面积、形状的纵横比等。

4）空间特征。空间特征是指图像中分割出来的多个目标之间的相互的空间位置或者相对方向关系，有相对位置信息（比如上/下/左/右），也有绝对位置信息。常用的提取空间特征的方法的基本思想是对图像进行分割，提取出特征后，对这些特征建立索引。

（4）特征选择　在提取了所要的特征之后，接下来的一个可选步骤是特征选择。特别是当特征种类很多或者物体类别很多时，需要找到各自的最适应特征的场合。严格来说，任何能够在被选出特征集上正常工作的模型都能在原特征集上正常工作；反过来说，进行了特征选择则可能会丢掉一些有用的特征。由于计算上的巨大成本，在把特征放进模型里训练之前需要进行特征选择。

（5）用训练样本来训练分类器　分类器按特征类型分为数值型分类器和符号型分类器两大类。数值型分类器包括统计分类器（以统计理论为基础）、模糊分类器（以模糊集理论为基础）、人工神经元网络、人工智能分类器（基于逻辑推理或专家系统结构）。符号型分类器包括句法分类器（基于句法分析和自动机理论）、人工智能分类器（基于逻辑推理或专家系统结构）。符号型分类器具有更大的灵活性，能处理较为复杂的模式分类问题。但是目前对符号型分类器的研究远没有数值型分类器成熟。为了使分类检测的准确率较好，训练样本一般都是成千上万的，然后每个样本又提取出了很多个特征，这样就产生了很多的训练数据，所以训练的过程一般都是很耗时的。

目前比较流行的分类器有 SVM 支持向量机、AdaBoost 等。其中，行人检测一般用 HOG 特征 + SVM，在 OpenCV 中检测人脸一般使用 Haar + AdaBoost，在 OpenCV 中检测拳头一般使用 LBP + AdaBoost。随着深度学习的兴起，现在深度学习在物体识别上取得了相当好的效果。

（6）匹配　在得到训练结果之后，接下来就是运用模型识别新的图像属于哪一类物体，并且将物体与图像的其他部分分割开来。一般当模型取定后，匹配算法也就自然确定。在描述模型中，通常是对每类物体建模，然后使用极大似然或是贝叶斯推理得到类别信息。生成模型大致与此相同，只是通常要预估出隐变量的值，或者将隐变量积分，这一步往往会导致极大的计算负荷。区分模型则更为简单，将特征取值代入分类器即得结果。

一般的匹配过程是：用一个扫描子窗口在待检测的图像中不断地移位滑动，子窗口每到一个位置，就会计算出该区域的特征，然后用训练好的分类器对该特征进行筛选，判定该区域是否为目标。因为目标在图像中的大小可能和训练分类器时使用的样本图片大小不一样，所以就需要将这个扫描子窗口变大或者变小（或者将图像变小），再在图像中滑动，重新匹配。

3. 目标识别方法

物体识别方法就是使用各种匹配算法，根据从图像已提取出的特征，寻找出与物体模型库中最佳的匹配。它的输入为图像与要识别物体的模型库，输出为物体的名称、姿态、位置等。目标识别方法如下。

1）Bag of Words（BoW）方法。BoW 方法主要是采用分类方法来识别物体。BoW 方法来自于自然语言处理，在计算机视觉的物体识别中，BoW 方法首先需要一个特征库，特征库中的特征之间是相互独立的，然后将图像表示为特征库中所有特征的一个直方图，最后采用一些生成性（Generative）方法的学习与训练来识别物体。

2）Parts and Structure 方法。BoW 方法的一个主要缺点是特征之间是相互独立的，丢失了位置信息，Parts and Structure 方法采用了特征之间的关系，比如位置信息和底层的图像特征，将提取出的特征联系起来。Pictorial Structure 方法提出了弹簧模型，即物体部件之间的关系用伸缩的弹簧表示，对于特征之间的关系的模型表示，还有星形结构、层次结构、树状结构等。

3）生成性（Generative）方法与鉴别性（Discriminative）方法。生成性方法检查在给定物体类别的条件下，图像中出现物体的可能性，并以此判定检测结果的得分。鉴别性方法检查图像中包含某个类别出现的可能性与其他类的可能性之比，从而将物体归为某一类。

7.2 目标识别的应用

1. 人脸识别

人脸识别是基于人的脸部特征信息进行身份识别的一种生物识别技术，是用摄像机或摄像头采集含有人脸的图像或视频，并自动在图像中检测和跟踪人脸，进而对检测到的人脸进行脸部识别的一系列相关技术，通常也叫作人像识别、面部识别。人脸识别应用场景如图 7-2-1 所示。

人脸识别首先要判断输入的人脸图像或者视频流是否存在人脸，如果存在人脸，则进一步给出每个人脸的位置、大小和各个主要面部器官的位置信息。然后依据这些信息，进一步提取每个人脸中所蕴含的身份特征，并将其与已知的人脸图像进行对比，从而识别每个人脸的身份。人脸识别过程如图 7-2-2 所示。

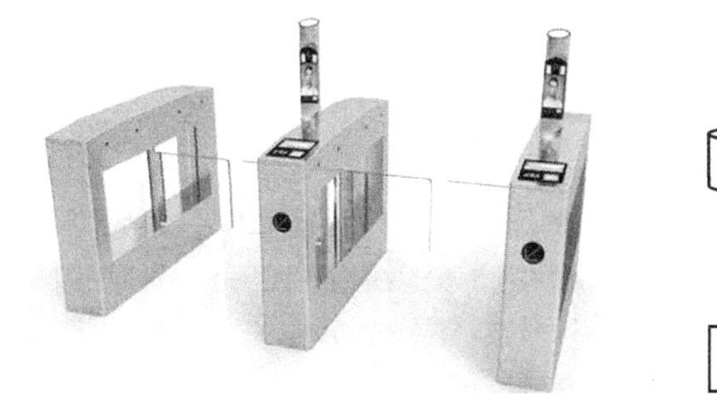

图7-2-1 人脸识别应用场景

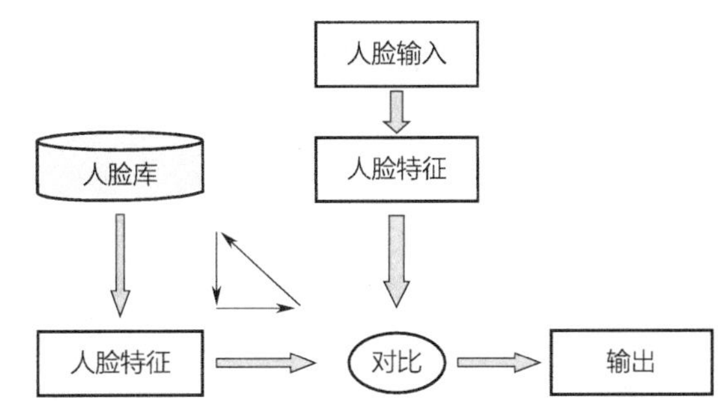

图7-2-2 人脸识别过程

2. 光学字符识别

光学字符识别（Optical Character Recognition，OCR）是指用电子设备（如扫描仪或数码相机）检测纸上打印的字符，通过检测暗、亮模式确定其形状，然后用字符识别方法将形状翻译成计算机能理解的字符的过程。也就是说，针对印刷体字符，采用光学的方式将纸质文档中的文字转换成黑白点阵的图像文件，并通过识别软件将图像文件转换成文本格式，供文字处理软件进行编辑加工的技术。光学字符识别应用示例如图 7-2-3 所示。

图7-2-3 光学字符识别应用示例

3. 车型识别

在交通安防中，车型识别采用多种特征融合技术对车辆 LBP（局部二值模式）等纹理特征进行提取，利用 SVM 分类器对车型进行识别，主要包括车辆检测、型号识别、颜色识别和基于视频的车型识别等。

车辆身份特征分析系统是基于视频流、图片流的智能车辆识别系统，利用机器学习与大数据技术，自动识别车牌与车型信息。为交警部门打击假牌、套牌等违法行为提供技术支撑。具体应用示例如图 7-2-4 所示。

套牌车识别

假牌照识别

图 7-2-4　车型识别应用示例

4. 车牌识别

车牌是对车辆身份识别的标记。我国车牌由颜色和文字组成，颜色有蓝、黄、白、黑、绿五种，车牌的文字包括汉字、字母、数字等。随着汽车数量的逐年递增，如何高效地进行交通管理，已成为现实生活中的焦点问题。人们相继研发了各种交通道路监视和管理系统。这些系统一般都通过对过往的车辆实施检测，提取相关交通数据，从而达到监控、管理和指挥交通的目的。汽车牌照的自动识别是车辆检测系统中的一个重要部分，它在交通监管中占有很重要的地位，是实现交通管理现代化和智能化的重要前提。

（1）车牌识别概述　利用车牌识别技术可以实现自动登记车辆身份，它已被广泛应用于各种交通管理场合。

1）电子警察系统。电子警察系统作为一种抓拍车辆违章行为的智能系统，大大降低了交通管理压力。随着计算机技术和 CCD 技术的发展，目前电子警察系统已经是一种纯视频触发的高清抓拍系统，可以完成多项违章抓拍功能，如闯红灯、不按车道行驶、压线变道、压双黄线和逆行等违章行为。电子警察系统自动抓拍违章车辆并识别车牌号码，将违法行为记录在案。电子警察系统大大节省了警力，规范了城市交通秩序，缓解了交通拥堵，降低了交通事故的发生率。

2）卡口系统。卡口系统对监控路段的机动车辆进行全天候图像抓拍，自动识别车牌号码，与卡口系统控制中心的黑名单数据库进行比对，当发现结果相符合时，系统自动向相关部门发出警报信号。卡口系统记录的图像还可以清楚地分辨出司乘人员（前排）的面部特征。

3）高速公路收费系统。高速公路收费系统已经基本实现自动化。当车辆经过高速公路收费站入口时，系统进行车牌识别，保存车牌信息，当车辆经高速公路收费站出口时，系统再次进行车牌识别，与进入车辆的车牌信息进行比对，只有进站和出站的车牌一致方可让车辆通行。自动收费系统可以有效地提高车辆的通行效率，并且可以有效地检测出逃费车辆。

4）停车场收费系统。当车辆进入停车场时，收费系统抓拍车辆图片进行车牌识别，保存车辆信息和进入时间，并语音播报空闲车位；当车辆离开停车场时，收费系统自动识别出该车的车牌号码，保存车辆离开的时间，并在数据库中查找该车的进入时间，计算出该车的停车费用，车主交完费用后，收费系统自动放行。停车场收费系统不但实现自动化管理，节约了人力，而且还保证了车辆停放的安全性。

5）公交车报站系统。当公交车进入和离开公交站台时，报站系统对其进行车牌识别，然后与数据库中的车牌进行比对，语音报读车牌结果和公交线路。

综上所述，车牌识别技术的广泛应用使道路安全、交通通畅、车辆安全、环境保护得到了全面的保障。图7－2－5所示为车牌识别的具体应用示例。

图7－2－5　车牌识别应用示例

（2）车牌识别流程　车牌自动识别是一项利用车辆的动态视频或静态图像进行牌照号码、牌照颜色自动识别的模式识别技术。其硬件基础一般包括触发设备（监测车辆是否进入视野）、摄像设备、照明设备、图像采集设备、识别车牌号码的处理器（如计算机）等；其软件核心包括车牌定位算法、车牌字符分割算法和车牌字符识别算法等。车牌识别流程如图7－2－6所示。

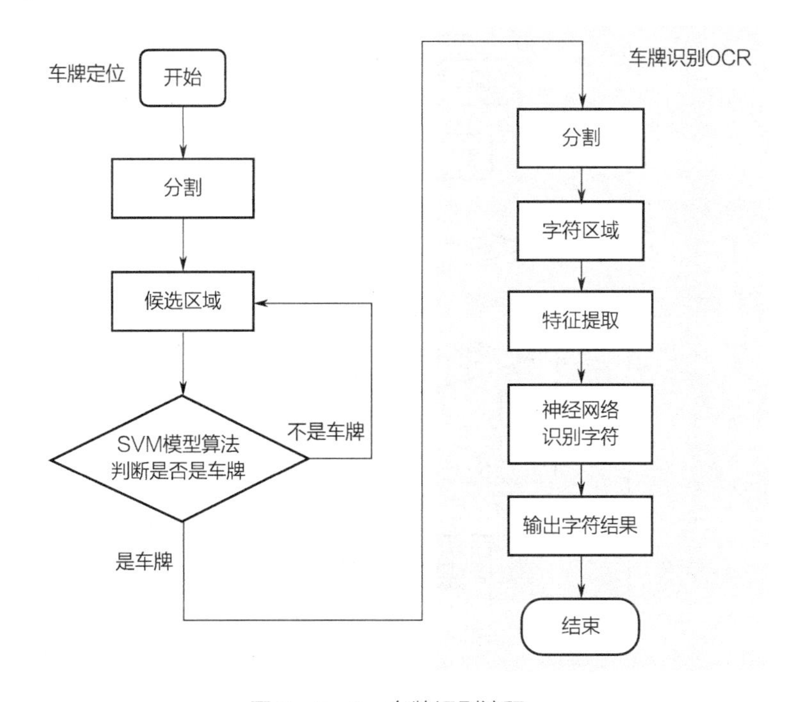

图7－2－6　车牌识别流程

1）车牌定位。自然环境下，汽车图像背景复杂、光照不均匀，如何在这样的自然背景中准确地确定车牌区域是整个车牌识别过程的关键。首先对采集到的视频图像进行大范围相关搜索，找到符合车牌特征的若干区域作为候选区，然后对这些候选区域做进一步分析、评判，最后选定一个最佳区域作为车牌区域，并将其从图像中分离出来。车牌定位过程如图 7－2－7 所示。

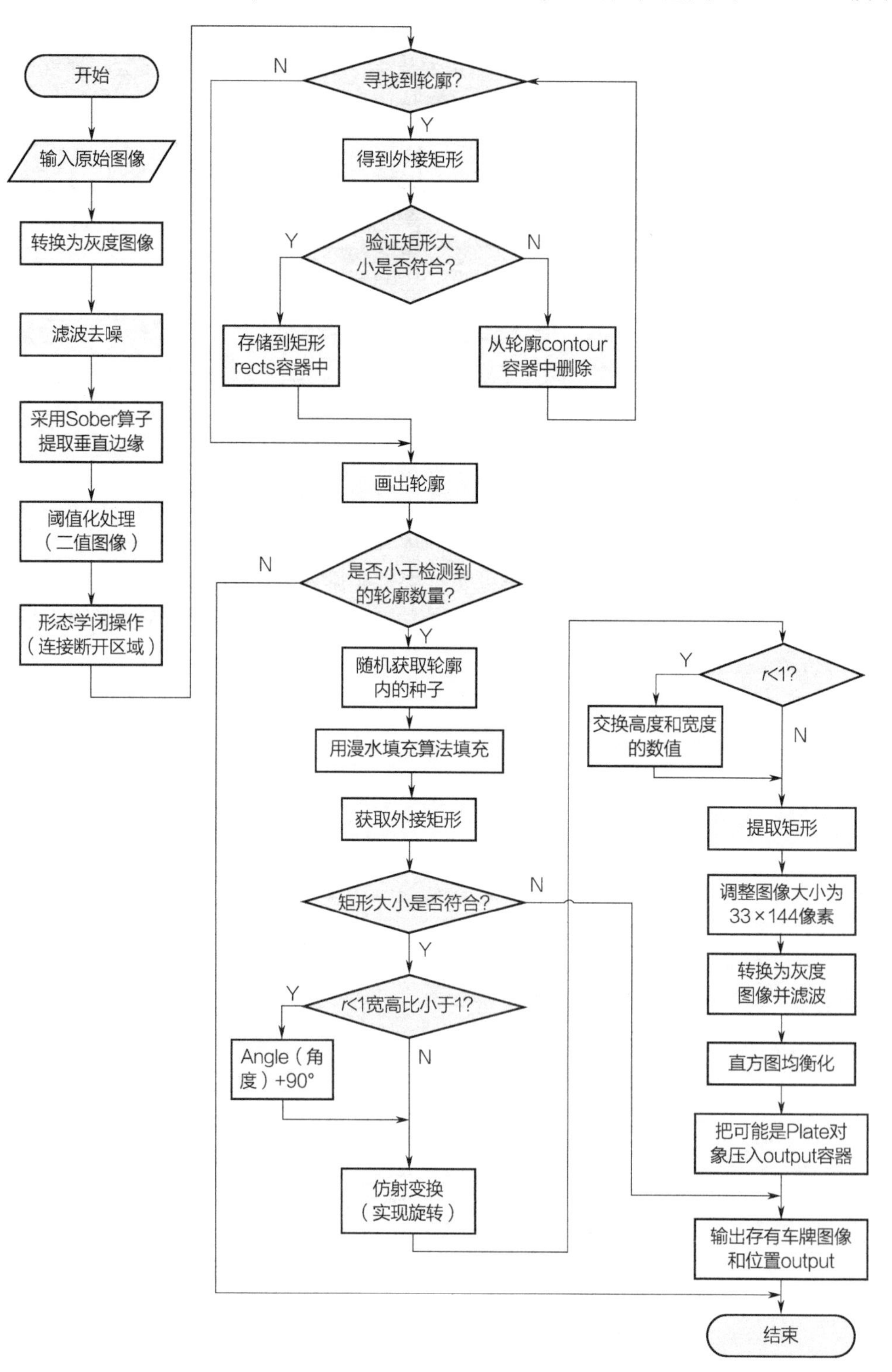

图7－2－7 车牌定位过程

2）车牌字符分割。完成车牌区域的定位后，再将车牌区域分割成单个字符，然后进行识别。字符分割一般采用垂直投影法。由于字符在垂直方向上的投影必然在字符间或字符内的间隙处取得局部最小值的附近，并且这个位置应满足车牌的字符书写格式、字符、尺寸限制和一些其他条件。字符分割流程如图 7－2－8 所示。

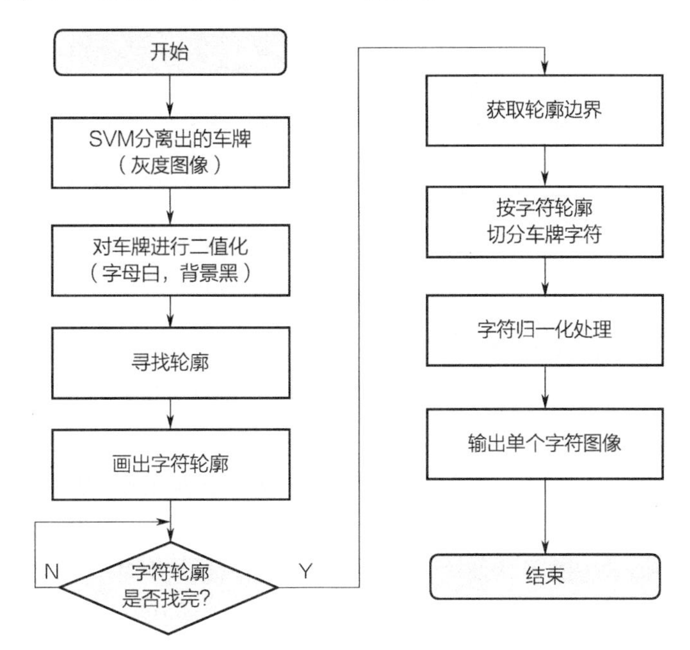

图 7－2－8　字符分割流程

3）车牌字符识别方法。车牌字符识别方法主要有基于模板匹配算法和基于人工神经网络算法。基于模板匹配算法首先将分割后的字符二值化，再将其尺寸大小缩放为字符数据库中模板的大小，然后与模板进行匹配，选择最佳匹配作为结果。基于人工神经网络的算法有两种：一种是先对字符进行特征提取，然后用所获得的特征来训练神经网络分类器；另一种方法是直接把图像输入网络，由网络自动实现特征提取直至识别出结果。

在实际应用中，车牌识别系统的识别率还与车牌情况和拍摄质量密切相关。车牌会受到各种因素的影响，如生锈、污损、油漆剥落、字体褪色、牌照被遮挡、牌照倾斜、高亮反光、多牌照、假牌照等；实际拍摄过程也会受到环境亮度、拍摄方式、车辆速度等因素的影响。这些影响因素不同程度上降低了车牌的识别率，这也正是车牌识别系统的困难和挑战所在。为了提高识别率，除了不断地完善识别算法还应该想办法克服各种光照条件，使采集到的图像利于识别。

第 8 章 目标三维重构

8.1 计算机视觉三维重构的理论基础

第 8 章导学

1. 立体视觉的概念与应用场景

立体视觉（Steroscopic Vision）以双眼单视为基础。在观察一个三维物体时，由于两个眼球之间存在距离，因而存在视差角，物体在两眼视网膜上的成像存在相似性及一定的差异，形成双眼视差（Binocular Disparity），视中枢成像时双眼水平视差信息形成了感知物体的三维形状及该物体与人眼的距离或视野中两个物体相对关系的深度知觉。三维视觉研究突破传统的二维图像空间，实现三维空间的分析、理解和交互。三维视觉技术被越来越广泛地应用于智能无人系统（无人车、无人机）、机器人、智能制造、文物保护和医疗健康等许多领域。

2. 相机成像模型

相机的透视投影模型如图 8-1-1 所示，描述的是三维空间点通过透镜投影为图像平面上的点的过程。为了定量描述光学成像过程，首先定义世界坐标系、相机坐标系和图像坐标系（分为图像物理坐标系和图像像素坐标系）。

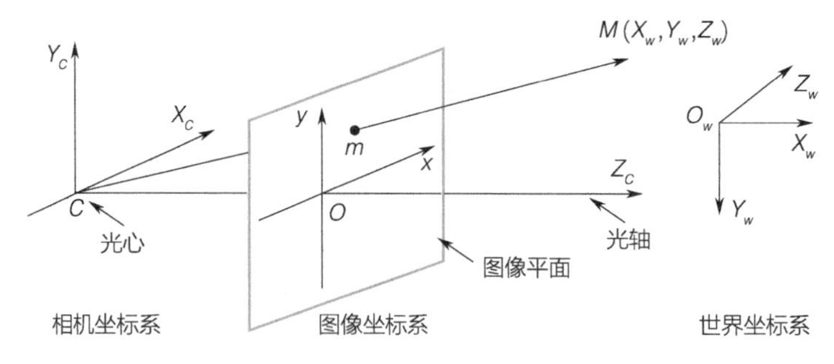

图 8-1-1　相机的透视投影模型

（1）图像坐标系、相机坐标系和世界坐标系　图 8-1-1 中 C 为相机的光心。相机坐标系 $CX_CY_CZ_C$ 是依据拍摄时相机的方位建立的，因此要对重构对象的位置有一个公有的确立准则，必须在场景中选择一个参考坐标系作为基准，这个坐标系就称为世界坐标系 $O_WX_WY_WZ_W$，世界坐标系可以根据实际需要人为设定。

世界坐标系和相机坐标系之间的关系可用一个旋转矩阵 $\boldsymbol{R}$ 和一个平移向量 $\boldsymbol{t}$ 来诠释。物点在世界坐标系的坐标为(X_W, Y_W, Z_W)，对应的相机坐标系下的坐标为(X_C, Y_C, Z_C)，两个坐标系之间的关系用齐次坐标与矩阵形式表示为

$$\begin{bmatrix} X_C \\ Y_C \\ Z_C \\ 1 \end{bmatrix} = \begin{bmatrix} \boldsymbol{R} & \boldsymbol{t} \\ \boldsymbol{0}^{\mathrm{T}} & 1 \end{bmatrix} \begin{bmatrix} X_W \\ Y_W \\ Z_W \\ 1 \end{bmatrix}$$

式中，$\boldsymbol{t}$ 为三维平移向量，$\boldsymbol{t} = [t_x, t_y, t_z]^{\mathrm{T}}$；$\boldsymbol{0}$ 为零向量，$\boldsymbol{0} = [0,0,0]^{\mathrm{T}}$；$\boldsymbol{R}$ 为旋转矩阵，是一个 3×3 的单位正交矩阵。

相机采集的图像以标准电视信号的形式经高速图像采集系统变换为数字图像，并输入计算机。每幅图像都是 $M \times N$ 的数组，M 行 N 列的图像中的每一个元素（也就是像素）的数值就是图像点的亮度（即图像灰度）。

(u, v)就是以像素为单位的图像坐标系的坐标，由于(u, v)只表示像素位于数组中的列数和行数，并没有用物理单位表示出该像素在图像中的位置，因此，需要再建立以物理单位（如 mm）表示的图像坐标系，也就是图 8－1－2 中所表示的 O_1xy 坐标系。

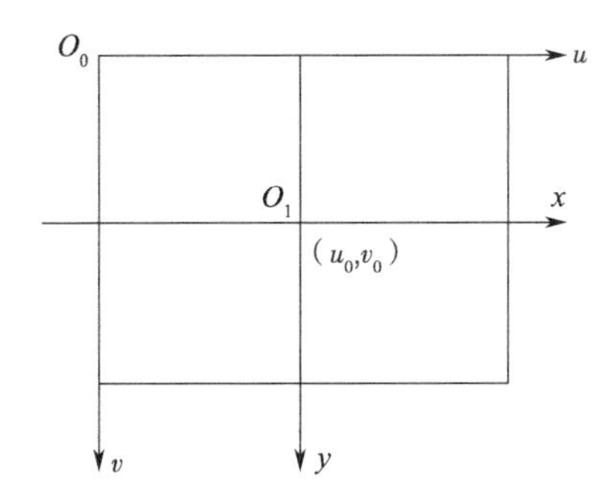

图 8－1－2　图像物理坐标系和像素坐标系的关系

在 O_1xy 坐标系中，原点 O 通常被定义为相机光轴与图像平面的交点，该点一般就位于图像中心处，但由于一些原因，也会发生偏离。二维相机坐标系到图像坐标系的变换可以描述为

$$\begin{bmatrix} u \\ v \\ 1 \end{bmatrix} = \begin{bmatrix} \dfrac{1}{d_x} & 0 & u_0 \\ 0 & \dfrac{1}{d_y} & v_0 \\ 0 & 0 & 1 \end{bmatrix} \begin{bmatrix} x \\ y \\ 1 \end{bmatrix}$$

图像物理坐标系是一个图像平面上的二维直角坐标系，其原点为光轴与图像平面的交点，横轴与扫描线平行。由相似三角形的对应边等比定理可得出

$$x = \frac{fX_C}{Z_C}$$

$$y = \frac{fY_C}{Z_C}$$

用齐次坐标与矩阵的形式写为

$$Z_C\begin{bmatrix}x\\y\\1\end{bmatrix}=\begin{bmatrix}f&0&0&0\\0&f&0&0\\0&0&1&0\end{bmatrix}\begin{bmatrix}X_C\\Y_C\\Z_C\\1\end{bmatrix}$$

图像像素坐标系是用来描述点在图像平面矩阵的第几行、列坐标系，故其原点 O_0 的位置如图 8-1-2 所示，u 轴和 v 轴分别与 x 轴和 y 轴平行，坐标(u,v)代表该像素点在图上的行数和列数，其单位是像素。将它与图像物理坐标系建立联系，点(x,y)代表的是以 mm 为物理单位的图像坐标系的坐标，坐标系的原点 O_1 也就是图像平面的主点，有如下关系式：

$$\begin{cases}u=\dfrac{x}{d_x}+u_0\\[2ex] v=\dfrac{y}{d_y}+v_0\end{cases}$$

式中，d_x、d_y 分别为像素的横向和纵向尺寸。

用齐次坐标与矩阵形式表示为

$$\begin{bmatrix}u\\v\\1\end{bmatrix}=\begin{bmatrix}\dfrac{1}{d_x}&0&u_0\\0&\dfrac{1}{d_y}&v_0\\0&0&1\end{bmatrix}$$

整合上述坐标变换为

$$Z_C\begin{bmatrix}u\\v\\1\end{bmatrix}=\begin{bmatrix}\dfrac{1}{d_x}&0&u_0\\0&\dfrac{1}{d_y}&v_0\\0&0&1\end{bmatrix}\begin{bmatrix}f&0&0&0\\0&f&0&0\\0&0&1&0\end{bmatrix}\begin{bmatrix}\boldsymbol{R}&\boldsymbol{t}\\\boldsymbol{0}^{\mathrm{T}}&1\end{bmatrix}\begin{bmatrix}X_W\\Y_W\\Z_W\\1\end{bmatrix}$$

$$=\begin{bmatrix}f_x&0&u_0&0\\0&f_y&v_0&0\\0&0&1&0\end{bmatrix}\begin{bmatrix}\boldsymbol{R}&\boldsymbol{t}\\\boldsymbol{0}^{\mathrm{T}}&1\end{bmatrix}\begin{bmatrix}X_W\\Y_W\\Z_W\\1\end{bmatrix}=\boldsymbol{KP}_0\widetilde{\boldsymbol{M}}=\boldsymbol{P}_{3\times4}\widetilde{\boldsymbol{M}}$$

式中，$\widetilde{\boldsymbol{M}}$ 是空间点在世界坐标系下的齐次坐标；$\boldsymbol{K}$ 为相机内参数矩阵；f_x 是相机在 x 方向的焦距；f_y 是相机在 y 方向的焦距；$\boldsymbol{P}_{3\times4}$是 3×4 矩阵，称为投影矩阵或相机矩阵，$\boldsymbol{P}_{3\times4}$等于相机内参数矩阵 $\boldsymbol{K}$ 与外参数矩阵 $\boldsymbol{P}_0$ 的乘积。

相机标定的目的就是借助标定板或者同一场景不同视角下拍摄的图像序列的特征信息来求解两相机之间的相对位置和内参。

（2）对极几何（Epipolar Geometry） 对极几何是视图几何理论的基础，其描述了同一场景两幅图像之间的视觉几何关系。两图像（左、右视图）间的内在几何关系称为对极几何，对极几何描述的主要是两图像平面与对极平面的几何关系。对极平面是绕基线转动的平面束，由空间点确定，对极几何独立于场景结构，只依赖于两相机的内部参数、外部参数（两相机的相对位姿），如图 8-1-3 所示。

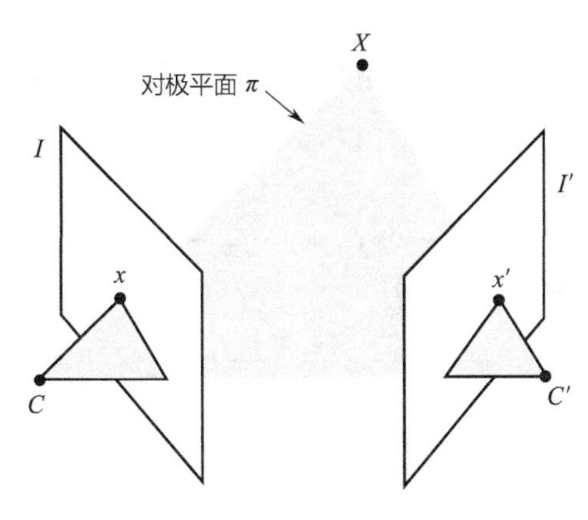

图 8-1-3　对极几何

图 8-1-3 中两相机的中心分别为 C 和 C'，两图像平面分别为 I 和 I'，X 为共同视域中的场景空间点，它在两幅图像平面上的像点分别为 x 和 x'。对于一幅图像而言，它是图像平面与以基线为轴的平面束相交的几何（基线是指连接相机中心的直线）。对极几何描述的是左右两幅图像（点 x 和 x'对应的图像）与以 CC'为轴的平面束相交的几何。

直线 CC'为基线，以该基线为轴存在一个平面束，该平面束与两幅图像平面相交，该平面束中不同平面与两幅图像相交于不同直线。点 x、x'与相机中心 C 和 C'是共面的，并且与空间点 X 也是共面的，这 5 个点共面于平面 π。这是一个最本质的约束，即 5 个点决定了一个平面 π。由该约束可以推导出一个重要性质：由图像点 x 和 x'反投影的射线共面，并且在平面 π 上。

在这里需要了解对极平面束、对极平面、对极点、对极线等几个概念。其中，对极平面束（Epipolar Pencil）是指以基线为轴的平面束；对极平面（Epipolar Plane）是指任何包含基线的平面，或者说是对极平面束中的平面；对极点（Epipole）是相机的基线与每幅图像的交点，对极线（Epipolar Line）是指对极平面与图像的交线。

（3）基础矩阵　基础矩阵是对极几何的代数表达方式，基础矩阵描述了图像中任意对应点 $x \leftrightarrow x'$之间的约束关系，基本矩阵是由下述方程定义的：

$$\boldsymbol{x}'^{\mathrm{T}}\boldsymbol{F}x = 0$$

其中，$x \leftrightarrow x'$是两幅图像的任意一对匹配点。由于每一组点的匹配提供了计算 $\boldsymbol{F}$ 系数的一个线性方程，当给定至少 7 个点（3×3 的齐次矩阵减去一个尺度，以及一个秩为 2 的约束），上述方程就可以计算出未知的 $\boldsymbol{F}$。记点的坐标为

$$\boldsymbol{x}' = [x', y', 1]^{\mathrm{T}}$$

又因为 $\boldsymbol{F}$ 为

$$\boldsymbol{F} = \begin{bmatrix} f_{11} & f_{12} & f_{13} \\ f_{21} & f_{22} & f_{23} \\ f_{31} & f_{32} & f_{33} \end{bmatrix}$$

所以可得到方程

$$[x \quad y \quad 1]\begin{bmatrix} f_{11} & f_{12} & f_{13} \\ f_{21} & f_{22} & f_{23} \\ f_{31} & f_{32} & f_{33} \end{bmatrix}\begin{bmatrix} x' \\ y' \\ 1 \end{bmatrix}=0$$

相应的方程式为

$$x'xf_{11}+x'yf_{12}+x'f_{13}+y'xf_{21}+y'yf_{22}+y'f_{23}+xf_{31}+yf_{32}+f_{33}=0$$

给定 n 组点的集合，则有如下方程：

$$\boldsymbol{A}\boldsymbol{f}=\begin{bmatrix} x_1'x_1 & x_1'y_1 & x_1' & y_1'x_1 & y_1'y_1 & y_1' & x_1 & y_1 & 1 \\ \vdots & \vdots & \vdots & \vdots & \vdots & \vdots & \vdots & \vdots & \vdots \\ x_n'x_n & x_n'y_n & x_n' & y_n'x_n & y_n'y_n & y_n' & x_n & y_n & 1 \end{bmatrix}\boldsymbol{f}=0$$

如果存在确定（非零）解，则系数矩阵 $\boldsymbol{A}$ 的秩最多是 8。由于 $\boldsymbol{F}$ 是齐次矩阵，所以如果矩阵 $\boldsymbol{A}$ 的秩为 8，则在差一个尺度因子的情况下解是唯一的，可以直接用线性算法解。

如果由于点坐标存在噪声，则矩阵 $\boldsymbol{A}$ 的秩可能大于 8（也就是等于 9，$\boldsymbol{A}$ 是 $n\times 9$ 的矩阵）。这时候就需要求最小二乘解，这里就可以用奇异值分解（Singular Value Decomposition，SVD）来求解，$\boldsymbol{f}$ 的解就是系数矩阵 $\boldsymbol{A}$ 最小奇异值对应的奇异向量，也就是说，$\boldsymbol{A}$ 奇异值分解后 $\boldsymbol{A}=\boldsymbol{U}\boldsymbol{D}\boldsymbol{V}^{\mathrm{T}}$ 中矩阵 $\boldsymbol{V}$ 的最后一列矢量，这是在解矢量 $\boldsymbol{f}$ 在约束 $\|\boldsymbol{f}\|$ 下取 $\|\boldsymbol{A}\boldsymbol{f}\|$ 最小的解。以上算法是解基本矩阵的基本方法，称为 8 点算法。

上述求解后的 $\boldsymbol{F}$ 不一定能满足秩为 2 的约束，因此还要在 $\boldsymbol{F}$ 的基础上加以约束。通过 SVD 分解可以解决，令 $\boldsymbol{F}=\boldsymbol{U}\boldsymbol{\Sigma}\boldsymbol{V}^{\mathrm{T}}$，则

$$\boldsymbol{\Sigma}=\begin{bmatrix} \sigma_1 & 0 & 0 \\ 0 & \sigma_2 & 0 \\ 0 & 0 & \sigma_3 \end{bmatrix}$$

因为要秩为 2，所以将最后一个元素设置为 0，则

$$\boldsymbol{\Sigma}'=\begin{bmatrix} \sigma_1 & 0 & 0 \\ 0 & \sigma_2 & 0 \\ 0 & 0 & 0 \end{bmatrix}$$

最终的解为

$$\boldsymbol{F}'=\boldsymbol{U}\boldsymbol{\Sigma}'\boldsymbol{V}^{\mathrm{T}}$$

利用 Python 语言编写计算基础矩阵的代码如下。

```
from PIL import Image
from numpy import *
from pylab import *
import numpy as np
import PCV.geometry.camera as camera
import PCV.geometry.homography as homography
import PCV.geometry.sfm as sfm
import PCV.localdescriptors.sift as sift
image1 ='1.jpg'
im1 =array(Image.open(image1))
```

```
sift.process_image(image1,'im1.sift')
l1,d1 = sift.read_features_from_file('im1.sift')
image2 ='6.jpg'
im2 = array(Image.open(image2))
sift.process_image(image2,'im2.sift')
l2,d2 = sift.read_features_from_file('im2.sift')
matches = sift.match_twosided(d1,d2)
ndx = matches.nonzero()[0]
x1 = homography.make_homog(l1[ndx,:2].T)
ndx2 = [int(matches[i]) for i in ndx]
x2 = homography.make_homog(l2[ndx2,:2].T)
d1n = d1[ndx]
d2n = d2[ndx2]
x1n = x1.copy()
x2n = x2.copy()
figure(figsize = (16,16))
sift.plot_matches(im1,im2,l1,l2,matches,True)
show()
def F_from_ransac(x1,x2,model,maxiter = 5000,match_threshold = 1e - 3):
import PCV.tools.ransac as ransac
data = np.vstack((x1,x2))
d = 10
F, ransac_data = ransac.ransac(data.T,model,8,maxiter,match_threshold,d,
return_all = True)
return F,ransac_data['inliers']
model = sfm.RansacModel()
F,inliers = F_from_ransac(x1n,x2n,model,maxiter = 5000,match_threshold = 1e - 3)
print(F)
P1 = array([[1,0,0,0],[0,1,0,0],[0,0,1,0]])
P2 = sfm.compute_P_from_fundamental(F)
X = sfm.triangulate(x1n[:,inliers],x2n[:,inliers],P1,P2)
cam1 = camera.Camera(P1)
cam2 = camera.Camera(P2)
x1p = cam1.project(X)
x2p = cam2.project(X)
figure(figsize = (16,16))
imj = sift.appendimages(im1,im2)
imj = vstack((imj,imj))
imshow(imj)
cols1 = im1.shape[1]
rows1 = im1.shape[0]
for i in range(len(x1p[0])):
if(0 < = x1p[0][i] < cols1) and (0 < = x2p[0][i] < cols1) and (0 < = x1p[1][i] <
rows1) and (0 < = x2p[1][i] < rows1):
```

```
plot([x1p[0][i],x2p[0][i]+cols1],[x1p[1][i],x2p[1][i]],'c')
axis('off')
show()
d1p=d1n[inliers]
d2p=d2n[inliers]
print (P1)
print (P2)
```

8.2 相机标定

1. 相机标定概述

在图像测量过程及机器视觉应用中，为了确定空间物体表面某点的三维几何位置与其在图像中对应点之间的相互关系，必须建立相机成像的几何模型，这些几何模型参数就是相机参数。相机标定就是要获得三维重建所需的相机参数，包括内参（如横纵方向焦矩、倾斜因子主点坐标等）和外参（相机坐标系）。值得注意的是，理想化的针孔成像模型中的焦距是等效焦距，与传统意义上的相机有所不同。求解相机内、外参数的过程就是相机标定，也就是说，对于双目模型，相机标定获得两内参和相对位姿。相机标定是三维重建中非常关键的环节，图像校正的精度直接依赖于相机标定的精度，相机标定的精度甚至关联到后续空间点的精度、后续空间点三维坐标求解的精度，以及三维重构的最终效果等。

因此，相机标定是后续相机的运动恢复、空间点坐标求解等一系列环节的前提和基础。相机标定的精度如果无法保证，最终的效果将无从谈起。提高相机标定精度是三维重建这一议题的研究重点之一。

2. 张正友标定算法

“张正友标定”是指张正友教授1998年提出的单平面棋盘格的相机标定方法。该方法介于传统标定法和自标定法之间，克服了传统标定法需要高精度标定物的缺点，它仅需使用一个打印出来的棋盘格即可，同时相对于自标定而言，提高了精度，便于操作。因此，张正友标定法（简称张氏标定法）被广泛应用于计算机视觉领域。

传统标定法的标定板和张正友标定法的标定板如图8-2-1所示。

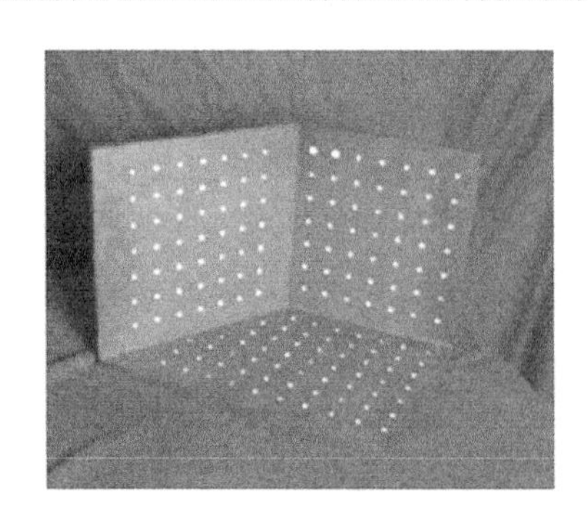

a) 传统标定法的标定板

b) 张正友标定法的标定板

图8-2-1 标定板

（1）张氏标定法的步骤

1）打印一张 A4 纸大小的棋盘格（黑白间距已知），并贴在一个平板上。

2）对棋盘格拍摄若干张图片（一般为 10 ~ 20 张）。

3）在图片中检测特征点（Harris 特征）。

4）利用解析估算方法计算出 5 个内部参数及 6 个外部参数。

5）根据极大似然估计策略，设计优化目标并实现参数的细化（Refinement）。

（2）张氏标定法的原理

1）将世界坐标转换为图像物理坐标。

假设相机坐标系的齐次坐标为$(x_C, y_C, z_C, 1)^{\mathrm{T}}$，世界坐标系的齐次坐标为$(x_W, y_W, z_W, 1)^{\mathrm{T}}$，则可以用下列表达式将世界坐标转换为图像物理坐标。

$$\begin{bmatrix} x_C \\ y_C \\ z_C \\ 1 \end{bmatrix} = \begin{bmatrix} \boldsymbol{R} & \boldsymbol{t} \\ 0 & 1 \end{bmatrix} \begin{bmatrix} x_W \\ y_W \\ z_W \\ 1 \end{bmatrix}$$

式中，$\boldsymbol{R}$ 为 3×3 的旋转矩阵；$\boldsymbol{t}$ 为 3×1 的平移矢量。

2）将图像物理坐标转换为图像像素坐标。

假设 u_0, v_0 为主点（图像原点）坐标，则图像物理坐标可以利用下式转换为图像像素坐标。

$$\begin{bmatrix} u \\ v \\ 1 \end{bmatrix} = \begin{bmatrix} \frac{1}{\mathrm{d}x} & 0 & u_0 \\ 0 & \frac{1}{\mathrm{d}y} & v_0 \\ 0 & 0 & 1 \end{bmatrix} \begin{bmatrix} x \\ y \\ 1 \end{bmatrix}$$

式中，$\mathrm{d}x$ 和 $\mathrm{d}y$ 分别为像素在 x 和 y 轴方向上的物理尺寸。

3）针孔成像下的透视投影矩阵。

假设$(x_C, y_C, z_C, 1)^{\mathrm{T}}$ 是空间点 $\boldsymbol{P}$ 在相机坐标系 $O_CX_CY_CZ_C$ 中的齐次坐标，$(x, y, 1)^{\mathrm{T}}$ 是像点 $\boldsymbol{P}$ 在图像坐标系统 Oxy 中的齐次坐标，则

$$s\begin{bmatrix} x \\ y \\ 1 \end{bmatrix} = \begin{bmatrix} f & 0 & 0 & 0 \\ 0 & f & 0 & 0 \\ 0 & 0 & 1 & 0 \end{bmatrix} \begin{bmatrix} x_C \\ y_C \\ z_C \\ 1 \end{bmatrix}$$

式中，s 为比例因子（s 不为 0），f 为有效焦距（光心到图像平面的距离）。

4）将世界坐标转换为像素坐标。

$$s\begin{bmatrix} u \\ v \\ 1 \end{bmatrix} = \begin{bmatrix} \frac{1}{\mathrm{d}x} & 0 & u_0 \\ 0 & \frac{1}{\mathrm{d}y} & v_0 \\ 0 & 0 & 1 \end{bmatrix} \begin{bmatrix} f & 0 & 0 & 0 \\ 0 & f & 0 & 0 \\ 0 & 0 & 1 & 0 \end{bmatrix} \begin{bmatrix} \boldsymbol{R} & \boldsymbol{t} \\ 0 & 1 \end{bmatrix} \begin{bmatrix} x_W \\ y_W \\ z_W \\ 1 \end{bmatrix}$$

$$=\begin{bmatrix}\alpha_x & 0 & u_0 & 0\\ 0 & \alpha_y & v_0 & 0\\ 0 & 0 & 1 & 0\end{bmatrix}\begin{bmatrix}\boldsymbol{R} & \boldsymbol{t}\\ 0 & 1\end{bmatrix}\begin{bmatrix}x_W\\ y_W\\ z_W\\ 1\end{bmatrix}=\boldsymbol{M}_1\boldsymbol{M}_2\boldsymbol{X}_W=\boldsymbol{M}\boldsymbol{X}_W$$

式中，$\alpha_x=\frac{f}{\mathrm{d}x}$，$\alpha_y=\frac{f}{\mathrm{d}y}$称为 u 轴和 v 轴的尺度因子；$\boldsymbol{M}_1$ 称为相机的内部参数矩阵，$\boldsymbol{M}_2$ 称为相机的外部参数矩阵，$\boldsymbol{M}=\boldsymbol{M}_1\boldsymbol{M}_2$ 称为投影矩阵；$\boldsymbol{X}_W$ 为世界坐标系的齐次坐标 $(x_W,y_W,z_W,1)^{\mathrm{T}}$。

5）张氏标定法的畸变模型。

假设理想情况下（没有畸变）图像像素坐标为(u,v)，真实的图像像素坐标为$(\bar{u},\bar{v})$。

将真实坐标与理想坐标的关系式进行泰勒展开：

$$\bar{u}=u+(u-u_0)[k_1(x^2+y^2)+k_2(x^2+y^2)^2]$$
$$\bar{v}=v+(v-v_0)[k_1(x^2+y^2)+k_2(x^2+y^2)^2]$$

即

$$\begin{bmatrix}(u-u_0)(x^2+y^2) & (u-u_0)(x^2+y^2)^2\\ (v-v_0)(x^2+y^2) & (v-v_0)(x^2+y^2)^2\end{bmatrix}\begin{bmatrix}k_1\\ k_2\end{bmatrix}=\begin{bmatrix}\bar{u}-u\\ \bar{v}-v\end{bmatrix}$$

存在畸变时，标定步骤如下：

1）打印一张棋盘格。

2）对其拍摄 10～20 张变换角度和距离的照片。

3）运用张氏标定法进行标定。读取标定图片，对每一张标定图片提取角点信息，再进一步提取亚像素角点信息，最终完成相机标定。

用 Python 语言编写程序，实现图片存在畸变时，通过标定得到相机的内外参数与畸变参数，并对畸变图片做矫正，具体代码如下。

```
# -*- coding: utf-8 -*-
import os
import numpy as np
import cv2
import glob
def calib(inter_corner_shape,size_per_grid,img_dir,img_type):
    w,h = inter_corner_shape
    cp_int = np.zeros((w*h,3), np.float32)
    cp_int[:,:2] = np.mgrid[0:w,0:h].T.reshape(-1,2)
    cp_world = cp_int * size_per_grid
    obj_points = []
    img_points = []
    images = glob.glob(img_dir + os.sep + '**.' + img_type)
    for fname in images:
        img = cv2.imread(fname)
        gray_img = cv2.cvtColor(img,cv2.COLOR_BGR2GRAY)
        ret, cp_img = cv2.findChessboardCorners(gray_img,(w,h),None)
        if ret == True:
```

```
            obj_points.append(cp_world)
            img_points.append(cp_img)
            cv2.drawChessboardCorners(img,(w,h), cp_img, ret)
            cv2.imshow('FoundCorners',img)
            cv2.waitKey(1)
        cv2.destroyAllWindows()
        ret, mat_inter, coff_dis, v_rot, v_trans = cv2.calibrateCamera(obj_points,
img_points, gray_img.shape[::-1],None,None)
        print(("ret:"),ret)
        print(("internal matrix:\n"),mat_inter)
        print(("distortion cofficients:\n"),coff_dis)
        print(("rotation vectors:\n"),v_rot)
        print(("translation vectors:\n"),v_trans)
        total_error = 0
        for i in range(len(obj_points)):
            img_points_repro, _ = cv2.projectPoints(obj_points[i], v_rot[i], v_
trans[i], mat_inter, coff_dis)
            error = cv2.norm(img_points[i], img_points_repro, cv2.NORM_L2)/len
(img_points_repro)
            total_error += error
        print(("Average Error of Reproject:"), total_error/len(obj_points))
        return mat_inter, coff_dis
        def dedistortion(inter_corner_shape, img_dir, img_type, save_dir, mat_
inter, coff_dis):
        w,h = inter_corner_shape
        images = glob.glob(img_dir + os.sep + '**.' + img_type)
        for fname in images:
           img_name = fname.split(os.sep)[-1]
           img = cv2.imread(fname)
           newcameramtx, roi = cv2.getOptimalNewCameraMatrix(mat_inter,coff_dis,
(w,h),0,(w,h))
           dst = cv2.undistort(img,mat_inter,coff_dis,None,newcameramtx)
           cv2.imwrite(save_dir + os.sep + img_name,dst)
        print('Dedistorted images have been saved to: %s successfully.' % save_dir)
    if __name__ == '__main__':
        inter_corner_shape = (11,8)
        size_per_grid = 0.02
        img_dir = ".\\pic\\IR_camera_calib_img"
        img_type = "png"
        mat_inter, coff_dis = calib(inter_corner_shape,size_per_grid, img_dir,img_type)
        save_dir = ".\\pic\\save_dedistortion"
        if(not os.path.exists(save_dir)):
              os.makedirs(save_dir)
        dedistortion(inter_corner_shape,img_dir,img_type,save_dir,mat_inter,
coff_dis)
```

图片不存在畸变时，通过标定得到相机的内外参数与畸变参数的实现代码如下。

```
# - * - coding: utf -8 - * -
import os
import numpy as np
import cv2
import glob
def calib(inter_corner_shape,size_per_grid,img_dir,img_type):
    w,h = inter_corner_shape
    cp_int = np.zeros((w * h,3),np.float32)
    cp_int[:,:2] = np.mgrid[0:w,0:h].T.reshape(-1,2)
    cp_world = cp_int * size_per_grid
    obj_points = []
    img_points = []
    images = glob.glob(img_dir + os.sep + '* *.' + img_type)
    for fname in images:
        img = cv2.imread(fname)
        gray_img = cv2.cvtColor(img,cv2.COLOR_BGR2GRAY)
        ret, cp_img = cv2.findChessboardCorners(gray_img,(w,h), None)
        if ret = = True:
            obj_points.append(cp_world)
            img_points.append(cp_img)
            cv2.drawChessboardCorners(img,(w,h),cp_img,ret)
            cv2.imshow('FoundCorners',img)
            cv2.waitKey(1)
    cv2.destroyAllWindows()
    ret, mat_inter, coff_dis,v_rot, v_trans = cv2.calibrateCamera(obj_points,
img_points, gray_img.shape[:: -1],None, None)
    print (("ret:"),ret)
    print (("internal matrix:\n"),mat_inter)
    print (("distortion cofficients:\n"),coff_dis)
    print (("rotation vectors:\n"),v_rot)
    print (("translation vectors:\n"),v_trans)
    total_error = 0
    for i in range(len(obj_points)):
        img_points_repro, _ = cv2.projectPoints(obj_points[i], v_rot[i],v_
trans[i],mat_inter,coff_dis)
        error = cv2.norm(img_points[i],img_points_repro,cv2.NORM_L2)/len
(img_points_repro)
        total_error + = error
    print(("Average Error of Reproject: "), total_error/len(obj_points))
    return mat_inter,coff_dis
if __name__ = = '__main__':
    inter_corner_shape = (11,8)
    size_per_grid = 0.02
    img_dir = ".\\pic\\RGB_camera_calib_img"
    img_type = "png"
    calib(inter_corner_shape,size_per_grid,img_dir,img_type)
```

8.3 三维场景重建

近年来，随着智能手机、头盔立体显示等技术的发展和普及，虚拟现实技术取得了飞速发展。在 VR 技术中，场景建模是最关键的一步。3D 游戏通常采用专业三维建模软件，如 Autodesk Maya、Autodesk 3ds Max 等进行建模，此方法耗时耗力，所建模型为虚拟场景。基于真实场景建模，可以借助专业三维扫描设备，此方法测量精度高，但设备价格昂贵，不利于大范围推广。将多视图三维重建技术应用于 VR，实现真实场景的建模直接从多个视角的二维图像提取场景的三维信息。此方法数据采集简单快捷、成本低廉，但由于遮挡、光照变化、特征弱等各种因素，建模过程会出现噪声、空洞等各种瑕疵。目前，基于多视角二维图像的三维重建算法主要有三类：

- 基于体像素的三维重建算法。
- 基于深度图的三维重建算法。
- 基于特征点生长的三维重建算法。

基于特征点生长的三维重建技术，通过对现实场景进行图像采集，然后对多幅图像进行特征点检测、匹配，生成稀疏种子点云，并在此基础上增加生长点，有条件地初值矫正优化等措施，提高重建的精确性，降低噪声、空洞等引起的重建错误。

三维场景渲染与重建是利用场景的图形或图像等信息渲染出特定观测视点的场景图像并重建出三维场景的结构模型。它是计算机视觉中一个重要的研究课题，开展该方面的研究对于模式识别、虚拟现实、探险救援、军事侦察等都具有非常重要的意义。经典的三维场景渲染与重建方法按照基本处理单位的不同可分为以下两种。

1）以像素点作为基本处理单位逐点进行渲染与重建。通过该方法获得的渲染图像和重建模型比较真实，但是计算速度较慢。

2）以网格作为基本处理单位进行渲染与重建。该方法的计算速度较快，基本能满足实时渲染的要求，但是当网格内包含目标边界时会导致渲染图像和重建模型失真。

三维场景重建的步骤如下。

1）图像获取。在进行图像处理之前，先用相机获取三维物体的二维图像。光照条件和相机的几何特性等对后续的图像处理有很大的影响。

2）相机标定。通过相机标定来创建有效的成像模型，求解出相机的内外参数，这样就可以结合图像的匹配结果得到空间中的三维点坐标，从而达到进行三维重建的目的。

3）特征提取。特征主要包括特征点、特征线和区域。大多数情况下都是以特征点为匹配基元。特征点以何种形式提取与用何种匹配策略紧密联系，因此在进行特征点的提取时需要先确定用哪种匹配方法。

特征点提取算法可以分为基于方向导数的方法、基于图像亮度对比关系的方法、基于数学形态学的方法三种。

4）立体匹配。立体匹配是指根据所提取的特征来建立图像对之间的一种对应关系，也就是将同一物理空间点在两幅不同图像中的成像点一一对应起来。在进行匹配时要注意场景中一些因素的干扰，如光照条件、噪声干扰、景物几何形状畸变、表面物理特性以及相机特性等诸多变化因素。

5）三维重建。有了比较精确的匹配结果，结合相机标定的内外参数，就可以恢复出三维场景信息。由于三维重建精度受匹配精度、相机的内外参数误差等因素的影响，因此首先需要做好前面几个步骤的工作，使得各个环节的精度高、误差小，这样才能设计出一个比较精确的立体视觉系统。

8.4 三维场景重建技术的应用

三维场景重建已应用于生活中的各个领域，例如游戏、医疗、教育等，也诞生了各种各样的实际应用，如我国古代建筑三维数字化保护、三维地图和 VR 游戏等。

1. 我国古代建筑三维数字化保护

我国古代建筑具有悠久的历史传统和光辉的成就，通常结构复杂精巧，并且辅以彩绘和雕刻，许多建筑群已被世界教科文组织认定为世界自然遗产。我国古代建筑三维数字化保护工作选取中国古代建筑为载体，对海量无序图像数据的大场景三维重建进行系统研究。我国古建结构复杂，重复纹理严重，拍摄视点受限，遮挡严重，是测试三维重建技术水平的“典型对象”。图 8－4－1 和图 8－4－2 是中国科学院自动化研究所模式识别国家重点实验室完成的三维数字化保护重建成果。

a）大同云冈石窟二维图片

b）大同云冈石窟三维数字化保护重建结果

图 8－4－1 大同云冈石窟重建实例

a）恒山悬空寺二维图片

b）恒山悬空寺三维数字化保护重建结果

图 8-4-2　恒山悬空寺重建实例

2. 三维地图

三维地图通过直观的地理实景模拟表现方式为用户提供地图查询、出行导航等地图检索功能，并以全新的人性化界面表现形式，为人们的日常生活、网上办事和网络娱乐等活动提供便捷的解决方案，从而生动、真实地实现了网上数字城市，让人们真正感受到自己生活在一个信息化的城市里。

三维地图是通过人工拍摄获取建筑物的外形，而后将各个孤立的单视角 3D 模型无缝集成，经过虚拟美化处理以后，形成三维地图数据文件。目前，三维地图已广泛应用于百度地图、高德地图等软件中，如图 8-4-3 所示。

图 8-4-3 三维地图

3. VR 游戏

VR 游戏即虚拟现实游戏。带上虚拟现实装备，就可以进入一个可交互的虚拟现实场景中，不仅可以虚拟当前场景，也可以虚拟过去和未来。

它的原理就是利用计算机模拟产生一个三维空间的虚拟世界，向使用者提供关于视觉、听觉、触觉等感官的模拟，同时能够自由地与该空间内的事物进行互动。三维重建在 VR 游戏中的应用实例如图 8-4-4 所示。

图 8-4-4 VR 游戏

第 9 章
图像分类

9.1 机器学习概述

第 9 章导学

1. 机器学习的概念

机器学习是一门多领域交叉学科，涉及概率论、统计学、逼近论、凸分析、算法复杂度理论等多门学科。机器学习专门研究计算机怎样模拟或实现人类的学习行为，以获取新的知识或技能，重新组织已有的知识结构使之不断改善自身的性能。

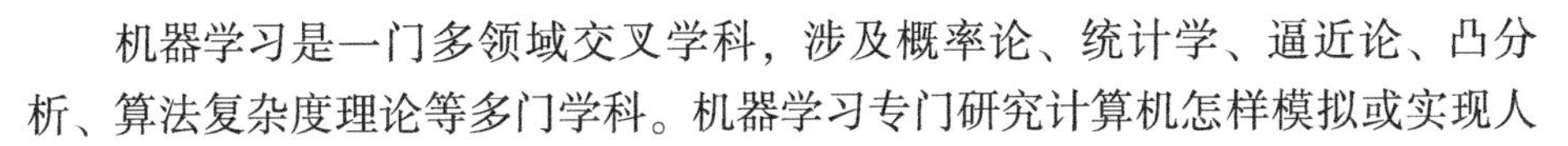

从广义上来说，机器学习是一种能够赋予机器学习的能力，以此让它完成直接编程无法完成的功能的方法。但从实践意义上来说，机器学习是一种通过利用数据训练出模型，然后使用模型预测的一种方法。

机器学习跟模式识别、统计学习、数据挖掘、计算机视觉、语音识别、自然语言处理等领域有着密切的联系。

2. 机器学习的分类

机器学习有多种分类方式，基于学习方式的不同可以分为监督学习、无监督学习和强化学习。

1）监督学习。从给定的训练数据集中学习出一个函数（模型参数），当新的数据到来时，可以根据这个函数预测结果。监督学习的训练集要求包括输入、输出，也可以说是特征和目标。训练集中的目标是由人标注的。监督学习是最常见的分类问题，通过已有的训练样本去训练得到一个最优模型，再利用这个模型将所有的输入映射为相应的输出，对输出进行简单的判断从而实现分类的目的。在建立预测模型的时候，监督学习建立一个学习过程，将预测结果与训练数据的实际结果进行比较，不断地调整预测模型，直到模型的预测结果达到一个预期的准确率。监督学习的常见应用场景有分类问题和回归问题，常见算法有逻辑回归（Logistic Regression）和反向传递神经网络（Back Propagation Neural Network）。

2）无监督学习。无监督学习的输入数据没有被标记，也没有确定的结果。样本数据类别未知，需要根据样本间的相似性对样本集进行分类（聚类，Clustering），试图使类内差距最小化、类间差距最大化。

3）强化学习。强化学习是以环境反馈（奖/惩信号）作为输入、以统计和动态规划技术为指导的一种学习方法。

9.2 机器学习算法应用开发流程

机器学习作为人工智能（AI）的一个分支，它是一种算法或模型，在这里把机器学习分解为一个过程，并介绍从开始到实现的所有步骤。使用机器学习算法开发应用程序，通常按照下列几个步骤进行。

1. 收集数据

收集数据是机器学习过程的基础，可以使用多种方法收集样本数据，如下载公开的免费数据、购买专业数据公司的数据、自己根据需要和实际情况制造或从身边收集数据等。无论是以何种方式收集的原始数据都构成了机器学习的基础，相关数据的种类、密度和数量越多，机器学习的前景就越好。

2. 准备输入数据

得到数据之后，还必须确保数据格式符合要求，为机器学习算法准备特定的数据格式，如某些算法要求特征值使用特定的格式，一些算法要求目标变量和特征值是字符串类型，还有一些算法则可能要求是整数类型。

3. 分析输入数据

本步骤主要是人工分析以前得到的数据。用文本编辑器打开数据文件，查看得到的数据是否为空值。还可以进一步浏览数据，分析是否可以识别出模式；数据中是否存在明显的异常值，如某些数据点与数据集中的其他值存在明显的差异，通过一维、二维或三维图形展示数据。任何分析过程都会依赖于使用的数据质量如何，这就需要花时间确定数据质量，然后采取措施解决诸如缺失的数据和异常值的处理等问题。探索性分析可能是一种详细研究数据细微差别的方法，从而使数据的质量迅速提高。如果是在产品化系统中使用机器学习算法并且算法可以处理系统产生的数据格式，或者信任的数据来源，可以直接跳过本步骤。本步骤需要人工干预，如果在自动化系统中还需要人工干预，显然就降低了系统的价值。

4. 训练算法

将前两步得到的格式化数据输入算法，从中提取知识或信息。这里得到的知识需要存储为计算机可以处理的格式，方便后续步骤使用。

5. 测试算法

为了评估算法，必须测试算法的效果。对于监督学习，必须已知用于评估算法的目标变量值；对于无监督学习，也必须用其他的测试手段来评估算法的成功率。

6. 使用算法

将机器学习算法转换为应用程序，执行实际任务，以检验上述步骤是否可以在实际环境中正常工作。此时，如果碰到新的数据问题，同样需要重复执行上述步骤。

9.3 图像分类概述

图像分类（Image Classification）是输入一个图像，输出对该图像内容分类的描述。它是计算机视觉的核心。图像分类的传统方法是特征描述及检测，这类传统方法可能对于一些简单的图像分类是有效的，但由于实际情况非常复杂，传统的分类方法不堪重负。现在，广泛使用机器学习和深度学习的方法来处理图像分类问题，其主要任务是给定一堆输入图片，将其指派到一个已知的混合类别中的某个标签。

一个图像胜过千言万语。人们可以不断地攫取视觉内容，解释它的含义，并且存储它们以备后用。但是，对于计算机要解释一个图像的内容是很难的，因为计算机看到的图片是一个大的数字矩阵，它对图像传递的思想、知识和意义一无所知。

为了理解图像的内容，必须应用图像分类，这是使用计算机视觉和机器学习算法从图像中抽取意义的任务。这个操作可以简单到为一个图像分配一个标签，如猫、狗或大象，也可以高级到解释图像的内容并且返回一个人类可读的句子。

图像分类是一个计算机视觉中的核心任务。假设给定一组离散标签，例如 {猫，狗，牛，苹果，西红柿，卡车}，图像分类通过分类模型的计算，得到相应的类别标签，如图 9－3－1所示。

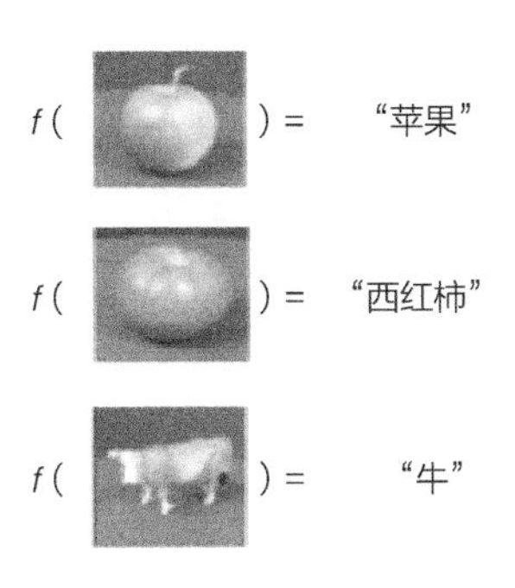

图9－3－1　图像分类标签

假设给定一组离散标签，例如，{猫，狗，牛，苹果，西红柿，卡车}，图像分类的任务就是把上百万的数字变成一个简单的标签，如图 9－3－2 所示，就是将 248 ×400 ×3 这么多个像素值变成一个标签“猫”。

猫

图9－3－2　图像转化为标签

图像分类的核心是从给定的分类集合中给图像分配一个标签。实际上，是分析一个输入图像并返回一个将图像分类的标签。标签总是来自预定义的可能类别集。

当执行机器学习和深度学习时，数据集（Dataset）是尝试提取知识的地方。在数据集中的每个例子/条目（可能是图像数据、文本数据、语音数据）称为数据点（Data Point）。

应用机器学习和深度学习算法来发现数据集中的潜在模式，使之能够正确分类算法目前还没有遇到的数据点（即泛化性能）。现在了解下面的术语。

1）在图像分类方面，数据集就是图像的集合。

2）每个图像就是一个数据点。

通常，人们在判别图像的相似性时并非建立在图像低层视觉特征的相似上，而是建立在对图像所描述的对象或事件的语义理解的基础上。这种理解无法从图像的视觉特征直接获得，它需要使用人们日常生活中积累的大量经验和知识来进行推理和判断。尤其对于一些高层次的抽象概念，如一幅关于节日的图像所表达出的欢乐和喜庆的感觉等，更需要根据人的知识来判断。换言之，人们是依据图像的语义信息来进行图像相似性判别的。正是由于人对图像相似性的判别依据与计算机对相似性的判别依据之间存在不同，造成了人所理解的“语义相似”与计算机理解的“视觉相似”之间的“语义鸿沟”的产生。对于图 9－3－3a 所示的两个图像，我们能够很容易地分辨出是猫和狗，但是对于计算机来说，它看到的则是图 9－3－3b 所示的两个大的像素矩阵。这就是语义差异。

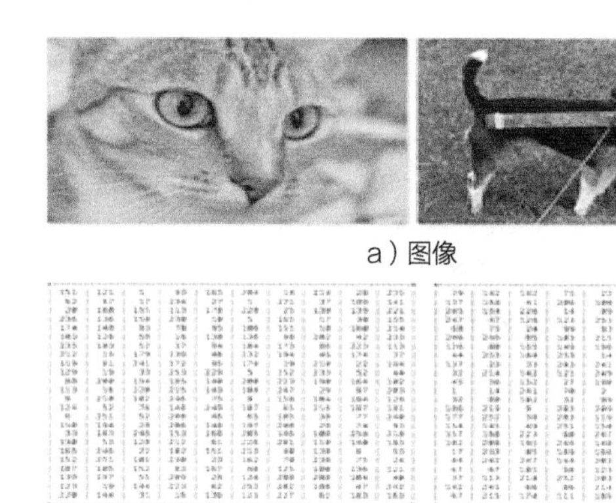

a）图像

b）像素矩阵

图 9－3－3 语义差异

语义差异是指人对图像内容的感知方式与计算机能够理解图像过程的表现方式之间的差异。那么，怎么对这些信息编码才能使计算机理解？答案就是应用特征提取（Feature Extraction）来量化图像的内容。特征提取是输入一幅图像，实施一个算法，获得量化图像的一个特征向量（Feature Vector）的过程。

为了完成这个过程，可以考虑使用手工设计的功能，如 HoG、LBP 或其他传统方法来度量图像；若应用深度学习来自动学习一系列特征，这些特征可以用来度量且最终标记图像本身的内容。图像分类就是输入一个元素为像素值的数组，然后给它分配一个分类标签。图像分类的基本流程如下。

1）输入。输入包含 N 个图像的集合，每个图像的标签是 K 种分类标签中的一种，这个集合称为训练集。

2）学习。这一步的任务是使用训练集来学习每个类到底是什么样的。一般该步叫作训练分类器或者学习一个模型。

3）评价。让分类器来预测未曾见过的图像的分类标签，并以此来评价分类器的质量。

图像分类流程如图 9－3－4 所示。

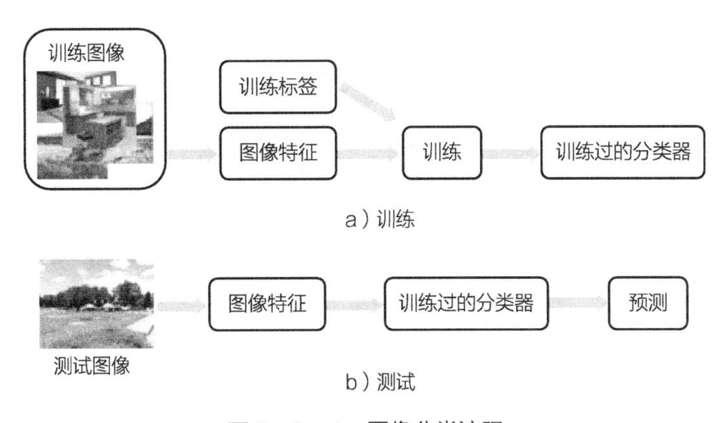

图9-3-4 图像分类流程

9.4 基于机器学习的图像分类算法

基于机器学习的图像分类算法有很多，有些是一类算法，有些是从其他算法中延伸出来的。例如KNN算法、决策树、支持向量机等。

1. KNN算法

（1）概念 KNN算法又称为k近邻（k - nearest Neighbor）算法。最简单分类器记住所有的训练数据，直接将新数据和训练数据匹配，如果存在相同属性的训练数据，则直接用它的分类作为新数据的分类。这种方式有一个明显的缺点，那就是有可能无法找到完全匹配的训练记录。

KNN算法则是从训练集中找到和新数据最接近的k条记录，然后根据主要分类来决定新数据的类别。该算法涉及三个主要因素：训练集、距离或相似的衡量、k的大小。

（2）特点 KNN是一种非参的、惰性的算法模型。非参的意思并不是说这个算法不需要参数，而是意味着这个模型不会对数据做出任何的假设，与之相对的是线性回归。也就是说，KNN建立的模型结构是根据数据来决定的。

惰性又是什么意思呢？同样是分类算法，逻辑回归需要先对数据进行大量训练（Trainning），最后才会得到一个算法模型。而KNN算法却不需要，它没有明确的训练数据的过程，或者说这个过程很快。

1）优点。

- 简单，易于理解，易于实现，无须估计参数，无须训练。
- 适合对稀有事件进行分类（当流失率很低时，如低于0.5%，构造流失预测模型）。
- 特别适合用于多分类问题（Multi-modal，对象具有多个类别标签）。例如，根据基因特征来判断其功能分类，KNN比SVM的表现要好。

2）缺点。

- 是惰性算法，对测试样本分类时的计算量大，内存开销大，评分慢。
- 可解释性较差，无法给出决策树那样的规则。

（3）KNN训练和评估（以鸢尾花（iris）数据集为例）

1）导入。

分类问题导入模块方法：

```
from sklearn import datasets
from sklearn.model_selection import train_test_split
from sklearn.neighbors import KNeighborsClassifier
```

回归问题导入模块方法：

```
from sklearn import datasets
from sklearn.model_selection import train_test_split
from sklearn.neighbors import KNeighborsRegressor
```

2）加载数据。加载 iris 数据集，把属性存于 x，类别标签存于 y。

```
iris = datasets.load_iris()
iris_x = iris.data
iris_y = iris.target
print(iris_x)
print(iris_y)
```

把数据集分为训练集和测试集，其中 test_ size = 0.3 表示测试集占总数据的 30%。

```
x_train, x_test , y_train, y_test = train_test_split(iris_x, iris_y, test_size = 0.3)
print(y_train)
print(y_test)
```

3）训练。

```
knnclf = KNeighborsClassifier(n_ neighbors = 5)
knnrgr = KNeighborsRegressor(n_ neighbors = 3)
knnclf.fit(X_train,y_train)
```

4）预测。

```
y_ pre = knnclf.predict(x_test)
```

2. 决策树

决策树（Decision Tree）是一个树结构（可以是二叉树或非二叉树）。它的每个非叶节点表示一个特征属性上的测试，每个分支代表这个特征属性在某个值域上的输出，而每个叶节点存放一个类别。使用决策树进行决策的过程就是从根节点开始测试待分类项中相应的特征属性，并按照其值选择输出分支，直到到达叶子节点，将叶子节点存放的类别作为决策结果。

（1）决策树的优点

- 易于理解和解释。
- 只需要很少的数据准备，数据可以不用规范化。但需要注意的是，决策树不能有丢失的值。
- 使用该决策树的花费是用于训练树的数据点个数的对数。
- 能够处理多输出问题。
- 使用白盒模型。如果给定的情况在模型中是可观察到的，那么对这种情况的解释很容易用布尔逻辑来解释。相比之下，对于黑盒模型，结果可能更难以解释。
- 可以使用统计测试来验证模型。

（2）决策树的缺点

- 容易过拟合。为了避免这个问题，可以进行树的剪枝，或在叶子节点上设置所需的最小样本数量，或设置树的最大深度。
- 决策树是不稳定的。数据中的微小变化可能会导致生成完全不同的树。在集成中使用决策树可以缓解这个问题。
- 有些概念很难学习，因为决策树不容易表达它们，例如，异或、奇偶性、多路复用等。
- 如果某些类别占主导地位，决策树学习器就会创建有偏见的树。因此，建议在与决策树匹配之前平衡数据集。

（3）训练和评估（以鸢尾花（iris）数据集为例）

1）导入。

```
from sklearn import datasets
import pandas as pd
from sklearn.model_selection import train_test_split
from sklearn.tree import DecisionTreeClassifier
import graphviz
from sklearn.tree import export_graphviz
```

2）加载。

```
iris = datasets.load_iris()
features = pd.DataFrame(iris.data,columns = iris.feature_names)
target = pd.DataFrame(iris.target,columns = ['type'])
train_feature,test_feature,train_targets,test_targets = train_test_split
(features,target,test_size = 0.33,random_state = 42)
model = DecisionTreeClassifier()
model.fit(train_feature,train_targets)
model.predict(test_feature)
```

3）评价训练模型。

```
from sklearn.metrics import accuracy_score
accuracy_score(test_targets.values.flatten(),model.predict(test_feature))
```

4）预测。

```
image = export_graphviz(model,out_file = None,feature_names = iris.feature_
names,class_names = iris.target_names)
graphviz.Source(image)
```

3. 支持向量机

支持向量机（SVM）可以解决线性分类和非线性分类问题。

（1）线性分类　在训练数据中，每个数据都有 n 个属性和一个二分类类别标志，可以认为这些数据在一个 n 维空间里。线性分类的目标是找到一个 $n-1$ 维的超平面（Hyperplane），这个超平面可以将数据分成两部分，每部分数据都属于同一个类别。其实这样的超平面有很多，目标是要找到一个最佳的。因此增加一个约束条件：这个超平面到每边最近数据点的距离是最大的。所以，也称为最大间隔超平面（Maximum - Margin Hyperplane）。这个分类器也称为最大间隔分类器（Maximum-Margin Classifier）。支持向量机是一个二类分类器。

（2）非线性分类　SVM 的一个优势是支持非线性分类。它结合使用拉格朗日乘子法和 KKT 条件，以及核函数可以产生非线性分类器。

（3）训练和评估

1）导入。

处理分类问题导入模块方法：

```
from sklearn.svm import SVC
```

处理回归问题导入模块方法：

```
from sklearn.svm import SVR
```

2）创建模型（回归时使用 SVR）。

```
svc = SVC(kernel ='linear')
svc = SVC(kernel ='rbf')
svc = SVC(kernel ='poly')
```

3）训练和预测。

```
svc_linear.fit(x_train,y_train)
svc_rbf.fit(x_train,y_train)
svc_poly.fit(x_train,y_train)
linear_y_ = svc_linear.predict(x_test)
rbf_y_ = svc_rbf.predict(x_test)
poly_y_ = svc_poly.predict(x_test)
```

9.5　机器学习模型评价方法

1. 分类模型评价指标

对于分类模型的评价指标主要有准确率、精确率、召回率、$F1$ 值、ROC 和 AUC 等。

（1）准确率（Accuracy）　指对于给定的测试集，分类模型正确分类的样本数与总样本数之比。

```
from sklearn.metrics import accuracy_score
accuracy_score(y_true, y_pred, normalize=True, sample_weight=None)
```

（2）精确率（Precision）　指对于给定测试集的某一个类别，分类模型预测正确的比例，或者说分类模型预测的正样本中有多少是真正的正样本。

```
from sklearn.metrics import precision_score
precision_score(y_true, y_pred, labels=None, pos_label=1, average='binary')
```

（3）召回率（Recall）　对于给定测试集的某一个类别，样本中的正类有多少被分类模型预测正确。

```
from sklearn.metrics import recall_score
sklearn.metrics.recall_score(y_true, y_pred, labels=None, pos_label=1,
average='binary', sample_weight=None)
```

（4）$F1$ 值　在理想情况下，希望模型的精确率越高越好，同时召回率也越高越好。但是，现实情况往往事与愿违，在现实情况下，精确率和召回率像是坐在跷跷板上一样，往往一个值升高另一个值降低，那么，有没有一个指标来综合考虑精确率和召回率呢？这个指标就是 F 值。F 值的计算公式为

$$F=\frac{(a^2+1)\times P\times R}{a^2(P+R)}$$

式中，P 是精确率；R 是召回率；a 是权重因子。

当 $a=1$ 时，F 值便是 $F1$ 值，表示精确率和召回率的权重是一样的。这是最常用的一种评价指标。

$F1$ 的计算公式为

$$F1=\frac{2PR}{P+R}$$

利用 sklearn 实现的方法如下。

```
from sklearn.metrics import f1_score
f1_score(y_true, y_pred, labels=None, pos_label=1, average='binary',sample_
weight=None)
```

（5）ROC 和 AUC　ROC（Receiver Operating Characteristic Curve）曲线指受试者工作特征

曲线/接收器操作特性曲线，是反映敏感性和特异性连续变化的综合指标，用构图法揭示敏感性和特异性的相互关系。它通过将连续变量设定出多个不同的临界值，从而计算出一系列敏感性值和特异性值，再以敏感性为纵坐标、特异性为横坐标绘制曲线，曲线下面积越大，说明诊断的准确性越高。在ROC曲线上，最靠近坐标系左上方的点为敏感性和特异性均较高的临界值。

有了ROC曲线就可以对模型有一个定量的分析，这里需要引入AUC（Area Under ROC Curve）面积。AUC面积指的就是ROC曲线下方的面积，计算AUC面积只需要沿着ROC的横轴做积分即可。真实场景下。ROC曲线一般在直线 $y=x$ 的上方，所以AUC的取值一般在0.5～1之间，AUC值越大说明模型的性能越好。

利用sklearn实现的方法如下。

```
from sklearn.metrics import roc_curve, auc
import matplotlib.pyplot as plt
y_label = ([1, 1, 1, 2, 2, 2])
y_pre = ([0.3, 0.5, 0.9, 0.8, 0.4, 0.6])
fpr, tpr, thersholds = roc_curve(y_label, y_pre, pos_label = 2)
roc_auc = auc(fpr, tpr)
plt.plot(fpr, tpr, 'y --', label ='ROC (area = {0:.2f})'.format(roc_auc), lw = 3)
plt.legend(loc ='lower right')
plt.plot([0,1],[0,1],'b --',lw = 3)
plt.xlim([ -0.1,1.1])
plt.ylim([ -0.1,1.1])
plt.xlabel('False Positive Rate')
plt.ylabel('True Positive Rate')
plt.title('Receiver operating characteristic curve')
plt.show()
```

（6）混淆矩阵　混淆矩阵也称误差矩阵，是表示精度评价的一种标准格式，用 n 行 n 列的矩阵形式来表示。其具体评价指标有总体精度、制图精度、用户精度等，这些精度指标从不同的侧面反映了图像分类的精度。在人工智能中，混淆矩阵是可视化工具，特别适用于监督学习，在无监督学习中一般叫作匹配矩阵。在图像精度评价中，混淆矩阵主要用于比较分类结果和实际测得值。混淆矩阵是通过将每个实测像元的位置和分类与分类图像中的相应位置和分类相比较进行计算的。

2. 回归模型的评估

回归模型的评估指标包括：解释方差、平均绝对误差、平均绝对百分比误差、均方误差、均方根误差、决定系数和校正决定系数。

（1）平均绝对误差（Mean Absolute Error，MAE）　平均绝对误差又称为L1范数损失（L1-Norm Loss），就是指预测值与真实值之间平均相差多大，即取真实值与预测值差的绝对值的和，然后求平均值。平均绝对误差能更好地反映预测值误差的实际情况。

（2）均方误差（Mean Squared Error，MSE）　观测值与真值偏差的平方和与观测次数的比值，这也是线性回归中最常用的损失函数，线性回归过程中尽量让该损失函数最小。那么模型之间的对比也可以用它来比较。MSE 可以评价数据的变化程度，MSE 的值越小，说明预测模型描述实验数据具有更好的精确度。

（3）决定系数（R-square）　分母理解为原始数据的离散程度，分子为预测数据和原始数据的误差，二者相除可以消除原始数据离散程度的影响。决定系数是通过数据的变化来表征一个拟合的好坏，理论上取值范围（$-\infty$,1]，正常取值范围为[0,1]——实际操作中通常会选择拟合较好的曲线计算 R^2，因此很少出现 $-\infty$，越接近1，表明方程的变量对y的解释能力越强，这个模型对数据拟合得也较好；越接近0，表明模型拟合得越差，经验值：>0.4，拟合效果好。

缺点：数据集的样本越大，R^2 越大，因此，不同数据集的模型结果比较会有一定的误差。

（4）校正决定系数（Adjusted R-Square）　n 为样本数量，p 为特征数量，消除了样本数量和特征数量的影响。

3. 回归模型的验证

交叉验证（Cross-Validation）是机器学习在建立模型和验证模型参数时常用的一种方法，一般用于评估一个机器学习模型的表现。交叉验证又称作循环估计（Rotation Estimation），是一种统计学上将数据样本切割成较小子集的实用方法，该理论是由 Seymour Geisser 提出的。在给定的建模样本中，拿出大部分样本进行建模，留小部分样本用于对刚创建的模型进行预报，并求这小部分样本的预报误差，记录它们的平方和。这个过程持续进行，直到所有的样本都被预报了一次而且仅被预报一次。每个样本的预报误差平方和称为 PRESS（Predicted Error Sum of Square）。

交叉验证的基本思想是在某种意义下将原始数据进行分组，一部分作为训练集，另一部分作为验证集，首先用训练集对分类器进行训练，再利用验证集来测试训练得到的模型，以此来作为评价分类器的性能指标。

回归模型评估方法的实现见表9-5-1。

表9-5-1　回归模型评估方法的实现

评估指标	描述	实现方法
MAE	平均绝对误差	from sklearn.metrics import mean_absolute_error
MSE	平均方差	from sklearn.metrics import mean_squared_error
决定系数	R平方值	from sklearn.metrics import r2_score

9.6　损失函数

1. 损失函数的定义

损失函数（Loss Function）是用来评测模型的预测值 $f(x)$ 与真实值 Y 的相似程度，损失函数越小，就代表模型的鲁棒性越好。损失函数指导模型学习，根据损失函数来做反向传播修改模型参数，机器学习的目的就是学习一组参数，使得预测值与真值无限接近。

损失函数分为经验风险损失函数和结构风险损失函数。经验风险损失函数指预测结果和实际结果的差别，结构风险损失函数是指经验风险损失函数加上正则项。

2. 常见的损失函数及其优缺点

（1）0－1 损失函数（Zero-One Loss） 0－1 损失函数是指预测值和目标值不相等为 1，否则为 0。

$$L(Y,f(X))=\begin{cases}1, & Y\neq f(X)\\0, & Y=f(X)\end{cases}$$

0－1 损失函数的特点如下：

- 0－1 损失函数直接对应分类判断错误的个数，但是它是一个非凸函数，不太适用。
- 感知机就是用这种损失函数，但是“相等”这个条件太过严格，因此可以放宽条件，即满足 $|Y-f(x)|<T$ 时认为相等，即

$$L(Y,f(X))=\begin{cases}1, & |Y-f(X)|\geqslant T\\0, & |Y-f(X)|<T\end{cases}$$

（2）绝对值损失函数 绝对值损失函数是计算预测值与目标值的差的绝对值：

$$L(Y,f(x))=|Y-f(x)|$$

（3）对数损失函数 对数损失函数的标准形式为

$$L(Y,P(Y|X))=-\log P(Y|X)$$

对数损失函数的特点如下：

- 对数损失函数能非常好地表征概率分布，在很多场景尤其是在多分类中如果需要知道结果属于每个类别的置信度，那么它非常适合。
- 健壮性不强，相比于 Hinge 损失函数，它对噪声更敏感。
- 逻辑回归的损失函数就是对数损失函数。

（4）平方损失函数 平方损失函数的标准形式为

$$L(Y|f(X))=\sum_{N}(Y-f(X))^2$$

平方损失函数经常应用于回归问题。

（5）指数损失（Exponential Loss）函数 指数损失函数的标准形式为

$$L(Y|f(X))=\exp[-yf(x)]$$

指数损失函数对离群点、噪声非常敏感。经常用在 AdaBoost 算法中。

（6）Hinge 损失函数 Hinge 损失函数的标准形式为

$$L(y,f(x))=\max(0,1-yf(x))$$

Hinge 损失函数的特点如下：

- Hinge 损失函数表示如果被分类正确，损失为 0，否则损失就为 $1-yf(x)$。SVM 使用的就是这个损失函数。
- 一般的 $f(x)$ 是预测值，在 -1 到 1 之间；y 是目标值（-1 或 1）。其含义是，$f(x)$ 的值在 -1 和 1 之间即可，并不鼓励 $|f(x)|>1$，即并不鼓励分类器过度自信。也就是说，让某个正确分类的样本距离分割线超过 1 并不会有任何奖励，从而使分类器可以更专注于整体的误差。
- 健壮性相对较高，对异常点、噪声不敏感。

（7）感知损失（Perceptron Loss）函数 感知损失函数的标准形式为

$$L(y,f(x))=\max(0,-f(x))$$

感知损失函数是 Hinge 损失函数的一个变种。Hinge 损失函数对判定边界附近的点（正确端）的惩罚力度很高；而感知损失函数只要样本的判定类别正确的话，它就满意，不管其判定边界的距离。因此，感知损失函数比 Hinge 损失函数简单，其模型的泛化能力也没 Hinge 损失函数强。

（8）交叉熵损失（Cross-Entropy Loss）函数　交叉熵损失函数的标准形式为

$$C = -\frac{1}{n}\sum_{x}[y\ln a + (1-y)\ln(1-a)]$$

式中，x 表示样本；y 表示实际的标签；a 表示预测的输出；n 表示样本总数量。

交叉熵损失函数的特点如下：

- 本质上它也是一种对数似然函数，可用于二分类和多分类任务中。二分类问题中的 Loss 函数（输入数据是 Softmax 或者 Sigmoid 函数的输出）为

$$\text{loss} = -\frac{1}{n}\sum_{x}[y\ln a + (1-y)\ln(1-a)]$$

多分类问题中的 Loss 函数（输入数据是 Softmax 或者 Sigmoid 函数的输出）为

$$\text{loss} = -\frac{1}{n}\sum_{i} y_i \ln a_i$$

- 当使用 Sigmoid 作为激活函数的时候，常用交叉熵损失函数而不用均方误差损失函数，因为它可以完美地解决平方损失函数权重更新过慢的问题，具有误差大时权重更新快、误差小时权重更新慢的良好性质。

第 10 章 神经网络

本章主要介绍深度学习的基本概念、神经网络的基本结构等。通过本章的学习能搭建一些神经网络。

第 10 章导学

10.1 深度学习概述

深度学习（Deep Learning，DL）是机器学习（Machine Learning，ML）领域中一个新的研究方向，它被引入机器学习使其更接近于最初的目标——人工智能（Artificial Intelligence，AI）。深度学习的概念源于人工神经网络的研究，含多个隐藏层的多层感知器就是一种深度学习结构。深度学习通过组合低层特征形成更加抽象的高层表示属性类别或特征，学习样本数据的内在规律和表示层次，这些学习过程中获得的信息对诸如文字、图像和声音等数据的解释有很大的帮助。它的最终目标是让机器能够像人一样具有分析学习的能力，能够识别文字、图像和声音等数据。深度学习是一个复杂的机器学习算法，在语音和图像识别方面取得的效果远远超过先前的相关技术。

深度学习在搜索技术、数据挖掘、机器学习、机器翻译、自然语言处理、多媒体学习、语音推荐、个性化技术及其他相关领域都取得了很多成果。深度学习使机器模仿人类的视听和思考等活动，解决了很多复杂的模式识别难题，使得人工智能相关技术取得了很大进步。

10.2 卷积神经网络

卷积神经网络是目前深度学习技术领域中非常具有代表性的神经网络之一。

1. 神经元模型

神经网络是由具有适应性的简单单元组成的广泛并行互连的网络，它的组织能够模拟生物神经系统对真实世界物体所做出交互反应。这是 T. Kohonen 1988 年在 Neural Networks 创刊号上给出的“神经网络”的定义。这里的“简单单元”就是“神经元”。1943 年，美国心理学家 McCulloch 和数学家 Pitts 提出的 MP 神经元模型如图 10－2－1 所示。

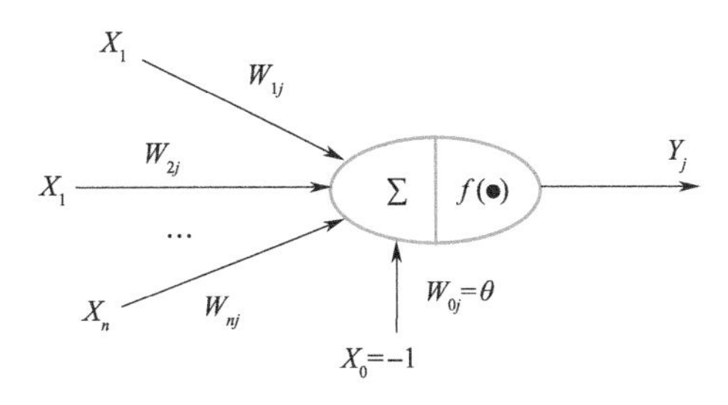

图 10-2-1　MP 神经元模型

由该模型可以看出，一个神经元模型由输入信号、权值、偏置、加法器和激活函数共同构成，而且每个神经元都是一个多输入单输出的信息处理单元。输入与输出之间的关系为

$$Y_j = f\left(\sum_{1}^{n} W_{ij} X_i - \theta_j\right)$$

f 被称为激活函数（Activation Function）或转移函数（Transfer Function），用以提供非线性表示。f 的参数其实就是机器学习中的逻辑回归。

若将阈值看成是神经元 j 的一个输入 X_0 的权重 W_{0j}，则上面的式子可以简化为

$$Y_j = f\left(\sum_{0}^{n} W_{ij} X_i\right)$$

若用 $\boldsymbol{X}$ 表示输入向量，用 $\boldsymbol{W}$ 表示权重向量，即

$$\boldsymbol{X} = [x_0, x_1, \cdots, x_n]$$

$$\boldsymbol{W} = \begin{bmatrix} W_{0j} \\ W_{1j} \\ \vdots \\ W_{nj} \end{bmatrix}$$

则神经元的输出可以表示为向量相乘的形式：

$$Y_j = f(\boldsymbol{XW})$$

2. 基本网络结构

一个神经网络最简单的结构包括输入层、隐含层和输出层，每一层网络有多个神经元，上一层的神经元通过激活函数映射到下一层神经元，每个神经元之间有相对应的权值，输出即为分类类别。多个神经元之间相互连接，即构成了神经网络。基本的神经网络由输入层、（一个或多个）隐藏层和输出层三部分组成，如图 10-2-2 所示。

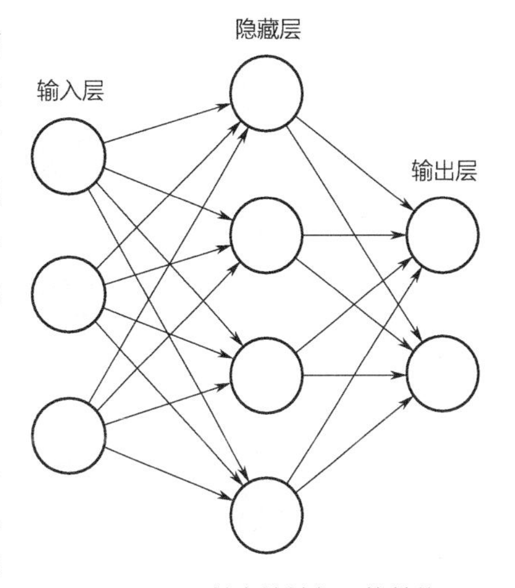

图 10-2-2　基本的神经网络结构

3. 常用的激活函数

（1）Sigmoid 函数　在逻辑回归中使用 Sigmoid 函数，该函数是将取值为 $(-\infty, +\infty)$ 的数映射到 $(0,1)$ 之间。Sigmoid 函数的公式如下所示，函数曲线如图 10-2-3 所示。

$$f(x)=\frac{1}{1+e^{x}}$$

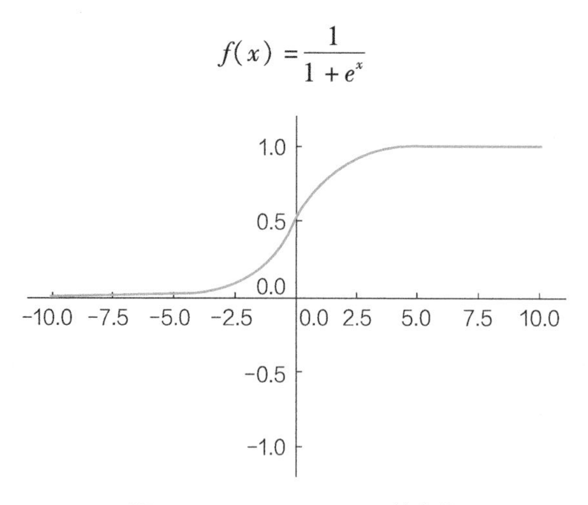

图 10-2-3 Sigmoid 函数曲线

Sigmoid 函数的缺点如下。

1）当输入稍微远离坐标原点，函数的梯度就变得很小，几乎为 0。在神经网络反向传播的过程中都是通过微分的链式法则来计算各个权重 w 的微分的。当反向传播经过了 Sigmoid 函数，这个链条上的微分就很小了，而且还可能经过很多个 Sigmoid 函数，最后会导致权重 w 对损失函数几乎没有影响，这样不利于权重的优化，这个问题叫作梯度饱和，也可以叫作梯度弥散。

2）函数输出不是以 0 为中心的，这样会使权重更新效率降低。

3）Sigmoid 函数要进行指数运算，这个对于计算机来说是比较慢的。

（2）Tanh 函数　Tanh 函数相较于 Sigmoid 函数要常见一些，该函数是将取值为$(-\infty,+\infty)$的数映射到$(-1,1)$之间。Tanh 函数的公式如下所示，函数曲线如图 10-2-4 所示。

$$f(x)=\frac{\mathrm{e}^{x}-\mathrm{e}^{-x}}{\mathrm{e}^{x}+\mathrm{e}^{-x}}$$

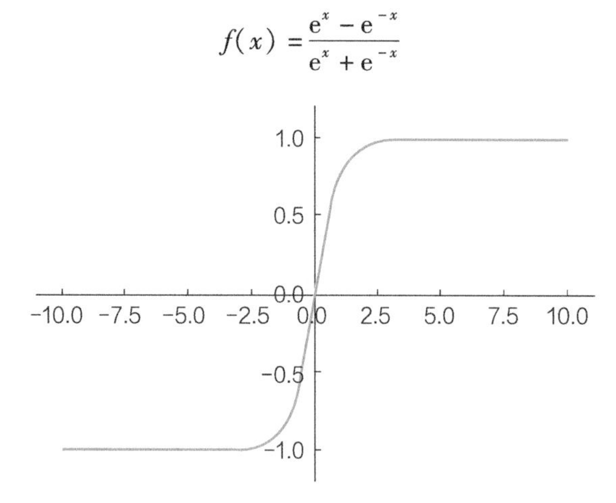

图 10-2-4 Tanh 函数曲线

Tanh 函数在 0 附近很短一段区域内可看作是线性的。由于 Tanh 函数均值为 0，因此弥补了 Sigmoid 函数均值为 0.5 的缺点。

Tanh 函数的缺点同 Sigmoid 函数的第一个缺点一样，当 x 很大或很小时，$g'(x)$接近于 0，这会导致梯度很小，权重更新非常缓慢，即梯度消失问题。一般二分类问题中隐藏层用 Tanh

函数，输出层用 Sigmoid 函数。不过这些也都不是一成不变的，具体使用什么激活函数，还是要根据具体的问题来具体分析，还是要靠调试的。

（3）ReLU 函数 ReLU 函数又称为修正线性单元（Rectified Linear Unit），是一种分段线性函数，其弥补了 Sigmoid 函数及 Tanh 函数的梯度消失问题。ReLU 函数的公式如下所示，函数曲线如图 10-2-5 所示。

$$f(x)=\begin{cases}x, & x\geqslant 0\\0, & x<0\end{cases}$$

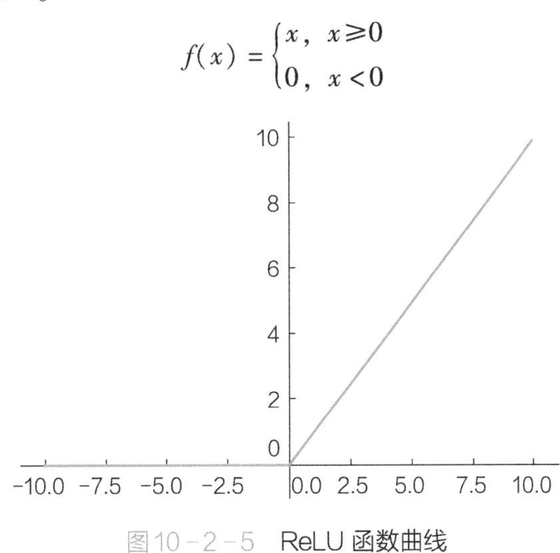

图 10-2-5 ReLU 函数曲线

ReLU 函数是目前比较热门的一个激活函数，相比于 Sigmoid 函数和 Tanh 函数，它有以下几个优点。

1）在输入为正数的时候，不存在梯度饱和问题。

2）计算速度要快很多。ReLU 函数只有线性关系，不管是前向传播还是反向传播，都比 Sigmoid 函数和 Tanh 函数要快很多。（Sigmoid 函数和 Tanh 函数要计算指数，计算速度会比较慢。）

当然，ReLU 函数也是有缺点的。

1）当输入是负数的时候，ReLU 函数是完全不被激活的。这在前向传播过程中不会有什么问题，有的区域是敏感的，有的是不敏感的。但是到了反向传播过程中，输入负数，梯度就会为 0，这时就和 Sigmoid 函数、Tanh 函数有一样的问题了。

2）ReLU 函数的输出要么是 0，要么是正数，这也就是说，ReLU 函数也不是以 0 为中心的函数。

（4）ELU 函数

ELU 函数的公式如下所示，函数曲线如图 10-2-6 所示。

$$f(x)=\begin{cases}x, & x\geqslant 0\\a(e^{x}-1), & x<0\end{cases}$$

ELU 函数是对 ReLU 函数的一个改进型，相比于 ReLU 函数，它在输入为负数的情况下，是有一定的输出的，而且这部分输出还具有一定的抗干扰能力。这样可以消除 ReLU 在输入为负数时完全不被激活的问题，不过 ELU 函数还是有梯度饱和和指数运算的问题。

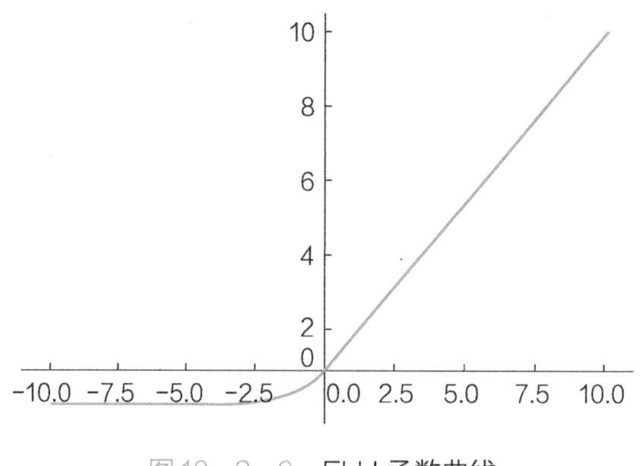

图 10-2-6 ELU 函数曲线

4. 损失函数

在深度学习中，损失函数扮演着至关重要的角色。通过最小化损失函数，模型达到收敛状态，从而减少模型的预测误差。因此，不同的损失函数对模型的影响是重大的。常用的损失函数有以下一些。

- 图像分类：交叉熵损失函数。
- 目标检测：Focal loss、L1/L2 损失函数、IOU Loss、GIOU、DIOU、CIOU。
- 图像识别：Triplet Loss、Center Loss、Sphereface、Cosface、Arcface。

下面主要介绍交叉熵损失函数、L1 范数损失函数、L2 范数损失函数和 Smooth L1 损失函数。

（1）交叉熵损失函数　交叉熵损失函数经常用于分类问题，特别是在神经网络做分类问题时，经常使用交叉熵作为损失函数。交叉熵涉及计算每个类别的概率，因此交叉熵几乎每次都和 Sigmoid（或 Softmax）函数一起出现。在图像分类中，经常使用 Softmax + 交叉熵作为损失函数。交叉熵损失函数的公式为

$$\text{CrossEntropy} = -\sum_{i=1}^{n} p(x_i)\ln(q(x_i))$$

式中，$p(x)$ 表示真实概率分布；$q(x)$ 表示预测概率分布。交叉熵损失函数通过缩小两个概率分布的差异，来使预测概率分布尽可能达到真实概率分布。

（2）L1 范数损失函数　它也被称为最小绝对值偏差（LAD）、最小绝对值误差（LAE）。它是把目标值 Y_i 与估计值 $f(x_i)$ 的绝对差值的总和 S 最小化。其公式为

$$S = \sum_{i=1}^{n} |Y_i - f(x_i)|$$

（3）L2 范数损失函数　它也被称为最小平方误差（LSE）。它是把目标值 Y_i 与估计值 $f(x_i)$ 的差值的平方和 S 最小化。其公式为

$$S = \sum_{i=1}^{n} (Y_i - f(x_i))^2$$

（4）Smooth L1 损失函数　Smooth L1 说的是光滑之后的 L1，它改善了 L1 的有折点、不光滑、导致不稳定等缺点。Smooth L1 损失函数的公式为

$$\text{Smooth}_{\text{L1}}(x) = \begin{cases} 0.5x^2, & |x| < 1 \\ |x| - 0.5, & \text{其他} \end{cases}$$

从损失函数对 x 的导数可知，L1 损失函数对 x 的导数为常数，在训练后期，x 很小时，如果学习率不变，损失函数会在稳定值附近波动，很难收敛到更高的精度。L2 损失函数对 x 的导数在 x 值很大时，其导数也非常大，在训练初期不稳定。Smooth L1 损失函数完美地避开了 L1 和 L2 损失函数的缺点。在一般的目标检测中，通常是计算 4 个坐标值与 GT 框之间的差异，然后将这 4 个损失值进行相加，构成 Regression 损失。

10.3 LeNet 模型

LeNet 是一个很典型的卷积神经网络，由卷积层、池化层、全连接层组成，其中卷积层与池化层配合组成多个卷积组，逐层提取特征，最终通过若干个全连接层完成分类。

1. 模型结构

LeNet 模型结构如图 10-3-1 所示。

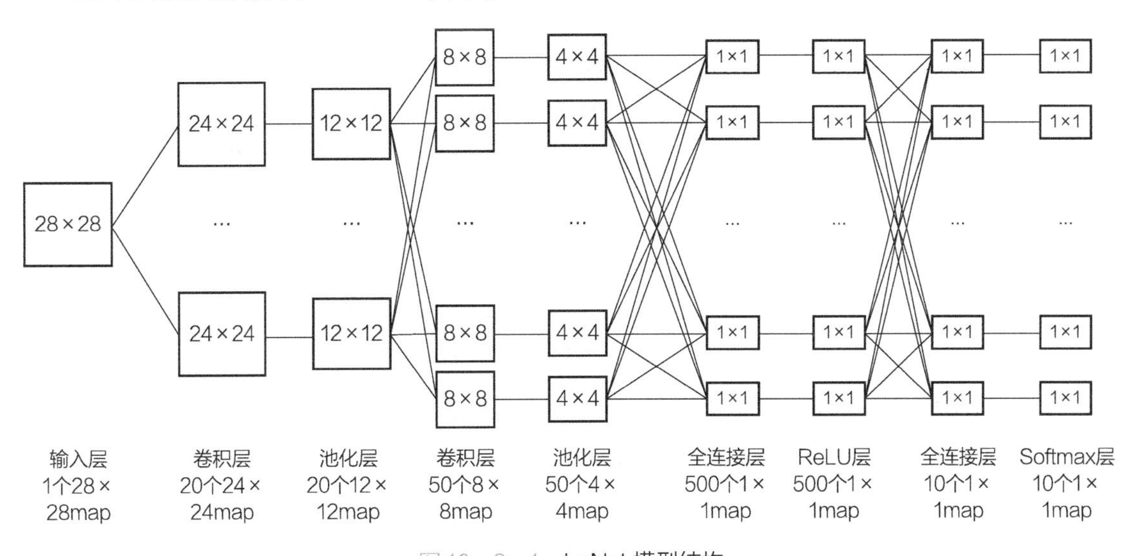

图 10-3-1　LeNet 模型结构

（1）Input 层——输入层　在手写数字识别中，输入层输入的是尺寸归一化为 32×32 的手写体数字图像。在每个卷积层中，数据都是以三维的形式存在的，可以把它看成许多个二维图像叠在一起，其中每一个图像称为一个 feature map（特征图）。每个层都含有多个 feature map，每个 feature map 通过一种卷积滤波器提取输入的一种特征，每个 feature map 有多个神经元。

（2）C1 层——卷积层　卷积层的组成情况如下。

- 输入图像大小：32×32。
- 卷积核大小：5×5。
- 卷积核种类：6。
- 输出 feature map 的大小：28×28。
- 神经元数量：28×28×6。
- 可训练参数：(5×5+1)×6=156 个（每个滤波器 5×5=25 个 unit 参数和 1 个 bias 参数，一共 6 个滤波器）。

- 连接数：$(5\times5+1)\times6\times28\times28=122304$ 个。

对输入图像进行第一次卷积运算（使用6个大小为 5×5 的卷积核），得到6个C1特征图（大小为 28×28，$32-5+1=28$）。卷积核的大小为 5×5，总共就有 $6\times(5\times5+1)=156$ 个参数，其中 $+1$ 是表示每个核有1个 bias 参数。对于 C1 卷积层内的每个像素都与输入图像中的 5×5 个像素和1个 bias 有连接，所以总共有 $156\times28\times28=122304$ 个连接。

（3）S2 层——池化层（下采样层） 该层的组成情况如下。

- 输入图像的大小：28×28。
- 采样区域：2×2。
- 采样方式：4个输入相加，乘以1个可训练参数，再加上1个可训练偏置。结果经过 Sigmoid 函数处理。
- 采样种类：6。
- 输出 feature map 的大小：14×14（28/2）。
- 神经元数量：$14\times14\times6=1176$ 个。
- 连接数：$(2\times2+1)\times6\times14\times14=5880$ 个。

第一次卷积之后紧接着就是池化运算，使用 2×2 核进行池化，得到S2，6个 14×14 的特征图（$28/2=14$）。S2 这个池化（pooling）层是对 C1 中的 2×2 区域内的像素求和乘以一个权值系数再加上一个偏置，然后将这个结果再做一次映射，同时有 $5\times14\times14\times6=5880$ 个连接。

（4）C3 层——卷积层 该层的组成情况如下。

- 输入图像的大小：S2 中所有6个或者几个特征图的组合。
- 卷积核大小：5×5。
- 卷积核种类：16。
- 输出 feature map 的大小：10×10（$14-5+1$）

C3 中的每个特征图是连接到 S2 中的所有6个或者几个特征图的，表示本层的特征图是上一层提取到的特征图的不同组合。存在的一个方式是：C3 的前6个特征图以 S2 中3个相邻的特征图子集为输入，接下来的6个特征图以 S2 中4个相邻特征图子集为输入，然后的3个特征图以不相邻的4个特征图子集为输入，最后一个特征图将 S2 中所有特征图为输入。可训练参数有 $6\times(3\times5\times5+1)+6\times(4\times5\times5+1)+3\times(4\times5\times5+1)+1\times(6\times5\times5+1)=1516$ 个，连接数为 $10\times10\times1516=151600$ 个。

（5）S4 层——池化层 该层的组成情况如下。

- 输入图像的大小：10×10。
- 采样区域：2×2。
- 采样方式：4个输入相加，乘以1个可训练参数，再加上1个可训练偏置。结果经过 Sigmoid 函数处理。
- 采样种类：16。
- 输出 feature map 的大小：5×5（10/2）。
- 神经元数量：$5\times5\times16=400$ 个。
- 连接数：$16\times(5\times5)=2000$ 个。

（6）F6 层——全连接层 .F6 层是全连接层。F6 层有84个节点，对应一个 7×12 的比特图，-1 表示白色，1 表示黑色，这样每个符号的比特图的黑白色就对应于一个编码。该层的训练参数和连接数是（120+1）×84=10164 个。

（7）ReLU 层　ReLU 层是激活函数层，实现 $x=\max[0,x]$，该层神经元数目和上层相同，无权值参数。

（8）Output 层——全连接层 2　Output 层也是全连接层，共有 10 个节点，分别代表数字 0~9，且如果节点 i 的值为 0，则网络识别的结果是数字 i。该层采用的是径向基函数（RBF）的网络连接方式。假设 x 是上一层的输入，y 是 RBF 的输出，则 RBF 输出的计算公式是 $y_i=\sum_j (x_j-w_{ij})^2$。

上式 w_{ij}的值由 i 的比特图编码确定，i 的取值从 0 到 9，j 的取值从 0 到 7×12-1。RBF 输出的值越接近于 0，则越接近于 i，即越接近于 i 的 ASCII 编码图，表示当前网络输入的识别结果是字符 i。该层有 84×10=840 个参数和连接。

（9）Softmax 层　实现分类和归一化

2. Tensorflow 实现 LeNet（以 MNIST 数据集为例）

1）导入三个包，分别是 tensorflow、input_ data 及 time。

```
import tensorflow as tf
from tensorflow.example.tutorials.mnist import input_data
import time
```

2）声明输入的图片的数据和类别。

```
x=tf.placeholder('float',[None,784])
y_=tf.placeholder('float',[None,10])
```

将一维的数组重新转换为二维图像矩阵：

```
x_image=tf.reshape(x,[-1,28,28,1])
```

第一个卷积层的设置：

```
filter1=tf.Variable(tf.truncated_normal([5,5,1,6]))
bias1=tf.Variable(tf.truncated_normal([6]))
conv1 =tf.nn.conv2d(x_image,filter1, strides=[1, 1, 1, 1], padding='SAME')
h_conv1=tf.nn.sigmoid(conv1+bias1)
```

池化层的设置：

```
maxPool2=tf.nn.max_pool(h_conv1,ksize=[1,2,2,1],strides=[1,2,2,1],padding=
'SAME')
```

第三层设置：

```
filter2 =tf.Variable(tf.truncated normal([5,5,6,16]))
bias2 =tf.Variable(tf.truncated normal([16]))
conv2 =tf. nn. conv2d(maxPool2, filter2, strides =[1,1,1,1], padding ='SAME')
h_conv2 =tf.nn.sigmoid(conv2 +bias2)
maxPool3 = tf.nn.max_ pool (h_conv2, ksize = [1,2,2,1],strides = [1,2,2,1]
padding ='SAME')
filter3 =tf.Variable (tf.truncated normal([5,5,6,120]))
bias3 =tf.Variable(tf.truncated normal([120]))
conv3 = tf. nn. conv2d(maxPool3, filter3, strides =[1,1,1,1], padding = 'SAME'h_
conv3 =tf. nn. sigmoid(conv3 +bias3)
```

全连接层的设置：

```
W fc1 =tf.Variable(tf.truncated normal([7 * 7 * 120,80]))
b fc1 =tf.Variable(tf.truncated normal([80]))
h_pool2_flat =tf.reshape (h conv3, [ -1,7 * 7 * 120])
h_fc1 =tf.nn.sigmoid(tf.matmul(h_pool2 flat,W fc1) +b fc1)
```

输出层使用 softmax 函数进行多分类：

```
W fc2 =tf.Variable(tf.truncated normal([80,10]))
b fc2 = tf.Variable(tf.truncated normal([10]))
#y_conv = tf.maximum(tf. nn. softmax(tf.matmul(h_fc1, W_fc2) + b fc2), 1e -30)
y_conv =tf.nn.softmax(tf.matmul(h_fc1, W fc2) + b_fc2)
```

输出层使用了 softmax 进行概率计算：

```
cross_entropy = -tf.reduce_sum(y_ * tf.log(y_conv))
train_step =
tf -train.GradientDescentOptimizer(0.001).minimize(cross_entropy)
```

最后利用交叉熵作为损失函数，使用梯度下降算法来对模型进行训练。

10.4 VGG16 模型

1. VGG16 深度卷积神经网络简介

VGG 是由 Simonyan 和 Zisserman 在文献 *Very Deep Convolutional Networks for Large Scale Image Recognition* 中提出的卷积神经网络模型，其名称来源于作者所在的牛津大学视觉几何组（Visual Geometry Group）的缩写。该模型参加了 2014 年的 ImageNet 图像分类与定位挑战赛，取得了优异成绩，可以达到 92.7% 的测试准确度。它的数据集包括 1400 万张图像和 1000 个类别。

VGG16 是一种深度卷积神经网络模型，16 表示其深度，卷积层均表示为 conv3 - XXX。其中，conv3 说明该卷积层采用的卷积核的尺寸是 3，即宽和高均为 3，3 × 3 是很小的卷积核尺寸，结合其他参数（步幅 stride =1，填充方式 padding = same），这样就能够使每一个卷积层与前一层保持相同的宽和高；XXX 代表卷积层的通道数。

2. VGG 的结构配置

VGG 根据卷积核大小和卷积层数目的不同，可分为 A、A - LRN、B、C、D、E 共 6 种配置（ConvNet Configuration），其中以 D、E 两种配置较为常用，分别称为 VGG16 和 VGG19。图 10 - 4 - 1 给出了 VGG 的六种结构配置。

ConvNet Configuration					
A	A-LRN	B	C	D	E
11 weight layers	11 weight layers	13 weight layers	16 weight layers	16 weight layers	19 weight layers
input (224×224 RGB)					
conv3-64	conv3-64 LRN	conv3-64 conv3-64	conv3-64 conv3-64	conv3-64 conv3-64	conv3-64 conv3-64
maxpool					
conv3-128	conv3-128	conv3-128 conv3-128	conv3-128 conv3-128	conv3-128 conv3-128	conv3-128 conv3-128
maxpool					
conv3-256 conv3-256	conv3-256 conv3-256	conv3-256 conv3-256	conv3-256 conv3-256 conv1-256	conv3-256 conv3-256 conv3-256	conv3-256 conv3-256 conv3-256 conv3-256
maxpool					
conv3-512 conv3-512	conv3-512 conv3-512	conv3-512 conv3-512	conv3-512 conv3-512 conv1-512	conv3-512 conv3-512 conv3-512	conv3-512 conv3-512 conv3-512 conv3-512
maxpool					
conv3-512 conv3-512	conv3-512 conv3-512	conv3-512 conv3-512	conv3-512 conv3-512 conv1-512	conv3-512 conv3-512 conv3-512	conv3-512 conv3-512 conv3-512 conv3-512
maxpool					
FC-4096					
FC-4096					
FC-1000					
softmax					

图 10 - 4 - 1　VGG 的六种结构配置

图中每一列对应一种结构配置，指明了 VGG 所采用的结构。针对 VGG16 进行具体分析发现，VGG16 共包含：13 个卷积层，分别用 conv3 - XXX 表示；3 个全连接层，分别用 FC - XXXX 表示；5 个池化层，分别用 maxpool 表示。其中，卷积层和全连接层具有权重系数，也被称为权重层（weight layer），总数目为 13 +3 =16，这也是 VGG16 中 16 的来源。

1）conv3 - 64 是指卷积后维度变成 64；同样地，conv3 - 128 指的是卷积后维度变成 128。

2）input 是输入图片大小为 224 ×224 的彩色图像，通道为 3，即 224 ×224 ×3。

3）maxpool 是指最大池化，VGG16 采用的是 2 ×2 的最大池化方法。

4）FC - 4096 指的是全连接层中有 4096 个节点；同样地，FC - 1000 表示该层全连接层有 1000 个节点。

5）padding 操作指的是对矩阵在外边填充 n 圈。padding = 1 即在外边缘填充 1 圈。5 × 5 大小的矩阵，填充一圈后大小变成 7 × 7。在进行卷积操作的过程中，处于中间位置的数值容易被进行多次提取，但是边界数值的特征提取次数相对较少，为了能更好地把边界数值也利用上，所以给原始数据矩阵的四周都补上一层 0，这就是 padding 操作。

6）VGG16 每层卷积的滑动步长 stride = 1，padding = 1。

3. VGG16 深度卷积神经网络块结构

VGG16 的卷积层和池化层可以划分为不同的块（Block），从前到后依次编号为 Block1 ~ Block5。每一个块内包含若干卷积层和一个池化层。例如 Block4 包含：

- 3 个卷积层，conv3 – 512。
- 1 个池化层，maxpool。

并且同一块内，卷积层的通道（channel）数是相同的，例如：

- Block2 中包含 2 个卷积层，每个卷积层用 conv3 – 128 表示，即卷积核为 3 × 3，通道数都是 128。
- Block3 中包含 3 个卷积层，每个卷积层用 conv3 – 512 表示，即卷积核为 3 × 3，通道数都是 256。

由图 10 – 4 – 1 可以看出，VGG16 由 13 个卷积层 + 3 个全连接层 = 16 层构成，具体组成如下。

1）输入：VGG 的输入图像是 224 × 224 × 3 的图像张量。

2）Conv1_1 + Conv1_2 + Pool1：经过 64 个卷积核的两次卷积后，采用一次最大池化。经过第一次卷积后有（3 × 3 × 3）× 64 = 1728 个训练参数，第二次卷积后有（3 × 3 × 64）× 64 = 36864 个训练参数，大小变为 112 × 112 × 64。

3）Conv2_1 + Conv2_2 + Pool2：经过两次 128 个卷积核的卷积之后，采用一次最大池化，有（3 × 3 × 128）× 128 = 147456 个训练参数，大小变为 56 × 56 × 128。

4）Conv3_1 + Conv3_2 + Conv3_3 + Pool3：经过三次 256 个卷积核的卷积之后，采用一次最大池化，有（3 × 3 × 256）× 256 = 589824 个训练参数，大小变为 28 × 28 × 256。

5）Conv4_1 + Conv4_2 + Conv4_3 + Pool4：经过三次 512 个卷积核的卷积之后，采用一次最大池化，有（3 × 3 × 512）× 512 = 2359296 个训练参数，大小变为 14 × 14 × 512。

6）Conv5_1 + Conv5_2 + Conv5_3 + Pool5：再经过三次 512 个卷积核的卷积之后，采用一次最大池化，有（3 × 3 × 512）× 512 = 2359296 个训练参数，大小变为 7 × 7 × 512。

7）FC6 + FC7 + FC8：经过三次全连接，最终得到 1000 维的向量。

4. VGG16 深度卷积神经网络块权重参数

尽管 VGG 的结构简单，但是所包含的权重数目却很大，达到了惊人的 138357544 个参数。这些参数包括卷积核权重和全连接层权重。

对于第一层卷积，由于输入图的通道数是 3，网络必须学习大小为 3 × 3、通道数为 3 的卷积核，这样的卷积核有 64 个，因此总共有（3 × 3 × 3）× 64 = 1728 个参数。

计算全连接层的权重参数数目的方法为

$$\text{前一层节点数} \times \text{本层的节点数}$$

因此，三个全连接层的参数分别为

$$7 \times 7 \times 512 \times 4096 = 102760448$$
$$4096 \times 4096 = 16777216$$
$$4096 \times 1000 = 4096000$$

VGG16 具有如此之大的参数数目，可以预期它具有很高的拟合能力，但同时它的缺点也很明显：

- 训练时间过长，调参难度大。
- 需要的存储容量大，不利于部署。例如存储 VGG16 权重值文件的大小约为 500MB，不利于安装到嵌入式系统中。

5. 利用 Tensorflow 构建 VGG16 模型

利用 Tensorflow 构建 VGG16 模型的方法如下。

（1）构建 VGG16 的 16 层网络（包含 5 段（2 +2 +3 +3 +3 =13）卷积和 3 层全连接）

1）构建 2 个卷积层 + 最大池化层。

```
self.conv1_1 = self.conv_layer(bgr, "conv1_1")
self.conv1_2 = self.conv_layer(self.conv1_1, "conv1_2")
self.pool1 = self.max_pool_2x2(self.conv1_2, "pool1")
```

2）构建 2 个卷积层 + 最大池化层。

```
self.conv2_1 = self.conv_layer(self.pool1, "conv2_1")
self.conv2_2 = self.conv_layer(self.conv2_1, "conv2_2")
self.pool2 = self.max_pool_2x2(self.conv2_2, "pool2")
```

3）构建 3 个卷积层 + 最大池化层。

```
self.conv3_1 = self.conv_layer(self.pool2, "conv3_1")
self.conv3_2 = self.conv_layer(self.conv3_1, "conv3_2")
self.conv3_3 = self.conv_layer(self.conv3_2, "conv3_3")
self.pool3 = self.max_pool_2x2(self.conv3_3, "pool3")
```

4）构建 3 个卷积层 + 最大池化层。

```
self.conv4_1 = self.conv_layer(self.pool3, "conv4_1")
self.conv4_2 = self.conv_layer(self.conv4_1, "conv4_2")
self.conv4_3 = self.conv_layer(self.conv4_2, "conv4_3")
self.pool4 = self.max_pool_2x2(self.conv4_3, "pool4")
```

5）构建 3 个卷积层 + 最大池化层。

```
self.conv5_1 = self.conv_layer(self.pool4, "conv5_1")
self.conv5_2 = self.conv_layer(self.conv5_1, "conv5_2")
self.conv5_3 = self.conv_layer(self.conv5_2, "conv5_3")
self.pool5 = self.max_pool_2x2(self.conv5_3, "pool5")
```

6）构建3个全连接层。

```
self.fc6 = self.fc_layer(self.pool5, "fc6")
assert self.fc6.get_shape().as_list()[1:] = = [4096]
self.relu6 = tf.nn.relu(self.fc6)
self.fc7 = self.fc_layer(self.relu6, "fc7")
self.relu7 = tf.nn.relu(self.fc7)
self.fc8 = self.fc_layer(self.relu7, "fc8")
```

7）实现Softmax分类，输出类别的概率。

```
self.prob = tf.nn.softmax(self.fc8, name = "prob")
end_time = time.time()
print(("forward time consuming: % f" % (end_time - start_time)))
self.data_dict = None
```

（2）定义卷积运算

```
def conv_layer(self, x, name):
with tf.variable_scope(name):
w = self.get_conv_filter(name)
conv = tf.nn.conv2d(x, w, [1, 1, 1, 1], padding ='SAME')
conv_biases = self.get_bias(name)
result = tf.nn.relu(tf.nn.bias_add(conv, conv_biases))
return result
```

（3）定义获取卷积核大小的函数

```
def get_conv_filter(self, name):
return tf.constant(self.data_dict[name][0], name = "filter")
```

（4）定义获取偏置的函数

```
def get_bias(self, name):
return tf.constant(self.data_dict[name][1], name = "biases")
```

（5）定义2×2最大池化操作

```
def max_pool_2 x2(self, x, name):
    return tf.nn.max_pool(x, ksize = [1, 2, 2, 1], strides = [1, 2, 2, 1], padding =
'SAME', name = name)
```

(6) 定义全连接层的前向传播计算

```
def fc_layer(self, x, name):
with tf.variable_scope(name):
shape = x.get_shape().as_list()
print("fc_layer shape:",shape)
dim = 1
for i in shape[1:]:
dim * = i
x = tf.reshape(x, [ -1, dim])
w = self.get_fc_weight(name)
b = self.get_bias(name)
result = tf.nn.bias_add(tf.matmul(x, w), b)
return result
```

(7) 定义获取权重的函数

```
def get_fc_weight(self, name):
return tf.constant(self.data_dict[name][0], name = "weights")
```

10.5 AlexNet 模型

1. 模型解析

Alex 在 2012 年提出的 AlexNet 网络结构模型引发了神经网络的应用热潮，使得 CNN 成为在图像分类上的核心算法模型。AlexNet 模型结构如图 10-5-1 所示，它采用了两台 GPU 服务器，该模型一共分为 8 层，5 个卷积层和 3 个全连接层，在每一个卷积层中包含了激励函数 ReLU 及局部响应归一化（LRN）处理，然后再经过降采样（池化处理）。

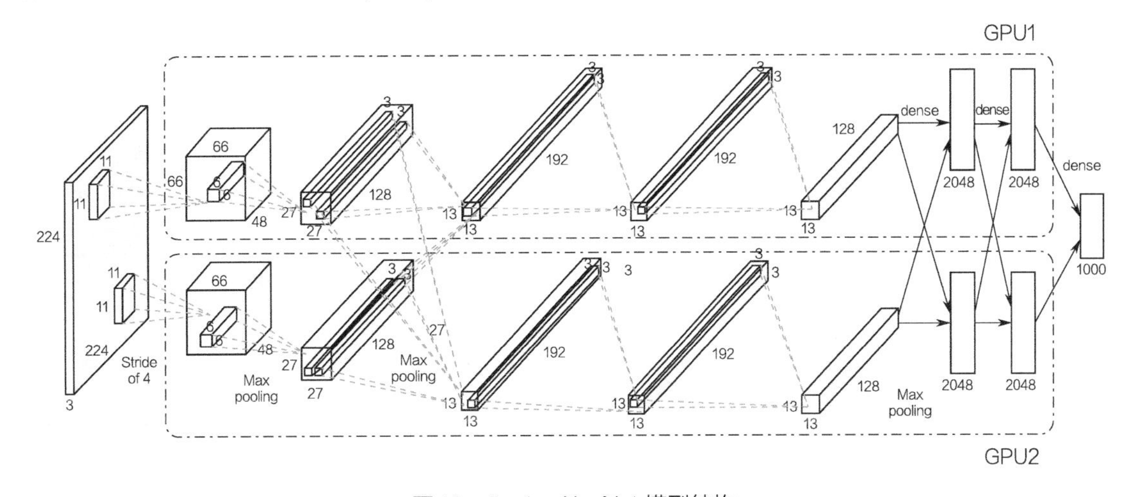

图 10-5-1　AlexNet 模型结构

（1）conv1 阶段　第一层输入数据为 227×227×3 的图像被 11×11×3 的卷积核进行卷积运算，卷积核对原始图像的每次卷积都生成一个新的像素。卷积核沿原始图像的 x 轴和 y 轴两个方向移动，移动的步长是 4 个像素，卷积核在移动的过程中会生成 (227－11)/4＋1＝55 个像素，行和列的 55×55 个像素形成对原始图像卷积之后的像素层。通过 96 个卷积核生成 55×55×96 像素层。96 个卷积核分成 2 组，每组 48 个卷积核。对应生成 2 组 55×55×48 的卷积后的像素层数据。然后经过 relu1 单元的 ReLU 激活处理，生成激活像素层，大小为 2 组 55×55×48 的像素层数据。

经过池化运算（尺度为 3×3，运算的步长为 2）后图像的尺寸为 (55－3)/2＋1＝27，即池化后像素的规模为 27×27×96；然后经过尺度为 5×5 归一化处理，形成的像素层的规模为 27×27×96，分别对应 96 个卷积核。这 96 层像素层分为 2 组，每组 48 个像素层，每组在一个独立的 GPU 上进行运算。反向传播时，每个卷积核对应一个偏差值，即第一层的 96 个卷积核对应上层输入的 96 个偏差值。conv1 阶段的数据流程图（DFD）如图 10－5－2 所示。

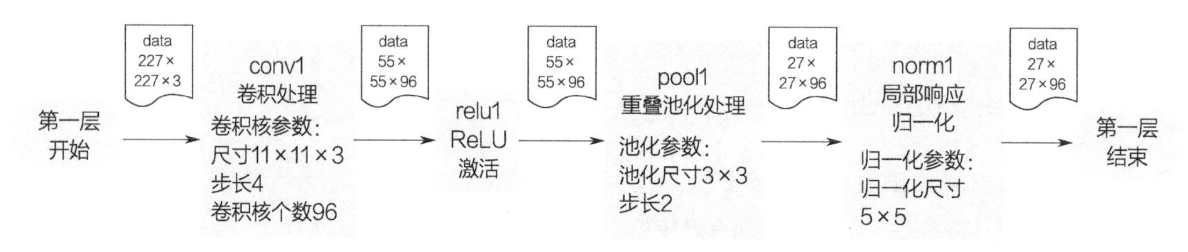

图 10－5－2　conv1 阶段的数据流程图

（2）conv2 阶段　第二层输入数据为 27×27×96 的像素层，每个像素层的左右两边和上下两边都要填充 2 个像素。27×27×96 的像素数据被分成 27×27×48 的两组像素数据，分别在两个不同的 GPU 中进行运算。每组像素数据被 5×5×48 的卷积核进行卷积运算，卷积核对每组数据的每次卷积都生成一个新的像素。卷积核沿原始图像的 x 轴和 y 轴两个方向移动，移动步长是 1 个像素。卷积核在移动的过程中会生成 (27－5＋2×2)/1＋1＝27 个像素，行和列的 27×27 个像素形成对原始图像卷积之后的像素层。5×5×48＝256 个卷积核被分成两组，每组针对一个 GPU 中的 27×27×48 个像素进行卷积运算。生成两组 27×27×128 个卷积后的像素层经过 relu2 单元的激活处理，生成激活像素层，尺寸为 2 组 27×27×128 的像素层。

经过池化运算（池化运算的尺度为 3×3，运算的步长为 2）后图像的尺寸为 (57－3)/2＋1＝13，即池化后像素的规模为 2 组 13×13×128 的像素层。然后经过尺度为 5×5 的归一化处理，形成的像素层的规模为 2 组 13×13×128 的像素层，分别对应 2 组 128 个卷积核，每组在一个 GPU 上进行运算。反向传播时，每个卷积核对应一个偏差值，第一层的 96 个卷积核对应上层输入的 256 个偏差值。conv2 阶段的 DFD 如图 10－5－3 所示。

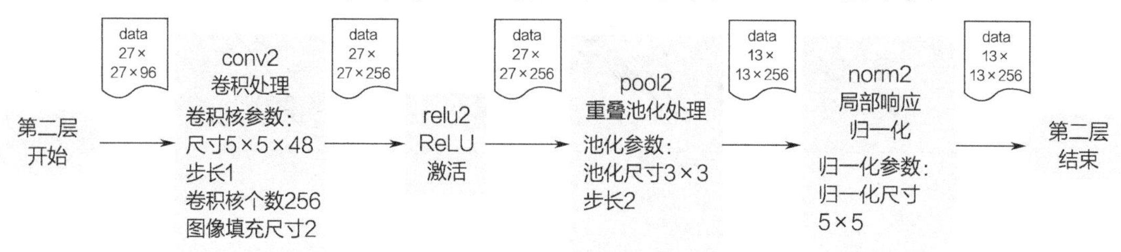

图 10－5－3　conv2 阶段的 DFD

（3）conv3 阶段　第三层输入数据为2组13×13×128的像素层，每个像素层的左右两边和上下两边都要填充1个像素；2组像素层数据分别被送至2个不同的GPU中进行运算。每个GPU中都有192个卷积核，每个卷积核的尺寸是3×3×256。因此，每个GPU中的卷积核能对1组13×13×128的像素层的所有数据进行卷积运算。卷积核对每组数据的每次卷积都生成一个新的像素。卷积核沿像素层数据的 x 轴和 y 轴两个方向移动，移动的步长是1个像素，运算后的卷积核的尺寸为（13－3＋1×2）/1＋1＝13，每个GPU中共13×13×192个卷积核。2个GPU中共13×13×384个卷积后的像素层，经过relu3单元的激活处理，生成激活像素层，尺寸仍为2组13×13×192个像素层，共13×13×384个像素层。conv3阶段的DFD如图10－5－4所示。

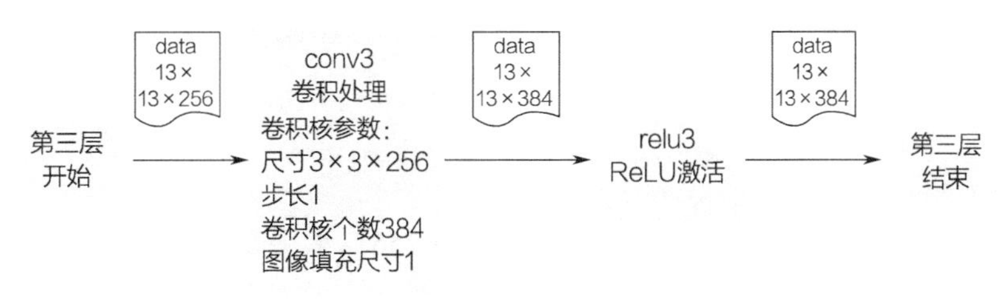

图10－5－4　conv3 阶段的DFD

（4）conv4 阶段　第四层输入数据为2组13×13×192的像素层，每个像素层的左右两边和上下两边都要填充1个像素；2组像素层数据分别被送至2个不同的GPU中进行运算。每个GPU中都有192个卷积核，每个卷积核的尺寸是3×3×192，每个GPU中的卷积核能对1组13×13×192的像素层的数据进行卷积运算。卷积核对每组数据的每次卷积都生成一个新的像素。卷积核沿像素层数据的 x 轴和 y 轴两个方向移动，移动的步长是1个像素。运算后的卷积核的尺寸为（13－3＋1×2）/1＋1＝13，每个GPU中共13×13×192个卷积核。2个GPU中共13×13×384个卷积后的像素层，经过relu4单元的激活处理，生成激活像素层，尺寸仍为2组13×13×192像素层，共13×13×384个像素层。conv4阶段的DFD如图10－5－5所示。

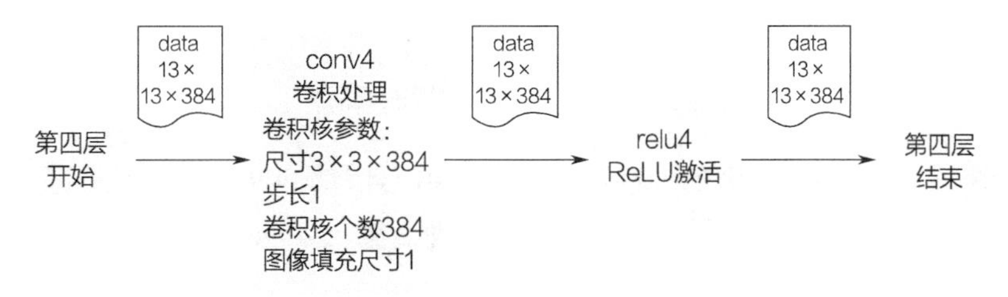

图10－5－5　conv4 阶段的DFD

（5）conv5 阶段　第五层输入数据为2组13×13×192的像素层，每个像素层的左右两边和上下两边都要填充1个像素；2组像素层数据分别被送至2个不同的GPU中进行运算。每个GPU中都有128个卷积核，每个卷积核的尺寸是3×3×192。每个GPU中的卷积核能对1组13×13×192的像素层的数据进行卷积运算。卷积核对每组数据的每次卷积都生成一个新的像素。卷积核沿像素层数据的 x 轴和 y 轴两个方向移动，移动的步长是1个像素。运算后的卷积核的尺寸为（13－3＋1×2）/1＋1＝13（13个像素减去3，正好是10，再加上上下、左右各填充的1个像素，即生成12个像素，再加上被减去的3也对应生成一个像素），每个

GPU 中有 13×13×128 个卷积核。2 个 GPU 中共 13×13×256 个卷积后的像素层，经过 relu5 单元的激活处理，生成激活像素层，尺寸仍为 2 组 13×13×128 像素层，分别在 2 个不同 GPU 中进行池化运算处理。池化运算的尺度为 3×3，运算的步长为 2，则池化后图像的尺寸为 (13−3)/2+1=6，即池化后像素的规模为 2 组 6×6×128 的像素层数据，共 6×6×256 个像素层。conv5 阶段的 DFD 如图 10−5−6 所示。

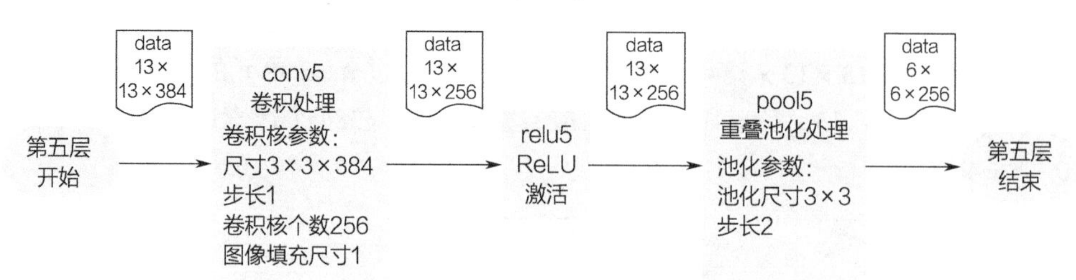

图 10−5−6 conv5 阶段的 DFD

(6) fc6 阶段 第六层输入数据的尺寸为 6×6×256，采用 6×6×256 尺寸的滤波器对第六层的输入数据进行卷积运算。通过 4096 个神经元输出运算结果，通过 ReLU 激活函数生成 4096 个值，并通过 Dropout 处理后输出 4096 个本层的输出结果值。

第六层的运算过程中采用的滤波器的尺寸 (6×6×256) 与待处理的特征图的尺寸 (6×6×256) 相同，即滤波器中的每个系数只与特征图中的一个像素值相乘；而其他卷积层中，每个滤波器的系数都会与多个特征图中的像素值相乘。因此，将第六层称为全连接层。fc6 阶段的 DFD 如图 10−5−7 所示。

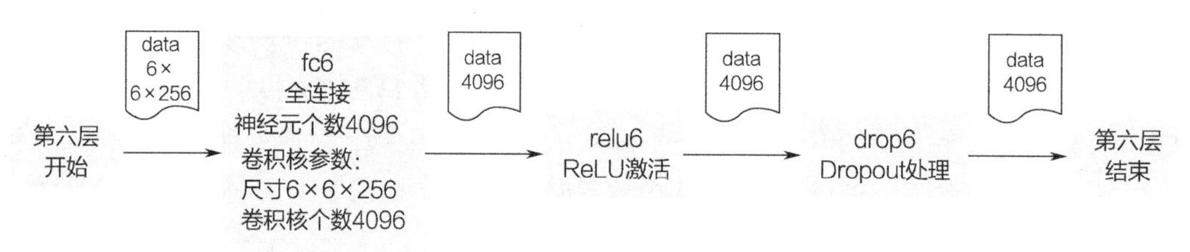

图 10−5−7 fc6 阶段的 DFD

(7) fc7 阶段 第六层输出的 4096 个数据与第七层的 4096 个神经元进行全连接，由 ReLU 激活后生成 4096 个数据，再经过 Dropout 处理后输出 4096 个数据。fc7 阶段的 DFD 如图 10−5−8 所示。

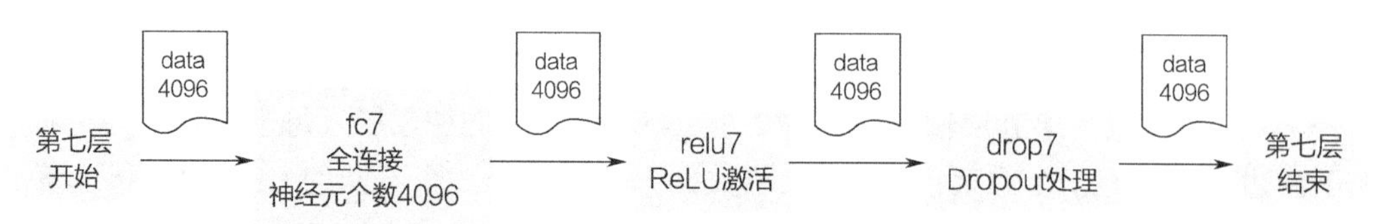

图 10−5−8 fc7 阶段的 DFD

(8) fc8 阶段 第七层输出的 4096 个数据与第八层的 1000 个神经元进行全连接，经过训练后输出被训练的数据。fc8 阶段的 DFD 如图 10−5−9 所示。

图 10-5-9 fc8 阶段的 DFD

2. 利用 Tensorflow 构建 AlexNet 模型

```
from datetime import datetime
import math
import time
import tensorflow as tf
batch_size =32
num_batch =100
def print_activation(t):
    print(t.op.name,'\n',t.get_shape().as_list())
def Alexnet_structure(images):
    parameters =[]
    #定义第一层卷积层
    with tf.name_scope('conv1') as scope:
        kernel =tf.Variable(tf.compat.v1.truncated_normal([11,11,3,64],dtype
=tf.float32,stddev =1e -1),name ='weigths')
        conv =tf.nn.conv2d(images,kernel,[1,4,4,1],padding ='SAME')
        biases =tf.Variable(tf.constant(0.0,shape =[64],dtype =tf.float32),
trainable =True,name ='biases')
        W_x_plus_b =tf.nn.bias_add(conv,biases)
        conv1 =tf.nn.relu(W_x_plus_b,name =scope)
        print_activation(conv1)
        parameters += [kernel,biases]
        pool1 = tf.nn.max_pool(conv1,ksize = [1,3,3,1],strides = [1,2,2,1],
padding ='VALID',name ='pool1')
        print_activation(pool1)
    #定义第二层卷积层
    with tf.name_scope('conv2')as scope:
        kernel =tf.Variable(tf.compat.v1.truncated_normal([5,5,64,192],dtype
=tf.float32,stddev =1e -1),name ='weigtths')
        conv =tf.nn.conv2d(pool1, kernel, [1, 1, 1, 1], padding ='SAME')
        biases =tf.Variable(tf.constant(0.0,shape =[192],dtype =tf.float32),
trainable =True,name ='biases')
        W_x_ plus_b =tf.nn.bias_add(conv, biases)
        conv2 =tf.nn.relu(W_x_plus_b, name =scope)
```

```
            parameters += [kernel, biases]
            print_activation(conv2)
            pool2 = tf.nn.max_pool(conv2, ksize = [1, 3, 3, 1], strides = [1, 2, 2, 1],
padding = 'VALID', name = 'pool2')
            print_activation(pool2)
        #定义第三层卷积层
        with tf.name_scope('conv3')as scope:
            kernel = tf.Variable(tf.compat.v1.truncated_normal([3, 3, 192, 384],
dtype = tf.float32, stddev = 1e - 1), name = 'weigtths')
            conv = tf.nn.conv2d(pool2, kernel, [1, 1, 1, 1], padding = 'SAME')
            biases = tf.Variable(tf.constant(0.0,shape = [384],dtype = tf.float32),
trainable = True,name = 'biases')
            W_x_plus_b = tf.nn.bias_add(conv, biases)
            conv3 = tf.nn.relu(W_x_plus_b, name = scope)
            parameters += [kernel, biases]
            print_activation(conv3)
        #定义第四层卷积层
        with tf.name_scope('conv4')as scope:
            kernel = tf.Variable(tf.compat.v1.truncated_normal([3, 3, 384, 256],
dtype = tf.float32, stddev = 1e - 1), name = 'weigtths')
            conv = tf.nn.conv2d(conv3, kernel, [1, 1, 1, 1], padding = 'SAME')
            biases = tf.Variable(tf.constant(0.0,shape = [256],dtype = tf.float32),
trainable = True,name = 'biases')
            W_x_plus_b = tf.nn.bias_add(conv, biases)
            conv4   = tf.nn.relu(W_x_plus_b, name = scope)
            parameters += [kernel, biases]
            print_activation(conv4)
        #定义第五层卷积层
        with tf.name_scope('conv5')as scope:
            kernel = tf.Variable(tf.compat.v1.truncated_normal([3, 3, 256, 256],
dtype = tf.float32, stddev = 1e - 1), name = 'weigtths')
            conv = tf.nn.conv2d(conv4, kernel, [1, 1, 1, 1], padding = 'SAME')
            biases = tf.Variable(tf.constant(0.0,shape = [256],dtype = tf.float32),
trainable = True,name = 'biases')
            W_x_ plus_b = tf.nn.bias_add(conv, biases)
            conv5 = tf.nn.relu(W_x_ plus_b, name = scope)
            parameters += [kernel, biases]
            print_activation(conv5)
            pool5 = tf.nn.max_ pool(conv5, ksize = [1, 3, 3, 1], strides = [1, 2, 2, 1],
padding = 'VALID', name = 'pool5')
            print_activation(pool5)
            return pool5,parameters
```

```
#定义评估 Alexnet 每轮计算时间的函数
def time_Alexnet_run(session,target,info_string):
    num_steps_burn_in = 10
    total_duration = 0.0
    total_duration_squared = 0.0
    for i in range(num_batch + num_steps_burn_in):
        start_time = time.time()
        tar = session.run(target)
        duration = time.time() - start_time
        if i > = num_steps_burn_in:
            if not i% 10:
                 print('% s:step % d,duration = % .3f '% (datetime.now(),i - num_
steps_burn_in,duration))
            total_duration + = duration
            total_duration_squared + = duration * duration
    mn = total_duration/num_batch
    vr = total_duration_squared/num_batch - mn * mn
    sd = math.sqrt(vr)
    print('% s:s%  accoss % d steps,% .3f  +/-% .3f sec/batch '%  (datetime.now
(), info_string,num_batch,mn,sd))
#定义主函数
def main():
    with tf.Graph().as_default():
        image_size = 224
        images = tf.Variable(tf.random.normal([batch_size,image_size,image_
size,3],dtype = tf.float32,stddev = 1e - 1))
        pool5 , parmeters = Alexnet_structure(images)
        init = tf.compat.v1.global_variables_initializer()
        sess = tf.compat.v1.Session()
        sess.run(init)
        time_Alexnet_run(sess,pool5,"Forward")
        objective = tf.nn.l2_loss(pool5)
        grad = tf.gradients(objective,parmeters)
        time_Alexnet_run(sess,grad,"Forward - backward")
        print(len(parmeters))
main()
```

参考文献

[1] 林学森. 机器学习观止：核心原理与实践［M］. 北京：清华大学出版社，2021.

[2] 段春梅. 基于多视图的三维结构重建［M］. 北京：电子工业出版社，2017.

[3] 陈尚义，彭良莉，刘钒. 计算机视觉应用开发：初级［M］. 北京：高等教育出版社，2021.

[4] 王天庆. Python 人脸识别从入门到工程实践［M］. 北京：机械工业出版社，2019.

[5] 李立宗. OpenCV 轻松入门：面向 Python［M］. 北京：电子工业出版社，2019.

[6] 周志华. 机器学习［M］. 北京：清华大学出版社，2016.

[7] 米尼奇诺，豪斯. OpenCV3 计算机视觉：Python 语言实现　第 2 版.［M］. 刘波，苗贝贝，史斌，译. 北京：机械工业出版社，2016.

[8] 贝耶勒. 机器学习：使用 OpenCV 和 Python 进行智能图像处理［M］. 王磊，译. 北京：机械工业出版社，2018.

[9] 麦克卢尔. TensorFlow 机器学习实战指南［M］. 曾益强，译. 北京：机械工业出版社，2018.

[10] 哈林顿. 机器学习实战［M］. 李锐，李鹏，曲亚东，等译. 北京：人民邮电出版社，2013.

[11] 肖莱. Python 深度学习［M］. 张亮，译. 北京：人民邮电出版社，2018.

[12] 王晓华. OpenCV + TensorFlow 深度学习与计算机视觉实战［M］. 北京：清华大学出版社，2019.

[13] 朱伟，赵春光，欧乐庆，等. OpenCV 图像处理编程实例［M］. 北京：电子工业出版社，2016.

[14] 旷视科技数据服务团队. 计算机视觉图像与视频数据标注［M］. 北京：人民邮电出版社，2020.

[15] 深圳中科呼图信息技术有限公司. 计算机视觉增强现实应用概论［M］. 北京：机械工业出版社，2020.

[16] 朱红军. 图像局部特征检测及描述［M］. 北京：人民邮电出版社，2020.

[17] 黄文坚，唐源. TensorFlow 实战［M］. 北京：电子工业出版社，2017.